有限理性下基于产出不确定的汽车供应链协调优化

马超　刘静　著

·北京·

内 容 提 要

本书基于汽车制造物流与供应链的相关知识，以产出不确定的多方交易行为视角，系统讨论了供应链管理的企业有限理性行为、市场需求结构、供应链契约及协调等内容，旨在解决复杂多变市场环境下基于产出不确定的供应链协调的问题，为我国汽车供应链协调体系构建和完善进行了较为系统的理论探讨，为有限理性视角下基于产出不确定的汽车生产模式优化供应链内部交易机制、提升供应链整体运作效率提供了令人信服的定理分析依据。

本书可供从事物流与供应链管理、汽车生产与运作管理工作的人员参考。

图书在版编目（CIP）数据

有限理性下基于产出不确定的汽车供应链协调优化／马超，刘静著．—北京：中国水利水电出版社，2019.9

ISBN 978-7-5170-8091-6

Ⅰ．①有…　Ⅱ．①马…②刘…　Ⅲ．①汽车工业—供应链管理—研究—中国　Ⅳ．①F426.471

中国版本图书馆 CIP 数据核字（2019）第 231329 号

书　　名	**有限理性下基于产出不确定的汽车供应链协调优化** YOUXIAN LIXING XIA JIYU CHANCHU BU QUEDING DE QICHE GONGYINGLIAN XIETIAO YOUHUA
作　　者	马超　刘静　著
出版发行	中国水利水电出版社 （北京市海淀区玉渊潭南路 1 号 D 座　100038） 网址：www.waterpub.com.cn E-mail：sales@waterpub.com.cn 电话：（010）68367658（营销中心）
经　　售	北京科水图书销售中心（零售） 电话：（010）88383994、63202643、68545874 全国各地新华书店和相关出版物销售网点
排　　版	北京智博尚书文化传媒有限公司
印　　刷	三河市元兴印务有限公司
规　　格	170mm×240mm　16 开本　11.5 印张　205 千字
版　　次	2020 年 1 月第 1 版　2020 年 1 月第 1 次印刷
印　　数	0001—2000 册
定　　价	59.00 元

凡购买我社图书，如有缺页、倒页、脱页的，本社营销中心负责调换

版权所有·侵权必究

前　言

随着人们生活品质的日益提高，对交通便利性的需求得到了较大程度的提升，这也进一步促进了汽车产业，特别是新能源汽车的蓬勃发展。然而不确定因素纵深的生产实践，往往为汽车零部件供应商带来各种困惑。如何在产出不确定的环境下进行有序的生产就成了有限理性企业最为关心的话题。本书应实践发展之需，通过系列供应链契约设计，优化汽车零部件交易机制，为风险规避型汽车零部件供应商的随机生产提供了一种定量化参考依据。

本书共 9 章，分 4 部分展开。第 1 部分包括第 1 章和第 2 章，总结国内外发展现状，针对研究不足，提出问题。第 2 部分包括第 3 章和第 4 章，讨论风险规避环境下，有无策略对供应商的随机生产带来的影响，并设计和优化供应链利益最大化的交易机制。第 3 部分包括第 5 章和第 6 章，探究供应商质量水平影响下的交易机制优化。第 4 部分包括第 7 章和第 8 章，探讨零售商销售努力行为影响下的交易机制优化。第 9 章总结全文。

本书从撰写到成形得到了西南交通大学何娟教授、四川省交通运输发展与规划战略研究院黄福友工程师、一汽大众有限公司天津分公司李朋栩工程师的指正，特此感谢！

本书的出版得到“纯电动汽车动力系统设计与测试平台”中央引导地方科技发展专项、湖北省技术创新专项重大项目（2017AAA133）、教育部人文社科基金项目（17YJC630084）、湖北文理学院“机电汽车”湖北省优势特色学科群和湖北文理学院纯电动汽车动力系统设计与测试湖北省重点实验室开放基金的资助，在此表示衷心的感谢！

作　者

2019 年 6 月

目　　录

第 1 章 绪 论

1.1 研究背景

汽车产业是我国工业的重要支柱产业之一，汽车零部件企业的发展壮大对于汽车产业的可持续发展起到至关重要的作用。随着市场竞争的日益加剧，汽车供应链中的零部件企业依托自身竞争优势获得的利润空间逐渐减小，企业必须寻求新的利润来源以保持利润增长[1]。在生活质量提高和信息技术连续更新的当下，人们对汽车的需求量不断攀升，加速了我国汽车制造行业的发展进程。据工业和信息化部统计，2017 年，汽车产出和销量分别达到了 2 901.5万辆与 2 887.9 万辆，同比分别增长 3.2%和 3%。2017 年汽车工业实现了平稳且健康的发展，产出和销售业绩再创新高，连续 9 年全球第一，行业经济效益增速明显高于产出和销售量增速，中国品牌市场份额持续提高，新能源汽车发展势头依然强劲。历经几年来的快速持续发展，我国汽车产业的整车生产与龙头零部件生产企业的基本落位，国内汽车产业的基础状况已经敲定。

我国供给侧结构性改革持续向纵深推进，不断扩大简政放权措施力度。《2018 年国务院政府工作报告》清楚地指出要推动新能源汽车产业发展，将新能源汽车车辆购置税优惠政策再延长三年，要全面取消二手车限迁政策和全面放开新能源汽车领域；要提高污染排放标准，实行限期达标，开展柴油货车超标排放专项治理；要积极扩大进口，下调汽车进口关税；也要加强新一代人工智能研发应用；更要推进共享经济发展。汽车产业的发展前景看好，必会继续沿着良好的发展势头走下去。

巨大的汽车需求市场带动了汽车零部件市场的发展，更是促进汽车产业进步的核心推动力量。由于市场上的竞争日趋激烈，整车生产商的利润空间不断被压缩，整车生产商为应对竞争激烈的市场，保证自己的利润，逐渐把其压力转移到供应链上游的零部件供应商身上，汽车零部件生产商的利润空间也开始受到挤压，汽车制造行业亟须进一步探索利润突破点。而随着工业4.0时代的到来，汽车制造行业还面临着来自国内外两方面的竞争压力，“互联网+汽车”模式逐渐兴起，给汽车行业带来了新的发展空间，但也给原有汽车的生产模式带来了新的挑战。

我国汽车零部件供应是以零部件供应商为核心，即供应商直接送货。这种运作模式下，各供应商之间缺少必要的信息沟通，不仅成本偏高，还妨碍到汽车行业朝着精益化的方向发展，而且在很大程度上削弱了整个供应链的竞争力。为缩短对市场的反应时间，提升供应链集体成员的竞争力，便于整车生产商把工作重心全部用于提高其核心竞争力上，消除传统零部件供应直接送货模式中的牛鞭效应的影响，提高零部件的配送效率和降低配送成本，国内少数汽车企业如上海通用、上汽大众、东风日产、神龙汽车等，开始学习发达国家的零部件供应外包形式，并引入新的库存管理方式——供应商管理库存（vendor managed inventory，VMI），以满足其精益化生产要求，在实际的应用中零部件的入厂效率得到大幅度的提高。

供应商管理库存早在20世纪90年代初在汽车工业中就已经提出，主要应用于汽车制造过程中的低值易耗品的管理中。它是用户为了减少企业管理成本、运营成本和反应时间而采用的一种策略，这种策略的关键思路是将用户库存的管理权和决策权交给其供应商进行管理[2]。供应商管理库存以降低库存成本并提高供应链效率为主要目的。在VMI下，供应商管理库存并作出补货决定，包括代表买方补充多少数量和多长时间。而事实上在零售企业，如宝洁、金佰利、壳牌化学、惠普、Barilla和坎贝尔汤、沃尔玛、凯马特和Costco等与它们的战略渠道合作伙伴已经成功实施了VMI战略[3-4]。根据极具影响的VMI实施报告[5]，Dillard百货公司、JC Penney和沃尔玛将销售额提高了20%~25%，存货周转率提高了30%，并将库存业绩涨幅从70%提高到95%甚至更多。然而，我国汽车制造企业在供应链库存管理方面存在的问题较多，虽然已经提出了VMI库存管理模式，但实际效果并不理想。因此，将VMI模式进一步应用于我国汽车制造业中具有很大的潜力，并具有一定的理论和现实意义。本书的研究基于以下国内供应链环境的几大特征事实背景：

（1）供应链不断升级，产出的不确定性凸显。中国的新能源汽车正快速发展，据中汽协统计数据显示，2017年我国新能源汽车全年累计生产和销售新车79.4万辆和77.7万辆，同比分别增长约53.58%和53.25%。工业和信息化部、国家发展改革委、科学技术部联合印发《汽车产业中长期发展规划》

中明确提出，到2020年我国新能源汽车产销量达到200万辆。但近期关于其“心脏”动力电池政策风向的突转，给行业发展带来了巨大的不确定性。

在生产实践中，一辆纯电动汽车的电池成本占整车成本近一半。当下纯电动汽车电池技术路线可归纳为三元电池、磷酸铁锂电池两种。而2016年工业和信息化部发布了第一批《新能源汽车推广应用推荐车型目录》（以下简称《目录》），此中未见三元系电动商用客车，这意味着未纳入《目录》的车型将不能享受政府补贴及免购置税（10%）的政策优惠。而目前新能源汽车盈利主要依靠政府补贴。对此，三元材料动力锂电池的产量和装机量受到很大影响。事实上，由于2015年12月香港发生了一起采用三元材料动力电池的电动大巴着火爆炸事件，国家暂停了对三元动力电池大巴补贴，对车厂积极性造成了很大影响。据统计，三元系电池目前占全球锂离子电池市场的80%以上。我国电池行业“龙头”企业——超威接到的订单也有三元材料。因此，企业生产计划受到了一定影响。

人们注意到，2018年财政部发布的《关于调整完善新能源汽车推广应用财政补贴政策的通知》明确提出补贴金额受到电池能量密度的重大影响。目前，中国品牌纯电动汽车里，电池系统能量密度最高的是帝豪EV450的142 W·h/kg，距离最高档的160 W·h/kg还有不小的差距。其他很多车型的电池系统能量密度还不到120 W·h/kg，只能获得0.6倍的补贴。这项新标准直接判定了磷酸铁锂电池的死刑。磷酸铁锂电池在三四年前曾是中国新能源汽车市场上的绝对主流，它的充放寿命长，但电池系统的能量密度只有100 W·h/kg左右。随着消费者对电动汽车续航里程的需求不断提高，磷酸铁锂电池渐渐被三元锂电池取代。而从现在算起，在纯电动乘用车领域似乎不再会有新车继续使用磷酸铁锂电池了。因此，装有磷酸铁锂电池的汽车产量也会遭受到一定的影响。

产出不确定是企业在生产经营中时常会面临的一个实际问题。在工业企业的生产过程中常见的损耗率估计实际上属于产出不确定的应对策略。在目前市场环境下，产品更新换代速度越来越快，新产品不断更替，产出不确定特征变得越来越显著。因而，产出不确定的引入将促使企业进一步关注供货能力，并寻求构建更高效的供应链合作机制。越来越多的案例证明，在接到客户订单后，是否准确及时地将产品交付给客户事关企业的长期竞争力。特别是在中国制造业向产业高端晋升的关键时期，更应清晰地了解到产出不确定带来的风险。

（2）企业的有限理性行为推动供应链管理业务模式纵深化发展。在现实交易中，一方面，在非个人交换形式中，人们面临的是一个复杂的、不确定的世界，而且交易越多，不确定性就越大，信息也就越不完全；另一方面，人对环境的计算能力和认识能力是有限的，人不可能无所不知；除此之外，在很大程度上，由于情境因素所致，人们使用“第一系统”进行加工，理性在这里根本就未发挥作用。因此，为了更好地处理这一系列问题，有限理性的说法得到了采纳。有限理性是在抓住问题的本质而简化决策变量的条件下表现出来的理性行为。

在企业界，也有越来越多的企业开始关注员工决策过程中的有限理性行为。IBM 研究中心、FIP 实验室、ABB、美国航空、杜邦、西门子、波音等公司指出有限理性可以直接影响到企业决策[6]。而企业的最终决策又能影响到供应链成员之间的交易方式和交易量，并进一步影响到整体供应链运作问题。因此企业的有限理性行为对供应链模式发展有着必不可少的联系，如何充分考虑企业的有限理性行为，则成为企业及其供应链运营的一项重要课题。

（3）供应链契约的深度发展，推动供应链运行模式优化。供应链整体运行效率一直是企业间长期交易所关注的一个重要话题。供应链契约的提出可以保证买卖双方协调，优化销售渠道绩效，能通过解决供应链成员追求自身利益最大化所导致的双边际效应和信息不对称造成的牛鞭效应，从而提高供应链运行的整体效率。随着多年来的深度理论研究和实践创新，供应链契约的除尘更新已为各行各业（如服装、食品零售、电子产品等）带来了足够的便利。而事实上，供应链契约的使用也给汽车产业带来了福利，如文献[7-8]等的研究。此外，经过大量理论和实践的探索，供应链契约主要是通过收益和风险两部分实现协调产业链，促使渠道效率的提升。既然如此，那么当供应链契约应用到产需随机和有限理性视角下的汽车供应链时，基于 VMI 模式的供应链将如何运行？此时，供应链各成员的绩效又将发生何种变化？

本书针对上述问题以产出不确定为视角，立足于有限理性技术在供应链管理领域的创新应用，剖析 VMI 供应链模式演进动因与路径，搭建 VMI 供应链管理平台的机制设计，探讨汽车供应链管理平台下最优的 VMI 供应链组织结构，进一步优化 VMI 供应链管理产品结构设计，提出基于有限理性和产需不确定并结合供应链契约的协调供应链思路。研究通过分析 VMI 供应链演化路径与动因，引入产出不确定因素分析 VMI 模式下的汽车供应链结构如何倒逼供应链平台优化。图 1.1 所示为随机产出下汽车零部件供应链系统中实施 VMI 的两种运作模式。第一种为各个供应商的零部件都直接存入整车厂的仓库中，即各个供应商的分散库存为整车厂的集中库存（①+③，无补货策略）。第二种为无库存模式，即供应商和整车厂都不设立库存，整车厂实行无库存的生产方式（②+③，有补货策略）。并在此基础上考虑企业有限理性行为，通过构建基于收益和风险分担的契约机制，实现供应链产业结构优化。

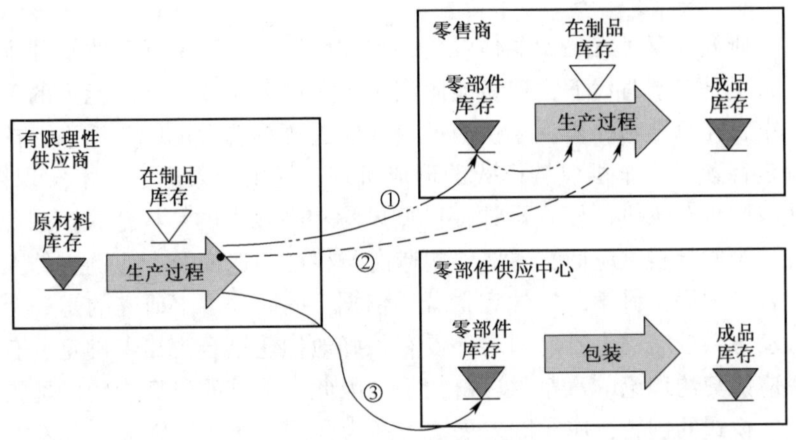

图1.1　随机产出下汽车零部件供应链系统中实施VMI的两种运作模式

1.2　研究目的和意义

通过了解研究目的和意义，可以较为精确地掌握关键信息，从而服务实体经济。

1.2.1　研究目的

本书研究旨在解决产出不确定下基于有限理性的汽车供应链运作难题，以企业的有限理性为视角，考察有限理性的应用对汽车供应链VMI模式运行的影响，构建供应链成员行为模型，分析参与方效用函数及其内在联系，优化设计供应链内部交易机制，分别建立以风险分散、期权、补贴、收益共享为主要运行机制的汽车供应链管理体系，为产出不确定下汽车供应链管理模式的创新提供事实与理论支持。具体的研究目标有以下两点。

(1) 从企业的偏好行为入手，剖析供应链成员的交易属性，探究有限理性驱动创新汽车供应链的内在运行机理，分析供应链管理业务下参与者的行为决策模型，分别以风险分担和收益共享为视角，优化产出随机和有限理性下的市场需求结构，实现最佳的汽车供应链管理机制构建。

(2) 引入补货策略，应用风险规避度量技术，优化汽车产业链收益结构，并结合数字模拟仿真手段，深挖产业背景，设计包含风险分担、收益共享在内的供应链交易模式。

1.2.2 研究意义

本书研究不仅是立足于实体经济，旨在解决汽车零部件产业管理难的重要问题，更是在新时代下实现新能源汽车产业服务实体经济的能力的关键命题。本书旨在总结和分析汽车供应链模式演进历程背后的行为动因，挖掘产出不确定背景下汽车供应链模式的形成机理，提出有限理性技术实现视角，为优化我国汽车供应链模式设计提供低风险和高效力的结构范式。因此，本书研究将为原材料供应商、零部件制造商与核心制造商及产业链上的大中小企业运营管理提供科学的定性定量分析依据。同时，本书研究的是一个具有前瞻性动态系统问题，目前国内外没有很好地构建结合产出不确定、有限理性和供应链契约理论的汽车供应链模型。因此，本书的研究能较好地推动汽车供应链模式的创新，应实践发展之需，为我国汽车供应链业务在新时代下的迅速、全面、健康发展提供有益的参考和范式，具有十分重要的理论意义。

1.3 研究思路和研究方法

为较好地对问题展开讨论，本节就研究思路与方法进行概括性描述，并以此作为本书进一步的研究基准。

1.3.1 研究的总体思路

本书沿着“微观行为→中观问题”的思路，以“产出随机如何影响汽车供应链→有限理性和汽车供应链存在怎样的内在联系→如何采用契约机制优化汽车供应链交易模式→基于补货策略的汽车供应链优化模式如何设计→供应商质量水平如何驱动交易机制模式优化→零售商销售努力水平如何影响交易机制模式优化”为主线展开研究，如图 1.2 所示。

1.3.2 研究方法

为合理展开对供应链协调的研究，本书拟以 VMI 模型为基础，采用最优化理论和数量逻辑比较方法，并通过数值模拟实验，较为完善地验证供应链契约的可行性。具体方法：针对企业的风险偏好行为，考虑满足一致性公理[9]的条件风险价值（CVaR）[10]；针对供应链协调问题，采用企业的决策目标与供应链整体决策目标保持一致的准则[11]；针对 Pareto 改进，参照供应链协调时，参与者均能“获利”的标准[12]；最后，应用 Mathematica 数学软件进行仿真模拟实验。

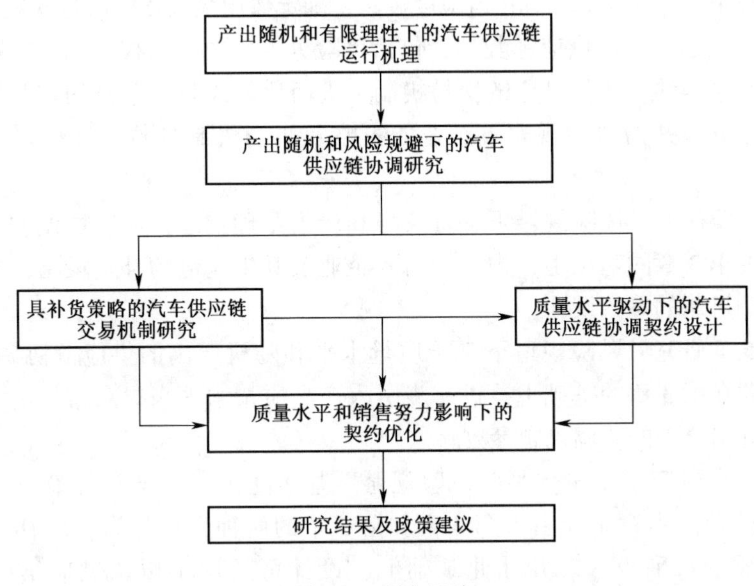

图 1.2 研究思路

1.4 逻辑框架和内容安排

为了方便对本书的理解，本部分主要对本书的内容安排和逻辑框架做了一个总结性陈述。

1.4.1 研究内容

本书主要探讨了有限理性汽车零部件企业在其产出不确定下的供应链交易机制设计和优化问题。具体内容如下：

第1章为绪论，主要介绍了以经销汽车零部件为研究背景的企业及其供应链系统，指出了汽车供应链环境中存在的问题，并由此提出设计和优化交易机制来管理企业运营的目的及意义，从而进一步阐述本书的研究思路与研究方法，最后，就研究内容、结构安排及创新之处做了补充说明。

第2章为相关理论综述，主要分析了汽车供应链、产出不确定问题、补货策略、市场需求结构、供应链协调以及所用到的有限理性实现技术。

第 3 章研究了风险规避下产出不确定的供应链协调问题。在确定需求和产出随机下，通过引入 CVaR 风险度量法，确定效用最大化的风险规避型企业最优产出问题。应用供应链契约，包括风险分散契约、期权契约、补贴契约和收入共享契约，优化供应链交易机制。进而比较风险分散契约与其他契约之间的差异，并为风险规避下企业的策略及协调机制参数设计提供定量化依据。

第 4 章研究了风险规避下补货策略和产出不确定的供应链协调问题。本章主要在第 3 章的基础上，进一步引入企业及其供应链的补货策略，并由此确定协调机制的参数设计。

第 5 章研究了风险规避下基于质量水平和随机产出的供应链协调问题。本章主要在第 3 章的基础上，进一步引入产品质量水平来提高市场需求，并由此设计出合理的协调机制参数。

第 6 章研究了质量水平和风险规避下基于随机产出与补货策略的供应链协调问题。本章主要引入第 4 章和第 5 章的两种交易行为，即补货策略和产品质量水平投入。并在此基础上，设计可适用于协调供应链的交易机制。

第 7 章研究了风险规避与随机产出下基于销售努力与质量水平的供应链协调问题。本章主要在第 5 章的基础上，进一步引入零售商销售努力行为来提高市场需求，并由此构建出可行的交易机制。

第 8 章研究了风险规避和随机产出下考虑补货、销售和质量的供应链协调问题。本章主要引入第 6 章和第 7 章的影响因素，即供应商质量水平、零售商销售努力和补货策略。并在此基础上，搭建使用于优化产品交易结构的可协调机制。

第 9 章对本书做总结性陈述，并对未来的研究进行展望。

1.4.2 分析框架

根据本书的研究内容，围绕本书的研究思路，结合本书的研究方法，得到本书的分析框架如图 1.3 所示，并指出本书的研究主线是风险规避下基于产出随机的汽车供应链交易机制构建及应用。首先，讨论一般确定需求下的供应链协调机制；其次，考虑补货策略影响下的机制设计；再次，探讨质量水平驱动下的交易模式构建；最后，进一步探究供应商质量水平和零售商销售努力共同影响下的机制优化。

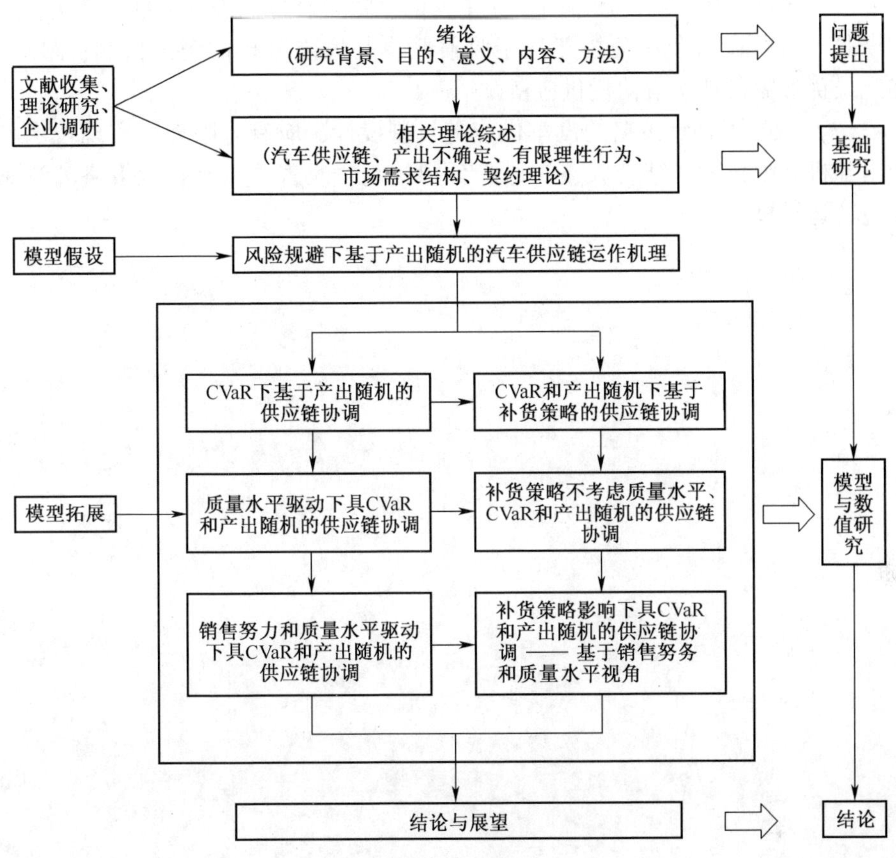

图1.3 本书的分析框架

1.5 可能的创新点

本书的特色是以有限理性技术和产出随机双视角透析风险规避对汽车供应链的内在推动作用，进行汽车供应链平台运营机制设计，构建与我国基于VMI模式的汽车供应链业务实践相适应的创新型汽车供应链平台，从而达到服务实体经济的目的。创新之处体现在以下几个方面：

（1）提出了产出随机的经济视角和有限理性的技术视角，以汽车供应链的交易主体行为偏好为切入点，并结合市场需求结构，分析汽车供应链运作的内在机理及传导机制。

（2）提出了优化供应链产业结构，结合行为理论和契约理论进行了理论探究。首先，应用 CVaR 技术对企业主体的风险规避特性进行度量；其次，分别以收益与风险两个视角搭建基于收益共享与风险分担的契约机制；最后，确定最优参数设计实现协调供应链。

（3）考察了补货策略的汽车供应链机制设计，应有有限理性实现技术和产出随机刻画技术，结合收益和风险分担机制，改善了具有补货策略的汽车供应链运行机制。

第2章 相关理论综述

近年来，随着汽车供应链理论与实践的发展，越来越多的学者把目光聚焦到该领域，涌现出越来越多的理论分析和实证研究成果。本章将对本书研究主题的相关领域文献进行详细的梳理，并以随机产出、补货策略、市场需求结构、供应链契约及有限理性作为文献回顾的另一条主线。

2.1 汽车供应链研究

随着科技的不断更新，人们生活品质的不断提升，人们对交通的便利性也越来越关注。由此引起了以解决个人及家庭出行难问题的汽车产业的不断壮大，进而涌现出一系列关于汽车产业的优秀成果。这一系列成果不仅包含技术方面的突破，而且还包含策略方面的指导，本书则偏重于汽车产业策略方面的探讨。而事实上，已有相关成果给后续研究指明了方向。

梁喜比较了渠道结构不同下的汽车零售和租赁策略[13]。Lee以现代汽车公司（HMC）在汽车行业的案例入手，分析了供应链中的碳足迹问题[14]。于辉、陈飞平给出了基于JIT（准时制）模式的车企制造商入场物流问题[15]。刘建国、孙宝文制订了订货提前期的汽车生产计划[16]。邵路路、杨珺、杨超通过考察消费者行为，给出了电动汽车的最优定价和政府的最优补贴策略[17]。孙红霞、李煜制订了模糊环境下汽车供应链的最优企业收益分配策略[18]。孙嘉楠、肖忠东通过演化博弈技术确定了政府规制下的废旧汽车非正规渠道的回收策略[19]。舒彤、杨芳、陈收、汪寿阳、黎建强、甘露对供应中断环境下汽车企业股票问题进行了讨论[20]。

汽车供应链管理模式的成功之处在于，它降低了供应链的总成本并且提高了供货速度，省去采购方的多余订货部门，使人工任务自动化，去除了交易过程的不必要控制步骤，提高了服务水平。

上述汽车零部件供应链模式的研究，助推了汽车供应链管理的大力发展，并很好地为未来汽车供应链研究提供了可参考的定性和定理依据。然而，已有文献并不能满足日益发展的市场需求，在高速发展的当下，需进一步考察产出不确定对汽车零部件供应链带来的影响，需从企业的行为偏好以及市场需求结构方面入手，以优化及协同产业链为目标，进一步探索汽车供应链管理。

2.2 产出不确定研究

在推动供应链成功的过程中，需求和供应不确定性已被提升到战略层面。需求的不确定性已在各行业得到了大量研究。而供应不确定性在许多行业中也是无处不在的，如农业、制药、电子行业和精密制造产业。产出的不确定性往往对企业的决策及利润带来巨大的影响。

He、Zhang 的研究表明了在供应商—零售商两级供应链中，一定条件下，减少产量随机性可能削弱双重边缘化效应和提高供应链的性能[21]。张毕西、Song、关柳颖指出，由于不同客户的订单在品种规格、工艺难度、材料等方面的要求不同，同时生产系统本身具有的随机不确定性特点，导致了生产过程产品合格率的随机波动[22]。He、Zhang 指出了二级市场对供应链性能有积极的影响，且随机产量风险对供应链性能的实际效应取决于成本参数和供应链契约的设置[23]。Li、Li、Cai 的研究表明，尽管分销商和整个供应链的表现总是受到破坏，但生产商可能受益于这种产量收益的不确定性[24]。翟佳、于辉、黄学祥在供应商产量不确定的两供应商—单制造商装配式供应链下，讨论了缺货惩罚系数对最优产量策略的影响[25]。叶飞、林强通过三种定价方式，表明农户的产出水平与产出随机率的相关性能显著地影响最优决策下农户与公司的收益[26]。姚冠新、徐静指出产出不确定条件以促使供需平衡的视角出发，强利益约束比弱关系约束更有利[27]。彭红军的研究表明，产出不确定风险直接影响到应收账款融资模式下供应商的生产积极性问题[28]。叶飞、王吉璞采用 Nash 合作博弈的框架，讨论了产出不确定下风险规避农户的最佳投入农资数和订单价格[29]。Li 应用有无追索权模型，在给出确定性的需求下，企业分别从受随机干扰的供应商和从产出随机的供应商手中购买产品的最佳策略[30]。Sonntag、Kiesmüller 考虑正生产时间和随机产量下的单阶段具生产缺陷产品的按库存生产系统，并由此作出处理或返工缺陷物品的战略决策[31]。

上述文献从各视角研究了企业面临生产不确定的一些决策问题，给出了利润最大化的最佳策略，并给后续研究提供了产出随机情景下的函数刻画依据，但是他们并未进一步考虑企业的决策偏好行为带来的影响。

2.3 补货策略研究

在现实生活中，往往遇到“供不应求”的现象。当库存无法满足需求时，供应链成员就会选择采用其他途径对未满足的需求进行补充，即采用补货策略。基于此，涌现出一系列具补货策略的供应链研究。

Darwish、Odah探讨整合发货原则下VMI模式的库存补充策略[32]。汪小京、刘志学、刘丹研究了一个有限计划期内、需求带有时间窗约束的供应商管理库存供应链的补货及发货动态批量问题[33]。李华、刘志学、汪小京、郑长征考虑由一个供应商和多个零售商构成的VMI供应链，在供应商运输能力有限、可采用外包策略的情况下，研究了动态需求环境下供应链补货及发货批量策略问题[34]。全春光、刘志学、邹安全、程晓娟构建了单供应商两分销商的VMI系统在需求随机情况下补货发货模型[35]。Verma N K、Chakraborty A、Chatterjee A K针对每个零售商的补货周期不同的情况，提出了一种替代补货方案[36]。杨建功、卿前龙深入剖析FKO模型，运用动态规划方法，探讨了呈现特殊需求性质的库存竞争性产品在VMI环境下的多期动态补货策略[37]。范琛、王效俐、丁超、苏强结合（r，Q）和（s，S）两种库存补货策略，提出了货权属供应商的VMI供应链的契约设计问题[38]。Zhang、Wei基于VMI和分层分布式动态库存管理策略的分布式库存系统可以实现补货[39]。Verma、Chatterjee开发了一个非线性混合整数规划模型来计算每个零售商的最优补货频率和数量，并证明所提出的整数比率策略结构模型比现有的替代补货模型更稳定[40]。Cai、Tadikamalla、Shang、Huang研究了销售需求不确定的两个可替代品牌的两级供应链。他们指出销售季节中的替代效应和补货成本显著影响补货决策，补货显著提高了供应商和零售商的利润[41]。

值得注意的是，上述文献的成果为进一步解决补货问题提供了良好的启示，但是这一系列文献并未涉及企业为提高市场需求而采用的各种努力手段，因而当企业的销售努力行为影响供应链时，具补货策略的企业及供应链策略又将如何？

2.4 市场需求结构研究

企业在面临产品销售时，往往伴随着不同程度的产品质量水平和努力水平以刺激消费者对产品的购买，如国内手机企业华为、OPPO 和 VIVO 在每年新产品出来时，都会邀请各类明星代言，宣传各自产品质量和性能，并通过各种优惠活动以加大产品销量。一般来说，越高的努力水平将产生越多的产品购买欲。

Kraiselburd、Narayanan、Raman 指出供应商的努力水平直接影响供应商产品的市场需求时，供应商管理库存模式比纵向一体化模式和零售商管理库存模式的运作更有效率[42]。Liu、So、Zhang 研究了营销和库存联合决策下补给可靠性对零售商的性能影响，给出企业如何通过新技术制定投资策略去改善产品供给可靠性的有效见解[43]。Xing、Liu 探讨了具销售努力的搭便车行为，指出搭便车效应减少了实体零售商的努力水平，从而伤害了制造商的利润和供应链的整体性能[44]。Sana 讨论了单个制造商和单个零售商组成的两阶段供应链中，市场需求受促销努力干扰的最优契约策略问题，提出了一个确定渠道最优契约参数的分析方法[45]。Cárdenas-Barrón、Sana 考察了需求受促销努力影响的双层供应链和多产品经济订货批量库存模型，指出在任意供应链中，促销努力在提高商品的销售方面往往起着至关重要的作用[46]。Wu、Cheng、Zhou 考虑了销售努力对随机需求信用评级下零售商的订货决策，表明了零售商的订购策略不仅取决于初始资本水平，还取决于销售利润成本[47]。

上述文献指出努力效应可以有效改善企业性能，给后续研究提供了质量水平和销售努力情景下的函数刻画依据，但是并未进一步考虑企业偏好行为对企业决策带来的影响。

2.5 供应链契约与协调研究

供应链契约能有效协调供应链，从而改善供应链性能，提高供应链效率，因而越来越多的学者关注供应链契约的设计。系列研究中，存在多种契约形式，包括收益共享（revenue sharing）、补贴（subsidy）、风险共担（risk sharing）、期权（option）等契约来管理核心企业的最优策略。Lariviere M A[48]、Cachon[11]和杨德礼、郭琼、何勇、徐经意[49]较为详细地阐述了供应链契约。

考虑收益为视角设计的收益共享契约，Cachon、Lariviere 建立了需求受价格和销售努力影响下的收益共享契约[50]。于建红、马士华、周奇超设计了产需随机情况下，基于两供应商—单制造商 VMI 模式的收益共享与额外惩罚协同机制[51]。Moon、Feng、Ryu 在预算有限的情况下，设计了收益共享契约的多阶段供应链渠道协调机制[52]。卿前恺、刘志学、孙阳提出了分散决策模式和合作决策模式下的收益共享机制[53]。Govindan、Popiuc 搭建了基于收益共享契约的逆向供应链机制[54]。Zhang、Liu、Zhang、Bai 构建了基于收益共享和合作投资的变质品供应链机制[55]。Lim、Wang、Wu 设计了产能受限零售商和多制造商下的收益共享寄售机制[56]。Cai、Hu、Tadikamalla、Shang 设计了三种 VMI 模式下基于服务水平的收益共享契约模型[57]。Song、Gao 建立了基于收益共享契约的绿色供应链博弈机制[58]。

考虑风险为视角设计的系列风险分担契约，Gan、Sethi、Yan 提出了订购策略下对零售商提供所需的下行保护和对代理商提供相应的保留利润的风险共担契约，并指出该类契约能实现供应链协调[59]。蔡建湖、黄卫来、周根贵通过引入剩余补贴机制，优化了 Stackelberg 博弈下的 VMI 供应链[60]。Lai、Debo、Sycara 考察了金融约束下基于 Stackelberg 博弈且供应商占主导地位的库存风险分担问题[61]。Lin、Cai、Xu 设计了风险规避环境的“insurance”契约（即风险分散契约）[62]。吴建祖、刘锦在 Stackelberg 博弈下，设计了基于最佳供应商期权定价和零售商最佳期权订购量的期权契约模型[63]。李新然、牟宗玉、黎高的研究表明，剩余产品补贴契约可以优化具促销努力的销量回购契约模型[64]。Cai、Hu、Han、Cheng、Huang[65] 和 Cai、Zhong、Shang、Huang[66] 分别在产量确定和不确定的情况下，设计了可协调 VMI 供应链的期权契约和补贴契约机制。He、Ma、Pan 讨论了产能投资问题，表明风险分散契约可以实现供应链的协调[67]。

上述契约理论的研究，对整个供应链性能的提升及供应链内部交易结构的改善有着良好的启示作用，这对未来汽车供应链发展指明了又一条方向。然而，已有供应链契约的研究，并未综合考虑将企业的有限理性、供应链契约融入到产出不确定下的汽车供应链研究中。

2.6 有限理性之风险规避研究

经济人是以物质性补偿最大化为目的进行思考和行动的，是完全理性的。而诺贝尔经济学奖得主 Simon 认为，人是介于完全理性与非理性之间的“有限理性”状态。基于此，当经济人作为有限理性的管理者时，诺贝尔经济学奖得主 Kahneman 提出了诸如风险规避问题等决策者偏好行为问题。此后，越来越多的学者在探讨决策者的最优策略时，会在某些程度上考虑经济人的决策偏好行为问题。

在实践中，随着包括需求不确定、供应不确定等系列不确定因素的增多，如何判断企业及个人的行为，采用何种风险度量准则实现风险的可视化，已成为当今不得不考虑的一个问题。随着现代金融风险管理技术的飞速发展，国内外研究者开始使用风险管理工具来协调供应链取得长足的进步，而条件风险值（CVaR）的提出[68-69]，可以满足平移不变性、次可加性、正齐次性和单调性在内的一致性公理，并引起供应链领域的广泛关注。

Caliskan-Demirag、Frank Chen、Li 讨论了基于随机需求及价格相关需求下的消费者和零售商回扣模型，指出 CVaR 风险度量标准下存在唯一均衡解，给出相关 Nash 均衡策略[70]。Ma、Liu、Li、Yan 将 CVaR 应用到两级供应链的博弈问题上，表明在同等博弈能力的基础上，批发价、零售价及订购量存在一个 Nash 博弈均衡[71]。Wu、Zhu、Teunter 考察了报童能力不确定对库存决策的影响，发现在 CVaR 风险准则下，能力的不确定性降低了产品的订购量[72]。Wu、Zhu、Teunter 采用 CVaR 方法，制订了竞争市场下基于报童模型的最优策略[73]。Qiu、Shang、Huang 应用 CVaR 风险度量测度探讨了需求信息不完整的报童模型，给出了离散椭球分布和离散界约束分布下的鲁棒库存决策[74]。Xue、Ma、Shen 研究了 CVaR 准则下，报童通过购买看跌期权以对冲低需求的风险，从而实现利润最大化，进而制定出最优库存策略和最优套现保值策略[75]。甘信华、应可福建立了基于负收益的 CVaR 模型和基于 CVaR 的最优订购量与供应量模型[76]。代建生、秦开大在 CVaR 框架下，设计了具促销效应和风险规避零售商的最佳回购契约模型[77]。何娟、黄福友、黄福玲在 CVaR 框架下，确定了基于期权和成本分担组合机制的最佳产量、质量和服务水平[78]。Huang、He、Lei 应用 CVaR 方法搭建了零售商主导下，基于努力影响需求和风险规避特性的 VMI 供应链协调机制[79]。Rahimi、Ghezavati 应用 CVaR 设计了具回收品的可持续多周期逆向物流网络[80]。如何选择一个合适函数形式来描述汽车供应链参与主体的风险偏好，并且进行正确参数的选择是需要解决的难题。

第3章

风险规避下具产出不确定的供应链协调

风险规避行为作为决策者有限理性行为中最常见的一种，无疑不对企业的决策及将来的发展起到至关重要的影响，本章考虑风险规避型决策者的最优策略及风险规避下的供应链协调问题。

3.1 引　　言

在实际生活中，存在一系列的不确定性，如生产工具的质量问题、原材料的供应问题、宏观政策的引导问题等。在生产过程中，企业往往面临着产出不确定的困惑。而随着时代的发展，产出不确定已成为工业中的常见现象之一。例如，该现象可以在中国著名的电子产品制造商华为中找到，当它推出一款名为 Mate 7 的新手机时，产出量便是不确定的[66]。它也出现在钢铁行业，世界五大钢铁生产公司之一的武汉钢铁公司，在提供 CGO 钢铁时也存在产出不确定的问题[81]。因此，越来越多的学者希望找到一种有效且易于实施的方法来协调产量不确定性下的供应链。随着一系列研究的开展，出现了大量的成果。例如，具服务要求的供应链[82]、供应中断的供应链[83]以及具补货策略的供应链[65]等。虽然这些系列结果对解决风险中性环境中的产量不确定性问题有很好的启发。但当供应商倾向于规避风险时，它们没有给出任何指示。

事实上，由于企业其本身的风险规避特性，当它在面临生产时，决策制定者往往就变成了一个有限理性的管理者。随着金融风险管理技术的不断快速发展，学者们开始将系列风险管理工具用到了管理与运作领域，并由此对供应链带来了便利。风险条件价值，即 CVaR，是当今最流行的风险度量方法之一，由于其良好的计算特性和风险测量的准确性，已得到了广泛应用[84]。

这也在现实生活中有所体现①，如银行、保险公司、私募基金等的金融类企业都是使用 CVaR 进行企业的运作管理②。与此同时，大量的理论研究表明，使用 CVaR 来衡量和对冲风险是实实在在可行的。特别地，在报童类问题的讨论中，Ma、Liu、Li、Yan 讨论了一个风险中性制造商和一个风险规避零售商下的纳什讨价还价问题，并表明在 CVaR 标准下，无论是议价能力相等或不等，都存在关于批发价格和订单数量的纳什议价均衡[71]；Wu、Zhu、Teunter 审查了具有两种不同竞争环境的风险规避报童模型，并发现与集成的报童相比，价格竞争和数量竞争均会导致库存过剩与利润损失[73]；Xu、Wang、Dang、Ji 考虑了 CVaR 标准下，具有 backordering 的损失规避报童模型，表明了高风险意味着高回报，低风险伴随着低回报[86]。此外，还有系列有关 CVaR 的相关文献，如文献[87-88]。因此，考虑供应商是风险规避的。同时，为了更好地管理所带来的不确定性下的风险，并结合 CVaR 在管理利润损失方面提供的出色表现，采用 CVaR 标准来对风险规避特性进行度量。

此外，为了在产量不确定性环境下消除高度潜在的供需不匹配，本书考虑使用四种常用契约来改善供应链的绩效。第一种契约是风险分散契约。在该契约下，零售商与供应商分担库存积压和库存不足的风险，而供应商则向零售商提供转移支付款项。该契约的类似应用可在卫生服务部门得到体现[67]。第二种契约是期权契约。在期权契约下，零售商向其供应商提供生产数量的期权溢价和实际购买产品的行使溢价。在实践中，期权契约已广泛应用于时装、电子和快速消费等行业[89]。实际业务中常用的第三种契约称为补贴契约。在本契约中，零售商支付产品购买费用，同时向其供应商提供剩余产品一定的补贴。该契约在手机行业得到了广泛采用[90]。第四种契约则为收入共享契约。通过收入共享，零售商将其部分收入转移到供应商，供应商则采取适当的批发价。在实际交易过程中，诸如录像带的租赁行业则往往通过收入共享契约来实现利润的增长[91]。本章进一步依据这几种契约来讨论最佳生产数量，并由此对契约的可行性展开分析。

本章的主要内容有：首先，在 CVaR 标准下，以最大化供应商的风险规避效用函数为目的，展示四种契约（包括风险分散契约、期权契约、补贴契约和收入共享契约）的相关最优策略，并由此还确定了实现供应链协调和 Pareto 改进的具体条件；其次，比较了风险分散契约与其他契约（包括期权契约、

① 效用函数、均值方差和 CVaR 是风险测量的三种常用方法。然而，效用函数具有烦琐的过程并且在实践中很难实现[85]；均值方差解决了预期收益与收益变化之间的权衡，并且没有风险的直观描述[73]。因此，应用 CVaR 标准来衡量书中的风险规避特性。

② http://www.bis.org/bcbs/publ/d352.htm。

补贴契约和收入共享契约）之间的差异。研究表明，在同一可行的风险规避区间下，上下游企业在风险分散契约下的绩效高于其他契约的情况。

后续的安排是：3.2节中，给出企业活动背景及相关符号；3.3节中给出基本模型，包括集中式决策和批发价契约两种情况；3.4节中考虑采用四种不同的契约手段来优化企业间的交易机制，并将四种契约手段进行比较；3.5节中给出数值实验；3.6节中对本章进行总结。所有的证明均放到了附录中。

3.2 基本描述

本节包括两部分：第一部分，对交易背景的描述，这有助于理解企业的运作环境；第二部分，给出所用到的风险度量方法，这有助于对企业偏好行为进行刻画。

3.2.1 基本假设

在需求信息对称的交易市场中，考虑由单个供应商和单个零售商组成的两级供应链，其中，零售商是风险中性的，而供应商是风险规避的。由于供应商仅有一次机会进行生产，因而零售商愿意采用一个“被接受或者被拒绝”的契约来激励供应商增大产出量。在接受该契约的基础上，供应商决定其最优产量。最后，交易双方以供应链协调为基础，对契约的参数进行确定，并按照是否具有Pareto改进来确认契约的可行性。

在销售季节前，具有产出不确定的供应商确定其产出量 xQ ，其中 Q 表示供应商的投产量，x 是一个随机变量。x 的累积分布函数为 $F(x)$ ，概论密度函数为 $f(x)$ 。x 的平均值为 $E[x]=\mu$ 。市场需求 D 是确定的。为不失一般性，假定 $F(0)=0$, $F(\cdot)$ 关于 $\cdot$ 是连续严格单增的。供应商在单位生产成本 c 的基础上，提供给零售商的单位批发价为 w 。在考虑单位零售价为 p 的情况下，每个未售出产品具有残值，且用 v 表示。如果存在需求未得到满足，那么零售商和供应商将失去潜在的利润，也就是说，他们会分别受到 g^r 和 g^s 的缺货损失。为方便起见，假定 $\frac{c}{\mu}>v>0$，否则在无限产量下，供应商可以获得无限的预期利润。同时假定，$w\in\left(\frac{c}{\mu},\ p\right)$ ，这是为了确保供应商愿意向零售商销售产品。以上的假定可直观地理解为：如果不确定产出量的平均值很低，供应商要求相对较高的批发价格；如果不确定产出量的平均值很高，供应商面临相对较低的批发价格。

交易双方决策次序如图 3.1 所示，表 3.1 则展示了本章所涉及的相关符号及意义。

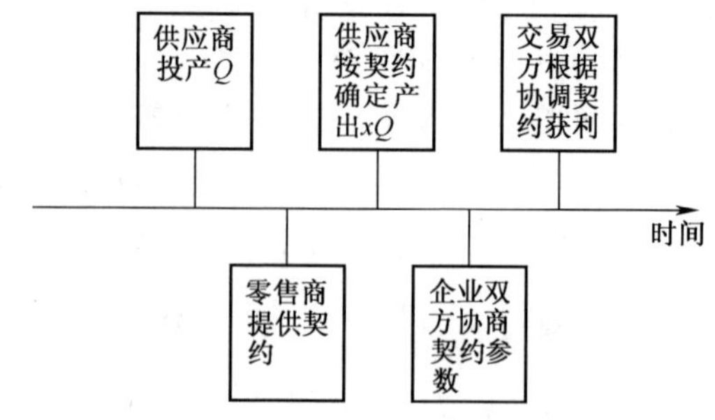

图 3.1　交易双方决策次序

表 3.1　相关符号及意义

符号	意　　义	符号	意　　义	符号	意　　义
Q	投产量	c	单位生产成本	w	单位批发价
x	随机产出率，其累积分布函数为 $F(x)$，概论密度函数为 $f(x)$	p	单位零售价	v	未售出产品的单位残值
D	确定的市场需求	g^r	零售商的单位失售损失	g^s	供应商的单位失售损失
π	期望利润	*	最优情况	s	上标，供应商
I	下标，集中式决策	d	下标，批发价契约	r	上标，零售商
a	下标，风险分散契约	ε	下标，期权契约	z	下标，补贴契约
ψ	下标，收入共享契约	E	期望算子	μ	$E[x]=\mu$
η	风险规避程度	λ	损失分担比例	T	旁支付
b	过剩补贴价格	k	期权价格	o	期权执行价格
ϕ	收入共享比例	H	CVaR 效用函数		

3.2.2　CVaR 方法

针对供应商的风险规避，考虑采用 CVaR 方法来刻画。根据文献［67］的描述，CVaR 效用函数如下：

$$\mathrm{CVaR}_{\eta}(\pi)=\max_{\sigma\in R}\left\{\sigma-\frac{1}{\eta}E[(\sigma-\pi)^{+}]\right\} \tag{3.1}$$

式中，σ 为供应商的目标利润；$\eta\in(0,\ 1]$ 为风险规避程度，其数值越低，意味着风险规避程度就越高。特别地，$\eta=1$ 时，CVaR 效用函数表示期望利润。

全书采用 $(x)^+=\max\{x, 0\}$ 表示。

3.3 基准模型

为了较好地展示主要结果，令 $S(Q)$ 表示给定 Q 的期望销售量，即有 $S(Q)=E[\min\{xQ, D\}]=D-\int_0^{\frac{D}{Q}}(D-xQ)f(x)\mathrm{d}x$。接下来，沿用文献［92］的框架，考虑两类基本供应链模型，并以此作为基准。其中，一类是集中式决策，另一类是分散式决策。

3.3.1 集中式决策

在集中式决策下，所有成员行为视作同一个系统，此时供应链系统的期望利润为

$$\pi_I=pS(Q)+v\int_{\frac{D}{Q}}^{\infty}(xQ-D)f(x)\mathrm{d}x-(g^s+g^r)\int_0^{\frac{D}{Q}}(D-xQ)f(x)\mathrm{d}x-cQ \tag{3.2}$$

根据文献［66］的描述，供应链的最优策略满足

$$\int_0^{D/Q_I^*}xf(x)\mathrm{d}x=\frac{c-\mu v}{p-v+g^r+g^s} \tag{3.3}$$

3.3.2 分散式决策

在分散式决策下，考虑批发价契约。此时，零售商和供应商的期望利润分别满足

$$\pi_d^r=(p-w)S(Q)-g^r\int_0^{\frac{D}{Q}}(D-xQ)f(x)\mathrm{d}x \tag{3.4}$$

$$\begin{aligned}\pi_d^s&=wS(Q)+v\int_{\frac{D}{Q}}^{\infty}(xQ-D)f(x)\mathrm{d}x-g^s\int_0^{\frac{D}{Q}}(D-xQ)f(x)\mathrm{d}x-cQ\\&=(w\mu-c)Q-L_{30}(Q)\end{aligned} \tag{3.5}$$

式中，$L_{30}(Q)=(w\mu-v)\int_{\frac{D}{Q}}^{\infty}(xQ-D)f(x)\mathrm{d}x+g^s\int_0^{\frac{D}{Q}}(D-xQ)f(x)\mathrm{d}x$ 是供应商产出过剩和产出不足的潜在损失。

根据 CVaR 的定义，批发价契约下的供应商 CVaR 绩效满足

$$H_d^s = \mathrm{CVaR}_\eta \pi_d^s = \max_{\sigma \in R}\left\{\sigma - \frac{1}{\eta}(\sigma - \pi_d^s)\right\}$$

引理 3.1 如果 $\sigma_d^* = (w - v)D + (\mu v - c)Q$，那么 $\mathrm{CVaR}_\eta \pi_d^s$ 可以达到最大化。

根据引理 3.1，供应商的 CVaR 绩效满足

$$H_d^s = (w - v)D + (\mu v - c)Q - (w - v + g^s)\frac{\int_0^{\frac{D}{Q}}(D - xQ)\mathrm{d}F(x)}{\eta} \tag{3.6}$$

由于 $\dfrac{\partial^2 H_d^s}{\partial Q^2} = -(w - v + g^s)\dfrac{D^2}{\eta Q^3}f\left(\dfrac{D}{Q}\right) < 0$，从而 H_d^s 关于 Q 是凹的，因此供应商的最优产量满足

$$\int_0^{D/Q_d^*} xf(x)\mathrm{d}x = \frac{\eta(c - \mu v)}{w - v + g^s} \tag{3.7}$$

3.4 供应链协调

根据文献［67］的描述，考虑如下供应链协调的定义：如果一个契约下的供应商最优策略能够与集中式最优策略达到一致，称该契约能协调供应链。同样按照文献［67］的描述，如果一个契约下的每个企业均能获得正利润，或者至少不亏损，那么这个契约可以实现 Pareto 改进。

由于 $p - v + g^r + g^s > w - v + g^s$ 和 $\eta \leqslant 1$，从而有 $\dfrac{\eta(c - \mu v)}{w - v + g^s} < \dfrac{c - \mu v}{p - v + g^r + g^s}$，也就是说 $\int_0^{D/Q_d^*} xf(x)\mathrm{d}x < \int_0^{D/Q_I^*} xf(x)\mathrm{d}x$ 成立。这意味着批发价契约下的最优策略无法达到集中式决策的情况，即批发价契约无法协调供应链。于是，需要设计一个行之有效的激励机制来改善供应链运行效率，并最终实现供应链协调。

在接下来的部分，分别考虑风险分散契约、期权契约、补贴契约和收入共享契约，并将它们进行比较，从而说明它们的差异。

3.4.1 风险分散契约

为了确保供应商能够提供其产出量，在销售季节前，零售商和供应商同意采用风险分散契约（λ，T）。参数 λ 为损失分担比例，它意味着供应商所

承担的损失部分。$1-\lambda$ 则是零售商所承担的损失部分。参数 T 为旁支付，它表示供应商在零售商承担部分损失后，给零售商的补偿。值得注意的是 T 可能为负，此时意味着零售商对供应商的进一步资助。于是，风险分散契约下零售商和供应商的期望利润分别满足

$$\pi_a^r=(p-w)S(Q)-g^r\int_0^{\frac{D}{Q}}(D-xQ)f(x)\mathrm{d}x-(1-\lambda)L_{30}(Q)+T \tag{3.8}$$

$$\pi_a^s=(w\mu-c)Q-\lambda L_{30}(Q)-T \tag{3.9}$$

类似于引理3.1，如果 $\sigma_a^*=(w\mu-c)Q+\lambda(w\mu-v)(D-\mu Q)-T$ 且 $\lambda>\frac{w\mu-c}{\mu(w\mu-v)}$，那么供应商可以得到最大化的CVaR绩效，且满足

$$H_a^s=(w\mu-c)Q-\lambda(w\mu-v)(\mu Q-D)-T-\lambda(w\mu-v+g^s)\frac{\int_0^{\frac{D}{Q}}(D-xQ)\mathrm{d}F(x)}{\eta} \tag{3.10}$$

由于 $\frac{\partial^2H_a^s}{\partial Q^2}=-\lambda(w\mu-v+g^s)\frac{D^2}{\eta Q^3}f\left(\frac{D}{Q}\right)<0$，从而 H_a^s 关于 Q 是凹的，因此风险分散契约下的最优产量满足

$$\int_0^{D/Q_a^*}xf(x)\mathrm{d}x=\frac{\eta[c-w\mu+\lambda(w\mu-v)\mu]}{\lambda(w\mu-v+g^s)} \tag{3.11}$$

定理3.1　在风险分散契约下，如果条件（3.12）成立，那么供应链能够达到协调状态。

$$\lambda^*=\frac{\eta(w\mu-c)(p-v+g^r+g^s)}{\eta\mu(w\mu-v)(p-v+g^r+g^s)-(c-\mu v)(w\mu-v+g^s)} \tag{3.12}$$

定理3.1指出如果式（3.12）成立，那么风险分散契约下供应商的最优策略能够确保供应链达到最佳的性能。它也意味着为了保证整体供应链利润最大化，风险中性的零售商需要不断调整损失分担比例。接下来，讨论风险分散契约的Pareto改进问题，并由此得到以下结果。

定理3.2　在可协调供应链的风险分散契约下，如果 $T\in[T_{\min},T_{\max}]$ 成立，那么风险分散契约可以实现Pareto改进，

$$\begin{cases}T_{\min}=\pi_d^r(Q_d^*)-\pi_d^r(Q_I^*)+(1-\lambda^*)L_{30}(Q_I^*)\\T_{\max}=\lambda^*H_d^s(Q_I^*)-H_d^s(Q_d^*)+(1-\lambda^*)(w\mu-c)Q_I^*\end{cases} \tag{3.13}$$

定理3.2表明在有效的旁支付区间下，供应商和零售商的产量矛盾得到缓解。结合定理3.1和定理3.2，得知风险分散契约可以确保供应链整体利润最大化的同时，使得每个企业获得正的绩效收益。

3.4.2 期权契约

在期权契约下，零售商以期权价格 k 购买 μQ 个产品，同时以期权执行价格 o 支付所有实际购买量。沿用文献［66］的假设，有 $\frac{c}{\mu}-v>k\geqslant 0$，否则，供应商可以通过选择无限的投入产量来获得无限的预期利润。同时 $o+g^s>v$，否则，供应商不愿意向零售商销售产品。那么零售商和供应商的期望利润分别满足

$$\pi_\varepsilon^r=(p-o)S(Q)-g^r\int_0^{\frac{D}{Q}}(D-xQ)f(x)\mathrm{d}x-k\mu Q \tag{3.14}$$

$$\pi_\varepsilon^s=oS(Q)+v\int_{\frac{D}{Q}}^{\infty}(xQ-D)f(x)\mathrm{d}x-g^s\int_0^{\frac{D}{Q}}(D-xQ)f(x)\mathrm{d}x+k\mu Q-cQ \tag{3.15}$$

类似于引理 3.1，$\sigma_\varepsilon^*=(o-v)D+(\mu v+\mu k-c)Q$ 时，供应商的风险规避效用函数可以最大化，且满足

$$H_\varepsilon^s=(o-v)D+(\mu v+\mu k-c)Q-(o-v+g^s)\frac{\int_0^{\frac{D}{Q}}(D-xQ)\mathrm{d}F(x)}{\eta} \tag{3.16}$$

由于 $\frac{\partial^2 H_\varepsilon^s}{\partial Q^2}=-(o-v+g^s)\frac{D^2}{\eta Q^3}f\left(\frac{D}{Q}\right)<0$，因而 H_ε^s 关于 Q 是凹的，此时供应商的最优产量满足

$$\int_0^{D/Q_\varepsilon^*}xf(x)\mathrm{d}x=\frac{\eta(c-\mu v-\mu k)}{o-v+g^s} \tag{3.17}$$

定理 3.3 在合适的参数 $\{o, k, \eta\}$ 选择下，期权契约能够协调供应链，且确保交易双方达到“双赢”状态。

定理 3.3 表明期权契约能改善供应链的运作效率。与此同时，在期权契约下，交易双方的绩效水平也比批发价契约的情况高。这就意味着交易双方愿意采用期权契约去解决二者之间的产出矛盾问题。

3.4.3 补贴契约

在补贴契约下，零售商对供应商的过剩产出按单位补贴价格 b 进行补偿，而供应商则考虑采用批发价 w_z 对零售商进行供货。同样沿用文献［66］的假设，有 $\frac{c}{\mu}-v>b\geqslant 0$，否则，供应商可以通过选择无限的投入产量来获得无

限的预期利润。此时，零售商和供应商的期望利润分别满足

$$\pi_z^r = (p - w_z)S(Q) - b\int_{\frac{D}{Q}}^{\infty}(xQ - D)f(x)\mathrm{d}x - g^r\int_0^{\frac{D}{Q}}(D - xQ)f(x)\mathrm{d}x \tag{3.18}$$

$$\pi_z^s = w_z S(Q) + (v + b)\int_{\frac{D}{Q}}^{\infty}(xQ - D)f(x)\mathrm{d}x - g^s\int_0^{\frac{D}{Q}}(D - xQ)f(x)\mathrm{d}x - cQ \tag{3.19}$$

类似于引理 3.1，当 $\sigma_z^* = (w_z - v - b)D + (\mu v + \mu b - c)Q$ 时，供应商的 CVaR 效用函数取得最大，且满足

$$H_z^s = (w_z - v - b)D + (\mu v + \mu b - c)Q - (w_z - b - v + g^s)\frac{\int_0^{\frac{D}{Q}}(D - xQ)\mathrm{d}F(x)}{\eta} \tag{3.20}$$

由于 $\frac{\partial^2 H_z^s}{\partial Q^2} = -(w_z - v - b + g^s)\frac{D^2}{\eta Q^3}f\left(\frac{D}{Q}\right) < 0$，因而 H_z^s 关于 Q 是凹的。于是，期权契约下的供应商最优产量满足

$$\int_0^{D/Q_z^*} xf(x)\mathrm{d}x = \frac{\eta(c - \mu v - \mu b)}{w_z - v - b + g^s} \tag{3.21}$$

定理 3.4 一定的参数 $\{b, w_z, \eta\}$ 设置下，补贴契约可以协调供应链，与此同时还能确保交易双方达到“双赢”的状态。

定理 3.4 反映了补贴契约可以实现供应链的最大化效益。与此同时，供应商和零售商均能在补贴契约下获得比批发价契约更高的收益。这就意味着供应商和零售商均愿意采用补贴契约来解决产出矛盾问题。

3.4.4 收入共享契约

在收入共享契约下，零售商将其自身销售所得的 $\phi(\phi \in [0, 1])$ 倍收入交给供应商，与此同时，供应商则按照 w_ψ 的价格将产品卖给零售商。于是，零售商和供应商的期望利润分别满足

$$\pi_\psi^r = [(1 - \phi)p - w_\psi]S(Q) - g^r\int_0^{\frac{D}{Q}}(D - xQ)f(x)\mathrm{d}x \tag{3.22}$$

$$\pi_\psi^s = (\phi p + w_\psi)S(Q) + v\int_{\frac{D}{Q}}^{\infty}(xQ - D)f(x)\mathrm{d}x - g^s\int_0^{\frac{D}{Q}}(D - xQ)f(x)\mathrm{d}x - cQ \tag{3.23}$$

显然地，$\phi < 1 - \frac{w_{\psi}}{p}$，否则，零售商的收益为零，甚至为负。

类似于引理 3.1，当 $\sigma_{\psi}^{*} = (\phi p + w_{\psi} - v)D + (\mu v - c)Q$ 时，在 CVaR 准则下，供应商的风险规避最大化效用函数满足

$$H_{\psi}^{s} = (\phi p + w_{\psi} - v)D + (\mu v - c)Q - (\phi p + w_{\psi} - v + g^{s})\frac{\int_{0}^{\frac{D}{Q}}(D - xQ)\mathrm{d}F(x)}{\eta} \tag{3.24}$$

由于 $\frac{\partial^{2} H_{\psi}^{s}}{\partial Q^{2}} = -(\phi p + w_{\psi} - v + g^{s})\frac{D^{2}}{\eta Q^{3}}f\left(\frac{D}{Q}\right) < 0$，从而 H_{ψ}^{s} 关于 Q 是凹的，于是，收入共享契约下的最优产量满足

$$\int_{0}^{D/Q_{\psi}^{*}} xf(x)\mathrm{d}x = \frac{\eta(c - \mu v)}{\phi p + w_{\psi} - v + g^{s}} \tag{3.25}$$

定理 3.5 通过选择合适的契约参数和适当的风险规避环境 $\{\phi, w_{\psi}, \eta\}$，收入共享契约能够实现供应链协调，并使得企业均达到“双赢”的目的。

定理 3.5 表明适当的收入共享契约能够使得供应链整体效益最大化。与此同时，零售商和供应商均能获得一个比批发价契约更高的绩效，从而进一步指出零售商和供应商愿意采用收入共享契约去处理二者之间的产出矛盾。

3.4.5 绩效比较与契约选择

前文表明，在同一风险规避区间下，风险分散契约、期权契约、补贴契约和收入共享契约均能较好地处理供应商与零售商之间的产出矛盾①。那么哪个契约更有说服力呢？也就是哪个契约能给供应商和零售商带来更大的益处？接下来，通过比较风险分散契约和其他三种契约，从而来说明契约间的差异。

首先，比较期权契约和风险分散契约。令

$$T_{1} = (1 - \lambda^{*})[(w\mu - c)Q_{I}^{*} - H_{d}^{s}(Q_{I}^{*})] - \mu k^{*} Q_{I}^{*} - (o - w)\left[D - \frac{\int_{0}^{\frac{D}{Q_{I}^{*}}}(D - xQ_{I}^{*})\mathrm{d}F(x)}{\eta}\right],$$

$$T_{2} = (1 - \lambda^{*})L_{30}(Q_{I}^{*}) - \mu k^{*} Q_{I}^{*} - (o - w)S(Q_{I}^{*})$$

---

① 根据定理 3.1、定理 3.3～定理 3.5 的证明，选择以下可行风险规避区间：

$$\eta > \max\left\{\frac{(c - \mu v)(w\mu - v + g^{s})}{[\mu(w\mu - v) - (w\mu - c)](p - v + g^{r} + g^{s})}, \frac{w_{z} - v + g^{s}}{p - v + g^{r} + g^{s}}, \frac{o - v + g^{s}}{p - v + g^{r} + g^{s}}, \frac{w_{\psi} - v + g^{s}}{p - v + g^{r} + g^{s}}\right\}$$

显然地，$T_{\max} \geqslant T_1 > T_2 \geqslant T_{\min}$。那么在区间 $T \in [T_2, T_1]$，有 $\pi_a^r \geqslant \pi_\varepsilon^r$ 和 $H_a^s \geqslant H_\varepsilon^s$ 成立。而当 $T > T_1$ 时，有 $\pi_a^r > \pi_\varepsilon^r$ 且 $H_a^s < H_\varepsilon^s$ 成立。当 $T < T_2$ 时，有 $\pi_a^r < \pi_\varepsilon^r$ 和 $H_a^s > H_\varepsilon^s$ 成立。也就是说，如图 3.2 所示，只有当旁支付在区间 $T \in [T_2, T_1]$ 时，在期权契约和风险分散契约之间，供应商和零售商才均会在同一个契约下获得更高的绩效。于是，当且仅当 $T \in [T_2, T_1]$ 时，企业双方会选择同一个契约，即风险分散契约。

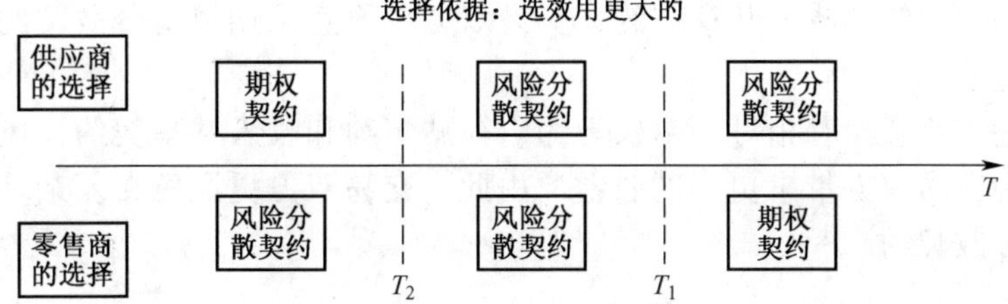

图 3.2　旁支付对零售商和供应商契约选择的影响（风险分散契约与期权契约）

其次，比较补贴契约和风险分散契约。令

$$T_3 = (1-\lambda^*)[(w\mu - c)Q_I^* - H_d^s(Q_I^*)] - \mu b^* Q_I^* - (w_z - w - b^*)\left[D - \frac{\int_0^{\frac{D}{Q_I^*}}(D - xQ_I^*)\,\mathrm{d}F(x)}{\eta}\right]$$

$$T_4 = (1-\lambda^*)L_{30}(Q_I^*) - \mu b^* Q_I^* - (w_z - w - b^*)S(Q_I^*)$$

显然地，$T_{\max} \geqslant T_3 > T_4 \geqslant T_{\min}$。那么在区间 $T \in [T_6, T_5]$，有 $\pi_a^r \geqslant \pi_z^r$ 和 $H_a^s \geqslant H_z^s$ 成立。而当 $T > T_3$ 时，有 $\pi_a^r > \pi_z^r$ 且 $H_a^s < H_z^s$ 成立。当 $T < T_4$ 时，有 $\pi_a^r < \pi_z^r$ 和 $H_a^s > H_z^s$ 成立。也就是说，只有当旁支付在区间 $T \in [T_4, T_3]$ 时，在补贴契约和风险分散契约之间，供应商和零售商才均会在同一个契约下获得更高的绩效。于是，当且仅当 $T \in [T_4, T_3]$ 时，企业双方会选择同一个契约，即风险分散契约。

最后，比较收入共享契约和风险分散契约。令

$$T_5 = (1-\lambda^*)[(w\mu - c)Q_I^* - H_d^s(Q_I^*)] - (\phi^* p + w_\psi - w)\left[D - \frac{\int_0^{\frac{D}{Q_I^*}}(D - xQ_I^*)\,\mathrm{d}F(x)}{\eta}\right]$$

$$T_6 = (1-\lambda^*)L_{30}(Q_I^*) - (\phi^* p + w_\psi - w)S(Q_I^*)$$

显然地，$T_{\max} \geqslant T_5 > T_6 \geqslant T_{\min}$。那么在区间 $T \in [T_6, T_5]$，有 $\pi_a^r \geqslant \pi_\psi^r$ 和 $H_a^s \geqslant H_\psi^s$ 成立。而当 $T > T_5$ 时，有 $\pi_a^r > \pi_\psi^r$ 且 $H_a^s < H_\psi^s$ 成立。当 $T < T_6$ 时，

有 $\pi_a^r < \pi_\psi^r$ 和 $H_a^s > H_\psi^s$ 成立。也就是说，只有当旁支付在区间 $T \in [T_6, T_5]$ 时，在收入共享契约和风险分散契约之间，供应商和零售商才均会在同一个契约下获得更高的绩效。于是，当且仅当 $T \in [T_6, T_5]$ 时，企业双方会选择同一个契约，即风险分散契约。

基于上述风险分散契约和其他可替代契约的比较分析，有以下结果成立。

定理 3.6 在由风险规避供应商和风险中性零售商组成的供应链中，从实现供应链协调和 Pareto 改进的角度，在相同的风险规避区域下，相对于期权契约、补贴契约和收入共享契约，交易双方更愿意采用风险分散契约来处理生产问题。

定理 3.6 意味着相对于期权契约、补贴契约和收入共享契约，风险分散契约能为交易双方带来更多的收益。由此，交易双方更愿意在复杂环境下选择风险分散契约。

3.5 算例分析

本节通过系列数值实验来分析风险规避程度对企业的影响。假设 x 服从均匀分布 $U[0.5, 1.5]$，其余外生变量分别是 $p = 15$、$w = w_z = w_\psi = 10$、$c = 5$、$v = 3$、$g^r = g^s = 1$、$D = 200$。此时，注意 $\frac{c}{\mu} - v > k \geqslant 0$、$o + g^s > v$ 以及 $\frac{c}{\mu} - v > b \geqslant 0$，因而有 $o > 2$、$0 < k < 2$ 和 $0 < b < 2$。

首先，考虑供应商最优产出的变化。图 3.3~图 3.7 分别显示了批发价契约、风险分散契约、期权契约、补贴契约和收入共享契约下风险规避程度对供应商最优生产量的影响。所有这些图形都反映出供应商越是风险规避，其产量就越高。

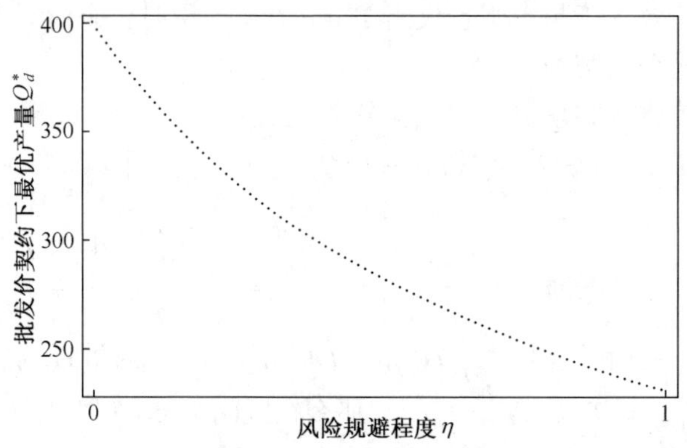

图 3.3 风险规避程度 η 对批发价契约下最优产量 Q_d^* 的影响

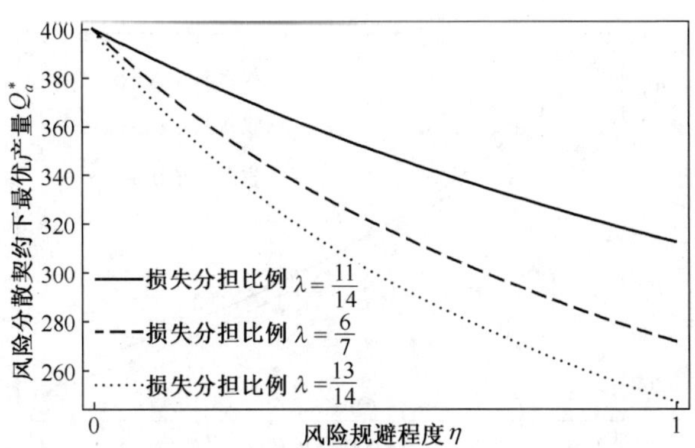

图 3.4　风险规避程度 η 对风险分散契约下最优产量 Q_a^* 的影响

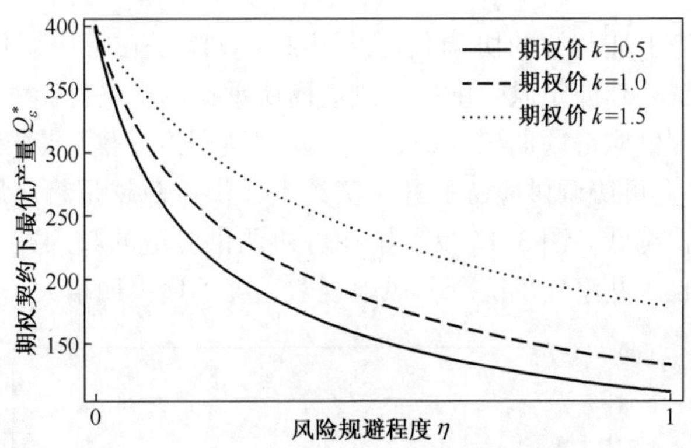

图 3.5　风险规避程度 η 对期权契约下最优产量 Q_ε^* 的影响（ o = 3 时）

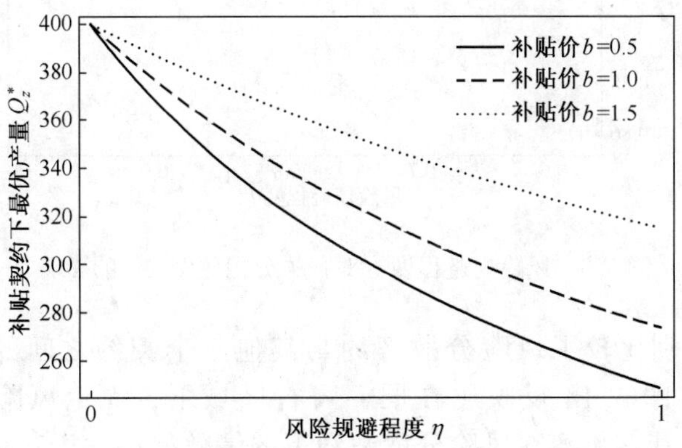

图 3.6　风险规避程度 η 对补贴契约下最优产量 Q_z^* 的影响

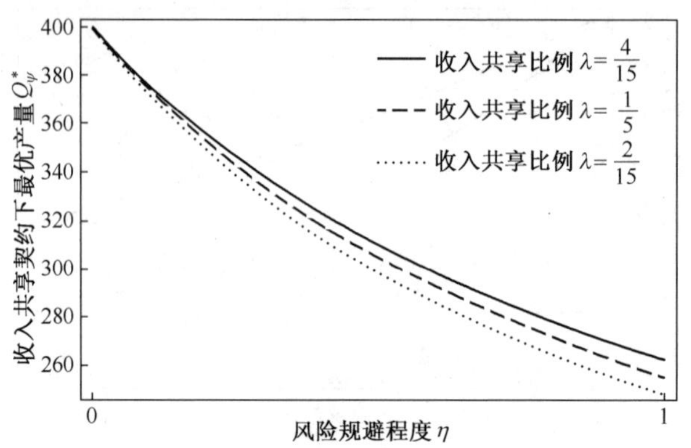

图 3.7　风险规避程度 η 对收入共享契约下最优产量 Q_{ψ}^* 的影响

其次，讨论上述契约的协调条件。图 3.8 反映了在可协调供应链的风险分散契约下，越是趋向于风险中性，供应商所承担的损失比例就越少。图 3.9 反映了在可协调供应链的期权契约下，风险规避程度越深，期权价格就越低。图 3.10 反映了在可协调供应链的补贴契约下，供应商越是趋向风险规避，获得的补贴价格就越低。图 3.11 反映了在可协调供应链的收入共享契约下，供应商所获得的收入共享比例随着其风险规避程度的增大而增大。

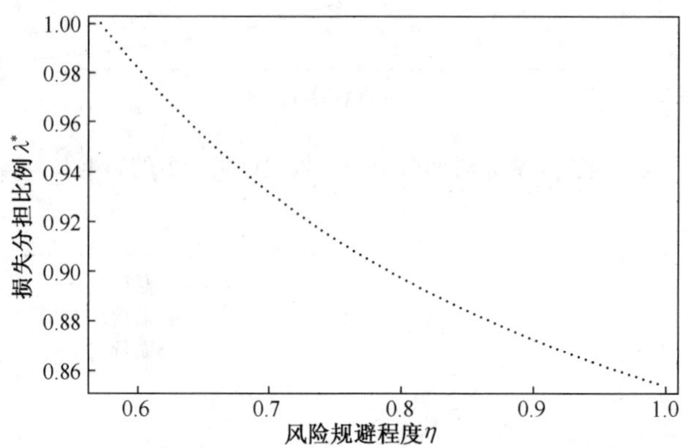

图 3.8　风险规避程度 η 对损失分担比例 λ^* 的影响

最后，分别比较了风险分散契约与其他三个契约之间的企业绩效差异。图 3.12～图 3.14 反映了在同一可行区域下，无论风险规避如何变化，供应商及其零售商在风险分散契约下的绩效始终大于其他三个契约的情况。

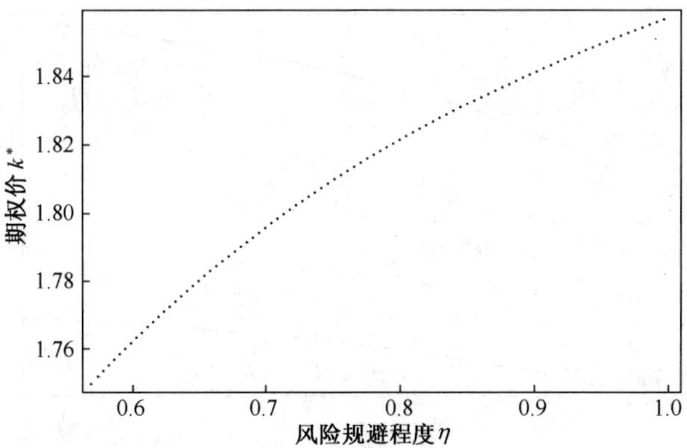

图 3.9　风险规避程度 η 对期权价 k^* 的影响（o = 3 时）

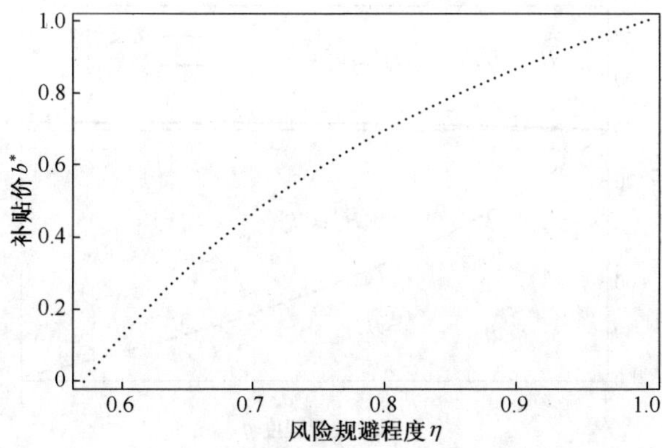

图 3.10　风险规避程度 η 对补贴价 b^* 的影响

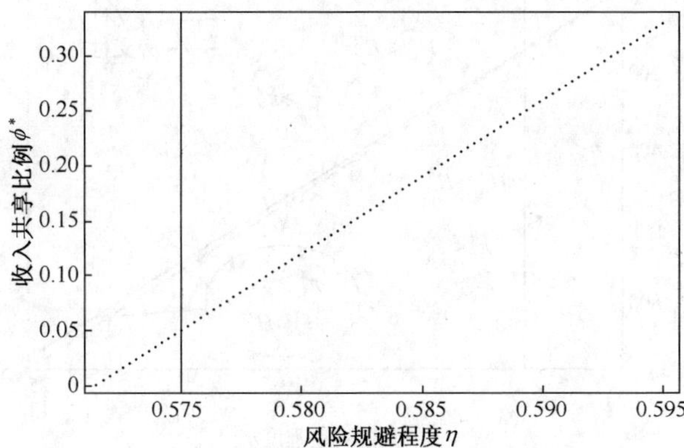

图 3.11　风险规避程度 η 对收入共享比例 ϕ^* 的影响

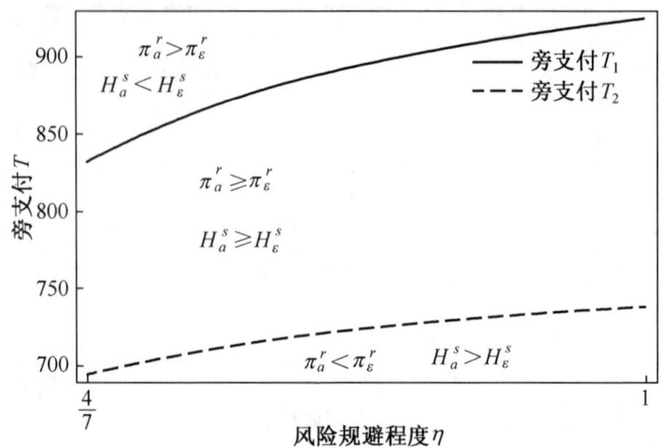

图 3.12　风险规避程度 η 对旁支付 T 的影响（风险分散契约与期权契约）

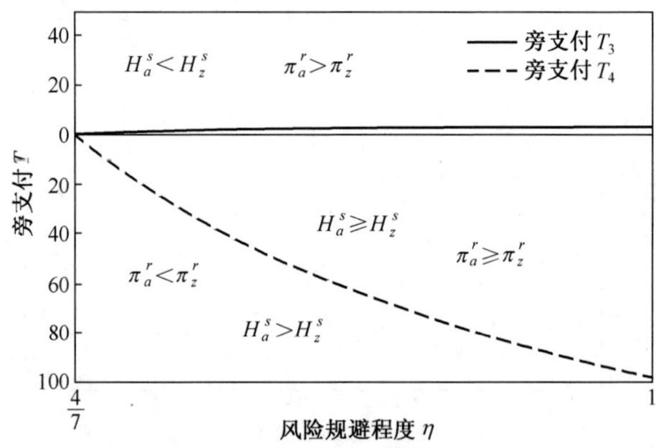

图 3.13　风险规避程度 η 对旁支付 T 的影响（风险分散契约与补贴契约）

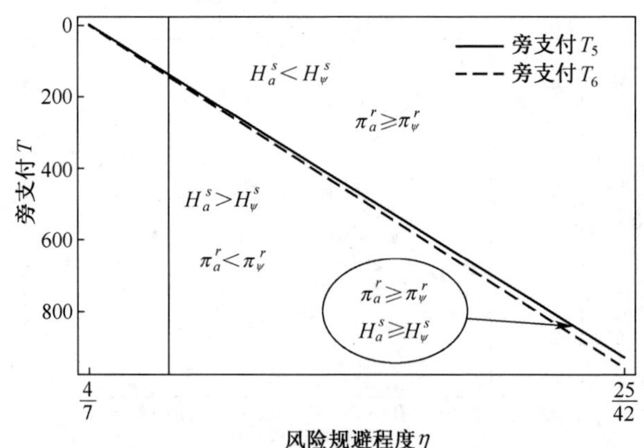

图 3.14　风险规避程度 η 对旁支付 T 的影响（风险分散契约与收入共享契约）

3.6 小 结

在快速发展的消费品市场中，零售商希望其供应商能够更多地进行生产；然而，供应商可能会采取规避风险的态度，对面临不确定产出率的生产数量作出保守的决策。在确定的需求下，考虑由风险中性零售商和风险规避供应商组成的供应链环境中，假设供应商具有随机产出。在这种情况下，零售商首先提供“接受与否”的契约。然后，供应商在接受此契约后，通过采用CVaR度量准则，确定其最佳生产数量。因此，有下面三个主要结果成立。

首先，建立了四种契约，包括风险分散契约、期权契约、补贴契约和收入共享契约。在适当的参数组合下，所有这些契约都可以协调供应链并实现Pareto改进。这表明所有这些契约都可以在特定风险规避程度下改善供应链绩效。

其次，分别比较了风险分散契约和其他三种契约，包括期权契约、补贴契约和收入共享契约。相对于其他契约，在风险分散契约下，发现供应商和零售商可以获得更高的绩效。这表明交易双方可以通过风险分散契约获得更多的利益。

最后，应用数值分析了风险规避程度对企业的影响。表明供应商的风险规避越多，产出就越高。同时还发现，随着风险规避程度的变化，上述四个协调契约的参数将得到适当调整。这表明风险规避对公司的决策和供应链效率具有决定性影响。

第 4 章

风险规避下补货策略和产出不确定的供应链协调

为了防止潜在客户的流失，在面临缺货时，供应商往往会选择采取补货策略来减少损失。本章则在第 3 章的基础上，进一步考虑补货策略对供应商及其链条带来的影响。

4.1 基本描述

考虑单个供应商和单个零售商组成的两级供应链，在销售汽车零部件的 VMI 模式下，零售商是风险中性的，供应商是风险规避的，采用 CVaR 方法（第3 章）。为了更好地把握潜在市场，供应商往往考虑选择补货策略以防止客户的流失。此时，供应商的单位补货成本为 c_1，而通过补货后卖给零售商的产品单位批发价则为 w_1。其余相关符号沿用第 3 章的描述，此处省略。特别地，供应商和零售商愿意采用补货策略，则需满足 $p+g^r \geqslant w_1$、$w_1+g^s \geqslant c_1$。而由于补货是需要短时间进行产品的生产和运输，因而有 $c_1 \geqslant c$。与此同时，由于补货成本的提高，供应商卖给零售商的批发价也随之提高，即 $w_1 \geqslant w$。此外，如果 $w-c<w_1-c_1$，那么在拉式供应链下，供应商只会根据销售旺季的实际需求进行生产，于是假设 $w-c \geqslant w_1-c_1$。故在上述假定描述下，记下标 y 表示具补货策略的情况。为保证交易双方获利，此时，交易双方的决策次序如图 4.1 所示。

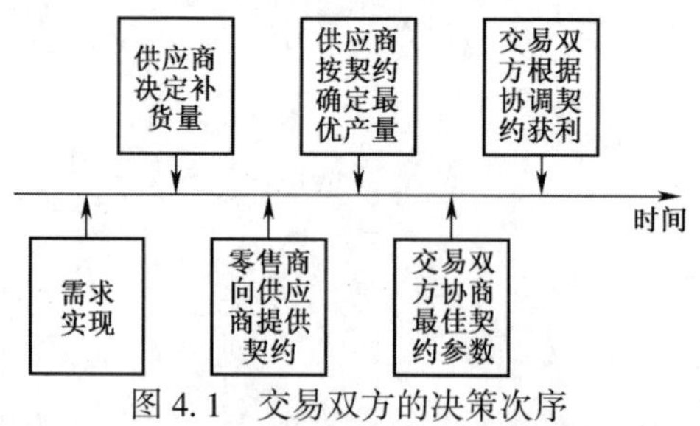

图 4.1　交易双方的决策次序

4.2 基准模型

本节分别采用集中式决策和批发价契约作为基准，并以此对企业间交易机制进行优化。

4.2.1 集中式决策

在集中式决策下，沿用文献［66］的结果，其期望利润和最优策略分别满足

$$\pi_{Iy} = pS(Q) + v\int_{\frac{D}{Q}}^{\infty}(xQ - D)f(x)\mathrm{d}x + (p - c_1)\int_{0}^{\frac{D}{Q}}(D - xQ)f(x)\mathrm{d}x - cQ \tag{4.1}$$

$$\int_{0}^{D/Q_{Iy}^{*}} xf(x)\mathrm{d}x = \frac{c_1 - \mu v}{c - v} \tag{4.2}$$

4.2.2 批发价契约

批发价契约下，零售商和供应商的期望利润分别满足

$$\pi_{dy}^{r} = (p - w)S(Q) + (p - w_1)\int_{0}^{\frac{D}{Q}}(D - xQ)f(x)\mathrm{d}x \tag{4.3}$$

$$\begin{aligned}\pi_{dy}^{s} &= wS(Q) + v\int_{\frac{D}{Q}}^{\infty}(xQ - D)f(x)\mathrm{d}x + (w_1 - c_1)\int_{0}^{\frac{D}{Q}}(D - xQ)f(x)\mathrm{d}x - cQ \\ &= (w\mu - c)Q + (w_1 - c_1)\int_{0}^{\frac{D}{Q}}(D - xQ)f(x)\mathrm{d}x - L_{40}(Q)\end{aligned} \tag{4.4}$$

其中，$L_{40}(Q) = (w\mu - v)\int_{\frac{D}{Q}}^{\infty}(xQ - D)f(x)\mathrm{d}x$ 是供应商产出过剩的潜在损失。

类似于引理 3.1，$\sigma_{dy}^{*} = (w - v)D + (\mu v - c)Q$，$\mathrm{CVaR}_{\eta}\pi_{dy}^{s}$ 可以达到最大化，也就是批发价契约下的供应商 CVaR 绩效满足

$$H_{dy}^{s} = (w - v)D + (\mu v - c)Q - (w - v - w_1 + c_1)\frac{\int_{0}^{\frac{D}{Q}}(D - xQ)\mathrm{d}F(x)}{\eta} \tag{4.5}$$

由于 $\frac{\partial^2 H_{dy}^{s}}{\partial Q^2} = -(w - v - w_1 + c_1)\frac{D^2}{\eta Q^3}f\left(\frac{D}{Q}\right) < 0$，从而 H_{dy}^{s} 关于 Q 是凹的，

因此供应商的最优产量满足

$$\int_0^{D/Q_{dy}^*} xf(x)\,\mathrm{d}x = \frac{\eta(c - \mu v)}{w - v - w_1 + c_1} \tag{4.6}$$

4.3 供应链协调

由于 $c_1 > c$、$c - v > w - v - w_1 + c_1$ 和 $\eta \leqslant 1$，从而有 $\frac{\eta(c - \mu v)}{w - v - w_1 + c_1} < \frac{c_1 - \mu v}{c - v}$，也就是说 $\int_0^{D/Q_{dy}^*} xf(x)\,\mathrm{d}x < \int_0^{D/Q_{Iy}^*} xf(x)\,\mathrm{d}x$ 成立。这意味着批发价契约下的最优策略无法达到集中式决策的情况，即批发价契约无法协调供应链。于是，需要设计一个行之有效的激励机制来改善供应链的运行效率，并最终实现供应链协调。

接下来的部分分别考虑风险分散契约、期权契约、补贴契约和收入共享契约，并将它们进行比较，从而说明它们的差异。

4.3.1 风险分散契约

为了确保供应商能够提供其产出量，在销售季节前，零售商和供应商同意采用风险分散契约 $(\lambda,\ T)$。参数 $\lambda(\lambda \in [0,\ 1])$ 为损失分担比例，它意味着供应商所承担的损失部分。$1 - \lambda$ 则是零售商所承担的损失部分。参数 T 为旁支付，它表示供应商在零售商承担部分损失后，给零售商的补偿。值得注意的是 T 可能为负，此时意味着零售商对供应商的进一步资助。于是，风险分散契约下零售商和供应商的期望利润分别满足

$$\pi_{ay}^r = (p - w)S(Q) + (p - w_1)\int_0^{\frac{D}{Q}}(D - xQ)f(x)\,\mathrm{d}x - (1 - \lambda)L_{40}(Q) + T \tag{4.7}$$

$$\pi_{ay}^s = (w\mu - c)Q + (w_1 - c_1)\int_0^{\frac{D}{Q}}(D - xQ)f(x)\,\mathrm{d}x - \lambda L_{40}(Q) - T \tag{4.8}$$

类似于引理 3.1，如果 $\sigma_{ay}^* = (w\mu - c)Q + \lambda(w\mu - v)(D - \mu Q) - T$ 且 $\lambda > \max\left\{\frac{w_1 - c_1}{w\mu - v},\ \frac{w\mu - c}{\mu(w\mu - v)}\right\}$，那么供应商可以得到最大化的 CVaR 绩效，且满足

$$H_{ay}^{s}=(w\mu-c)Q-\lambda(w\mu-v)(\mu Q-D)-T-\left[\lambda(w\mu-v)-(w_1-c_1)\right]\frac{\int_{0}^{\frac{D}{Q}}(D-xQ)\mathrm{d}F(x)}{\eta} \tag{4.9}$$

由于 $\frac{\partial^2 H_{ay}^{s}}{\partial Q^2}=-\left[\lambda(w\mu-v)-(w_1-c_1)\right]\frac{D^2}{\eta Q^3}f\left(\frac{D}{Q}\right)<0$，从而 H_{ay}^{s} 关于 Q 是凹的，因此风险分散契约下的最优产量满足

$$\int_{0}^{D/Q_{ay}^{*}}xf(x)\mathrm{d}x=\frac{\eta[c-w\mu+\lambda(w\mu-v)\mu]}{\lambda(w\mu-v)-(w_1-c_1)} \tag{4.10}$$

定理 4.1　在风险分散契约下，如果条件（4.11）成立，那么供应链能够达到协调状态。

$$\lambda_{y}^{*}=\frac{\eta(w\mu-c)(c-v)+(w_1-c_1)(\mu v-c_1)}{(w\mu-v)[\eta\mu(c-v)-c_1+v]} \tag{4.11}$$

定理 4.1 指出，如果式（4.11）成立，那么风险分散契约下供应商的最优策略能确保供应链达到最佳的性能。它也意味着为了保证整体供应链利润最大化，风险中性的零售商需要不断地调整损失分担比例。接下来，讨论风险分散契约的 Pareto 改进问题，并由此得到以下结果。

定理 4.2　在可协调供应链的风险分散契约下，如果 $T\in[T_{\min,y},T_{\max,y}]$ 成立，那么风险分散契约可以实现 Pareto 改进，其中

$$\begin{cases}T_{\min,y}=\pi_{dy}^{r}(Q_{dy}^{*})-\pi_{dy}^{r}(Q_{Iy}^{*})+(1-\lambda_{y}^{*})L_{40}(Q_{Iy}^{*})\\T_{\max,y}=\lambda_{y}^{*}H_{dy}^{s}(Q_{Iy}^{*})-H_{dy}^{s}(Q_{dy}^{*})+(1-\lambda_{y}^{*})(w\mu-c)Q_{Iy}^{*}\end{cases} \tag{4.12}$$

定理 4.2 表明在有效的旁支付区间下，供应商和零售商的产量矛盾得到缓解。结合定理 4.1 和定理 4.2，得知风险分散契约可以确保供应链整体利润最大化的同时，使得每个企业获得正的绩效收益。

4.3.2　期权契约

在期权契约下，零售商以期权价格 k 购买 μQ 个产品，同时以期权执行价格 o 支付所有实际购买量。沿用 3.4.2 节的假设，有 $\frac{c}{\mu}-v>k\geqslant 0$，那么零售商和供应商的期望利润分别满足

$$\pi_{\varepsilon y}^{r}=(p-o)S(Q)+(p-w_1)\int_{0}^{\frac{D}{Q}}(D-xQ)f(x)\mathrm{d}x-k\mu Q \tag{4.13}$$

$$\pi_{\varepsilon y}^{s} = oS(Q) + v\int_{\frac{D}{Q}}^{\infty}(xQ - D)f(x)\mathrm{d}x + (w_1 - c_1)\int_{0}^{\frac{D}{Q}}(D - xQ)f(x)\mathrm{d}x + k\mu Q - cQ \tag{4.14}$$

类似于引理 3.1，$\sigma_{\varepsilon y}^{*} = (o - v)D + (\mu v + \mu k - c)Q$ 时，供应商的风险规避效用函数可以最大化，且满足

$$H_{\varepsilon y}^{s} = (o - v)D + (\mu v + \mu k - c)Q - (o - v - w_1 + c_1)\frac{\int_{0}^{\frac{D}{Q}}(D - xQ)\mathrm{d}F(x)}{\eta} \tag{4.15}$$

由于 $\dfrac{\partial^2 H_{\varepsilon y}^{s}}{\partial Q^2} = -(o - v - w_1 + c_1)\dfrac{D^2}{\eta Q^3}f\left(\dfrac{D}{Q}\right) < 0$，因而 $H_{\varepsilon y}^{s}$ 关于 Q 是凹的，此时供应商的最优产量满足

$$\int_{0}^{D/Q_{\varepsilon y}^{*}} xf(x)\mathrm{d}x = \frac{\eta(c - \mu v - \mu k)}{o - v - w_1 + c_1} \tag{4.16}$$

定理 4.3 在合适的参数 $\{o, k, \eta\}$ 选择下，期权契约能够协调供应链，且确保交易双方达到“双赢”的状态。

定理 4.3 表明期权契约能改善供应链的运作效率。与此同时，在期权契约下，交易双方的绩效水平也比批发价契约的情况高。这就意味着交易双方愿意采用期权契约去解决二者之间的产出矛盾问题。

4.3.3 补贴契约

在补贴契约下，零售商对供应商的过剩产出按单位补贴价格 b 进行补偿，而供应商则考虑采用批发价 w_z 对零售商进行供货。同样沿用 3.4.3 节的假设，有 $\dfrac{c}{\mu} - v > b \geq 0$。此时，零售商和供应商的期望利润分别满足

$$\pi_{zy}^{r} = (p - w_z)S(Q) - b\int_{\frac{D}{Q}}^{\infty}(xQ - D)f(x)\mathrm{d}x + (p - w_1)\int_{0}^{\frac{D}{Q}}(D - xQ)f(x)\mathrm{d}x \tag{4.17}$$

$$\pi_{zy}^{s} = w_z S(Q) + (v + b)\int_{\frac{D}{Q}}^{\infty}(xQ - D)f(x)\mathrm{d}x + (w_1 - c_1)\int_{0}^{\frac{D}{Q}}(D - xQ)f(x)\mathrm{d}x - cQ \tag{4.18}$$

类似于引理 3.1，当 $\sigma_{zy}^{*} = (w_z - v - b)D + (\mu v + \mu b - c)Q$ 时，供应商的 CVaR 效用函数取得最大，且满足

$$H_{zy}^{s}=(w_z-v-b)D+(\mu v+\mu b-c)Q-(w_z-v-b-w_1+c_1)\frac{\int_0^{\frac{D}{Q}}(D-xQ)\mathrm{d}F(x)}{\eta} \tag{4.19}$$

由于 $\frac{\partial^2 H_{zy}^s}{\partial Q^2}=-(w_z-v-b-w_1+c_1)\frac{D^2}{\eta Q^3}f\left(\frac{D}{Q}\right)<0$，因而 H_{zy}^s 关于 Q 是凹的。于是，期权契约下的供应商最优产量满足

$$\int_0^{D/Q_{zy}^*}xf(x)\mathrm{d}x=\frac{\eta(c-\mu v-\mu b)}{w_z-v-b-w_1+c_1} \tag{4.20}$$

定理 4.4 在一定的参数 $\{b, w_z, \eta\}$ 设置下，补贴契约可以协调供应链，与此同时还能确保交易双方达到“双赢”的状态。

定理 4.4 反映了补贴契约可以实现供应链的最大化效益。与此同时，供应商和零售商均能在补贴契约下获得比批发价契约更高的收益。这就意味着供应商和零售商均愿意采用补贴契约来解决产出矛盾问题。

4.3.4 收入共享契约

在收入共享契约下，零售商将其自身销售所得的 $\phi(\phi\in[0, 1])$ 倍收入交给供应商。与此同时，供应商则按照 w_ψ 的价格将产品卖给零售商。于是，零售商和供应商的期望利润分别满足

$$\pi_{\psi y}^{r}=[(1-\phi)p-w_\psi]S(Q)+(p-w_1)\int_0^{\frac{D}{Q}}(D-xQ)f(x)\mathrm{d}x \tag{4.21}$$

$$\pi_{\psi y}^{s}=(\phi p+w_\psi)S(Q)+v\int_{\frac{D}{Q}}^{\infty}(xQ-D)f(x)\mathrm{d}x+(w_1-c_1)\int_0^{\frac{D}{Q}}(D-xQ)f(x)\mathrm{d}x-cQ \tag{4.22}$$

显然地，$\phi<1-\frac{w_\psi}{p}$，否则，零售商的收益为零，甚至为负。

类似于引理 3.1，当 $\sigma_{\psi y}^{*}=(\phi p+w_\psi-v)D+(\mu v-c)Q$ 时，在 CVaR 准则下，供应商的风险规避最大化效用函数满足

$$H_{\psi y}^{s}=(\phi p+w_\psi-v)D+(\mu v-c)Q-(\phi p+w_\psi-v-w_1+c_1)\frac{\int_0^{\frac{D}{Q}}(D-xQ)\mathrm{d}F(x)}{\eta} \tag{4.23}$$

由于 $\frac{\partial^2 H_{\psi y}^s}{\partial Q^2}=-(\phi p+w_\psi-v-w_1+c_1)\frac{D^2}{\eta Q^3}f\left(\frac{D}{Q}\right)<0$，从而 $H_{\psi y}^s$ 关于 Q 是

凹的，于是，收入共享契约下的最优产量满足

$$\int_0^{D/Q_{\psi y}^*} xf(x)\,\mathrm{d}x = \frac{\eta(c-\mu v)}{\phi p + w_\psi - v - w_1 + c_1} \tag{4.24}$$

定理 4.5 在风险规避环境下，收入共享契约无法实现供应链协调。

定理 4.5 表明，一旦供应商考虑补货策略，那么无论收入共享契约参数如何调整，都无法使得风险规避环境下的供应链整体效益达到最大化。

4.3.5 绩效比较与契约选择

前文表明，在同一风险规避区间下，风险分散契约、期权契约和补贴契约均能较好地处理供应商和零售商之间的产出矛盾。那么哪个契约更有说服力呢？也就是哪个契约能给供应商和零售商带来更大的益处？接下来，通过比较风险分散契约和其他两类契约，从而来说明契约间的差异。

首先，比较期权契约和风险分散契约。令

$$T_{41} = (1-\lambda_y^*)[(w\mu - c)Q_{Iy}^* - H_{dy}^s(Q_{Iy}^*)] - \mu k_y^* Q_{Iy}^* - (o-w)\left[D - \frac{\int_0^{\frac{D}{Q_{Iy}^*}}(D - xQ_{Iy}^*)\mathrm{d}F(x)}{\eta}\right]$$

$$T_{42} = (1-\lambda_y^*)L_{40}(Q_{Iy}^*) - \mu k_y^* Q_{Iy}^* - (o-w)S(Q_{Iy}^*)$$

显然地，$T_{\max,y} \geq T_{41} > T_{42} \geq T_{\min,y}$。那么类似于 3.4.5 节的计算，当且仅当 $T \in [T_{42}, T_{41}]$ 时，企业双方会选择同一个契约，即风险分散契约。

其次，比较补贴契约和风险分散契约。令

$$T_{43} = (1-\lambda_y^*)[(w\mu - c)Q_{Iy}^* - H_{dy}^s(Q_{Iy}^*)] - \mu b_y^* Q_{Iy}^* - (w_z - w - b_y^*)\left[D - \frac{\int_0^{\frac{D}{Q_{Iy}^*}}(D - xQ_{Iy}^*)\mathrm{d}F(x)}{\eta}\right]$$

$$T_{44} = (1-\lambda_y^*)L_{40}(Q_{Iy}^*) - \mu b_y^* Q_{Iy}^* - (w_z - w - b_y^*)S(Q_{Iy}^*)$$

显然地，$T_{\max,y} \geq T_{43} > T_{44} \geq T_{\min,y}$。那么当且仅当 $T \in [T_{44}, T_{43}]$ 时，企业双方会选择同一个契约，即风险分散契约。

基于上述风险分散契约和其他可替代契约的比较分析，有以下结果成立。

定理 4.6 在由风险规避供应商和风险中性零售商组成的供应链中，从实现供应链协调和 Pareto 改进的角度，在相同的风险规避区域下，相对于期权契约和补贴契约，交易双方更愿意采用风险分散契约来处理生产问题。

定理 4.6 意味着相对于期权契约和补贴契约，风险分散契约能为交易双方带来更多的收益。由此，交易双方更愿意在复杂环境下选择风险分散契约。

4.4 算例分析

本节通过系列数值实验来分析风险规避程度和补货成本对企业的影响。假设 x 服从均匀分布 $U[0.5, 1.5]$，其余外生变量分别是 $p=15$、$w=w_z=w_\psi=10$、$c=5$、$w_1=11$、$v=3$、$D=200$。此时，注意 $\frac{c}{\mu}-v>k\geqslant 0$、$\frac{c}{\mu}-v>b\geqslant 0$ 以及 $w-c\geqslant w_1-c_1$，因而有 $0<k<2$、$0<b<2$ 和 $c_1\geqslant 6$。

(1) 考虑风险规避带来的影响。首先，讨论供应商最优产出的变化。图 4.2~图 4.6 分别显示了批发价契约、风险分散契约、期权契约、补贴契约

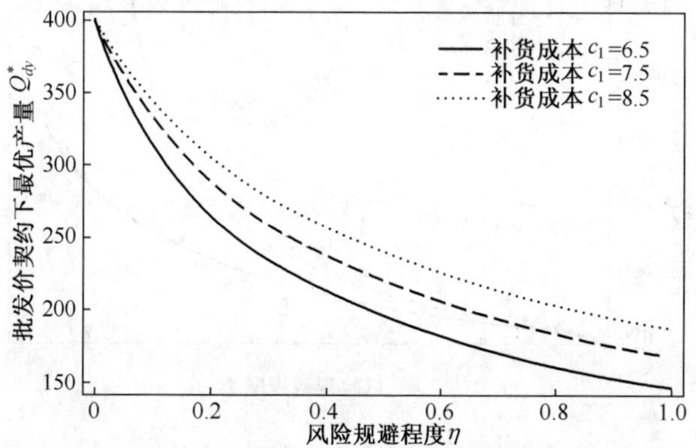

图 4.2 风险规避程度 η 对批发价契约下最优产量 Q_{dy}^* 的影响

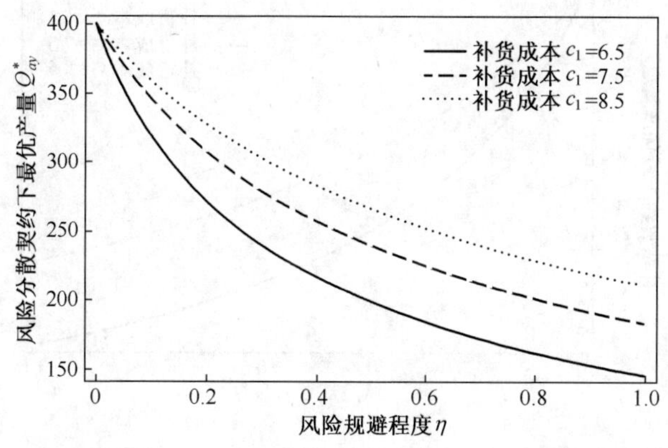

图 4.3 风险规避程度 η 对风险分散契约下最优产量 Q_{ay}^* 的影响（$\lambda=6/7$ 时）

和收入共享契约下风险规避程度对供应商最优生产量的影响。这些图形反映出批发价契约、风险分散契约、期权契约、补贴契约和收入共享契约下供应商越是风险规避，其产量就越低。然而，在期权契约下，供应商的产量随着其风险规避程度的增大而增大。其次，讨论上述契约的协调条件。图 4.7 反映了在可协调供应链的风险分散契约下，越是趋向于风险中性，供应商所承担的损失比例就越少。图 4.8 反映了在可协调供应链的期权契约下，风险规避程度越深，期权价格就越高。图 4.9 反映了在可协调供应链的补贴契约下，供应商越是趋向风险规避，获得的补贴价格就越低。

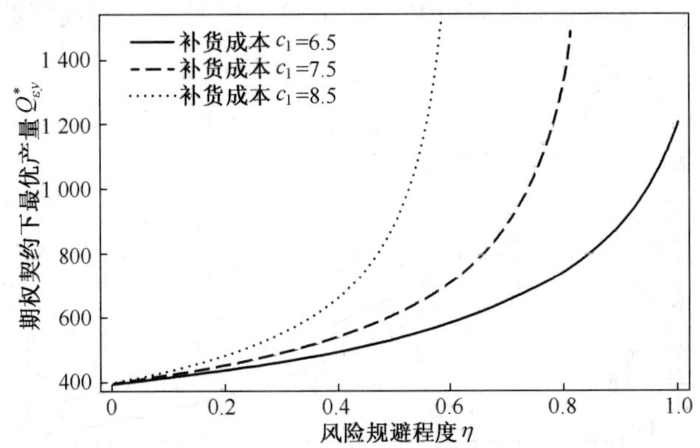

图 4.4 风险规避程度 η 对期权契约下最优产量 $Q_{\varepsilon y}^*$ 的影响（$k=1.5$ 且 $o=3$ 时）

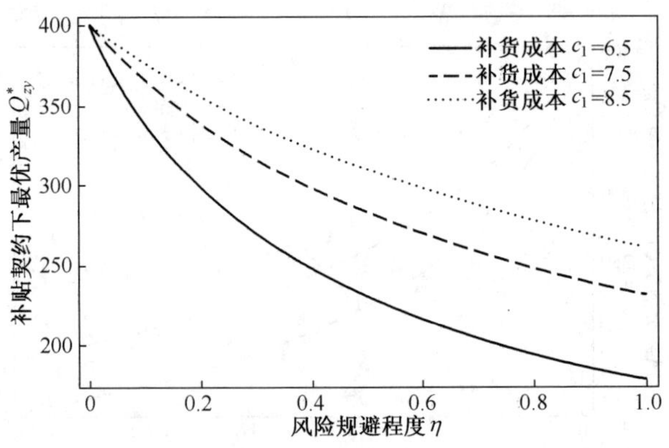

图 4.5 风险规避程度 η 对补贴契约下最优产量 Q_{zy}^* 的影响（$b=1.5$ 时）

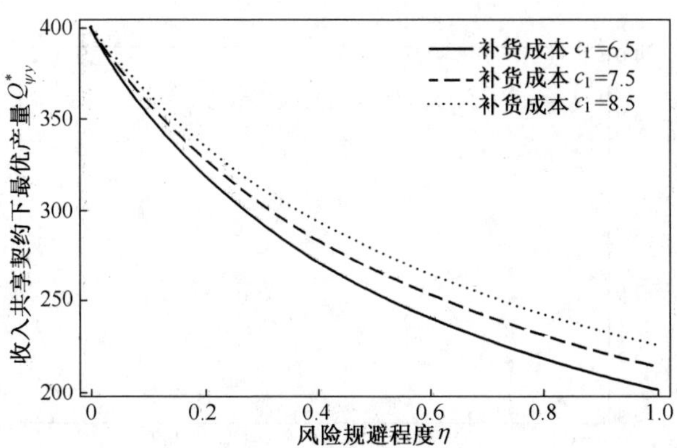

图 4.6　风险规避程度 η 对收入共享契约下最优产量 $Q_{\psi y}^*$ 的影响（$\phi = 0.2$ 时）

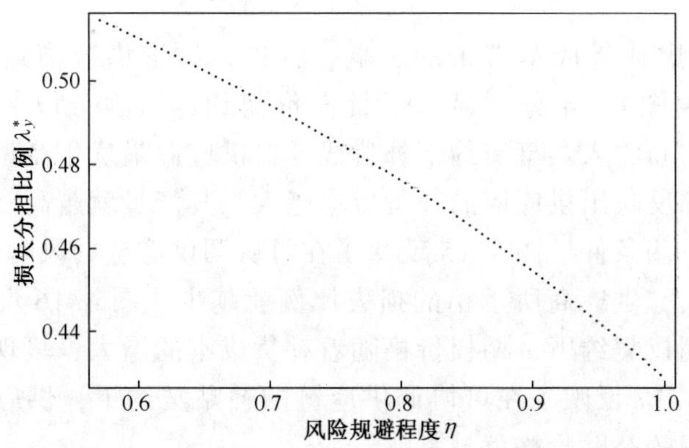

图 4.7　风险规避程度 η 对损失分担比例 λ_y^* 的影响（$c_1 = 7$ 时）

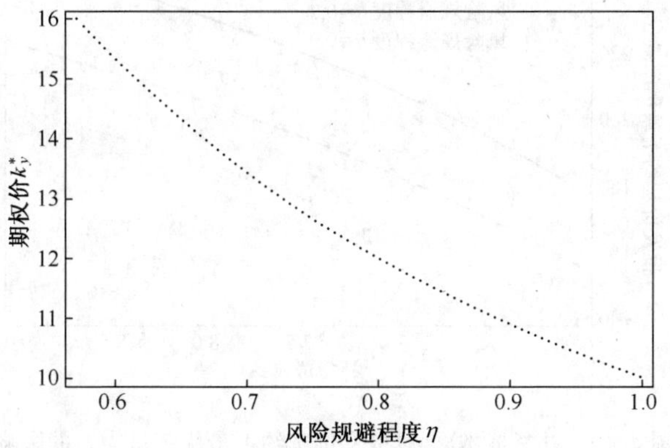

图 4.8　风险规避程度 η 对期权价 k_y^* 的影响（$o = 3$，$c_1 = 7$ 时）

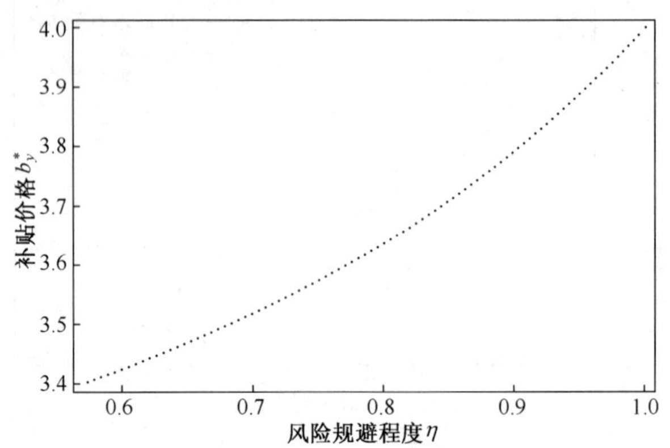

图 4.9 风险规避程度 η 对补贴价格 b_y^* 的影响（$c_1 = 7$ 时）

（2）考虑补货成本带来的影响。首先，讨论供应商最优产出的变化。图 4.10~图 4.14 分别显示了批发价契约、风险分散契约、期权契约、补贴契约和收入共享契约下补货成本对供应商最优生产量的影响。所有这些图形都反映出供应商的补货成本越大，其产量就越高。其次，讨论上述契约的协调条件。图 4.15 反映了在可协调供应链的风险分散契约下，补货成本越大，供应商所承担的损失比例就越少。图 4.16 反映了在可协调供应链的期权契约下，期权价格随着补货成本的增大，呈现出先增后降的趋势。图 4.17 反映了在可协调供应链的补贴契约下，供应商的补货成本越高，获得的补贴价格就越高。

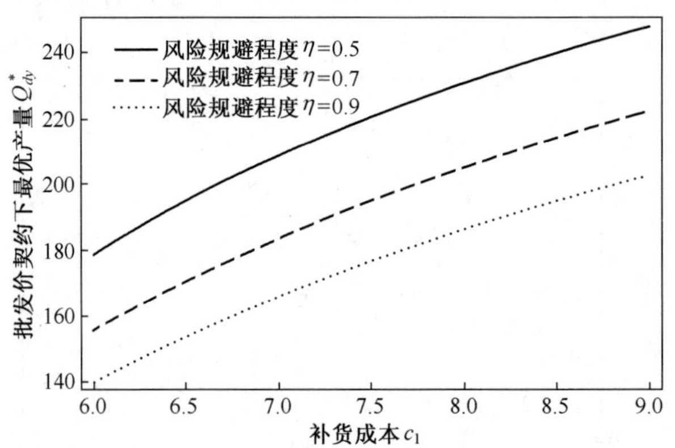

图 4.10 补货成本 c_1 对批发价契约下最优产量 Q_{dy}^* 的影响

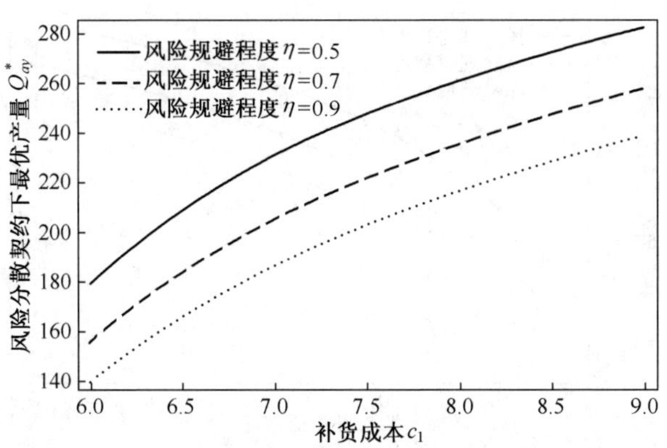

图 4.11　补货成本 c_1 对风险分散契约下最优产量 Q_{ay}^* 的影响（$\lambda = 6/7$ 时）

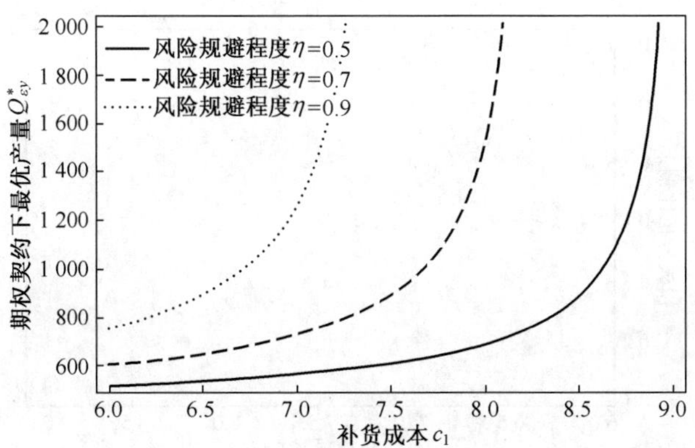

图 4.12　补货成本 c_1 对期权契约下最优产量 $Q_{\varepsilon y}^*$ 的影响（$k = 1.5$ 且 $o = 2$ 时）

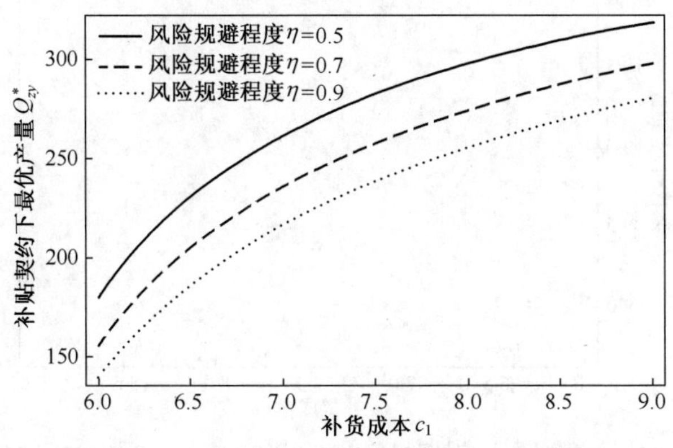

图 4.13　补货成本 c_1 对补贴契约下最优产量 Q_{zy}^* 的影响（$b = 1.5$ 时）

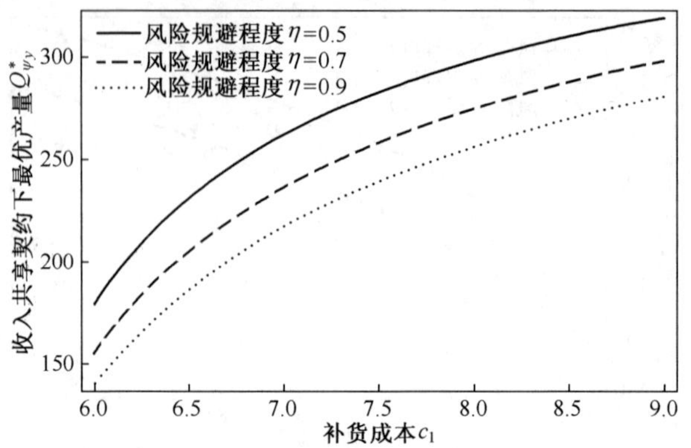

图 4.14 补货成本 c_1 对收入共享契约下最优产量 $Q_{\psi y}^*$ 的影响（$\phi = 0.2$ 时）

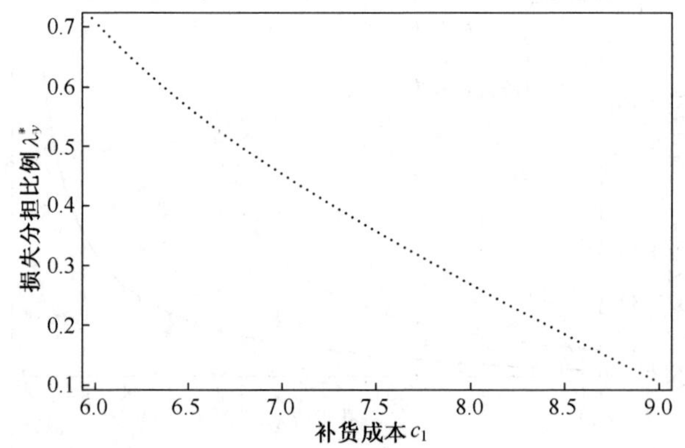

图 4.15 补货成本 c_1 对损失分担比例 λ_y^* 的影响（$\eta = 0.9$ 时）

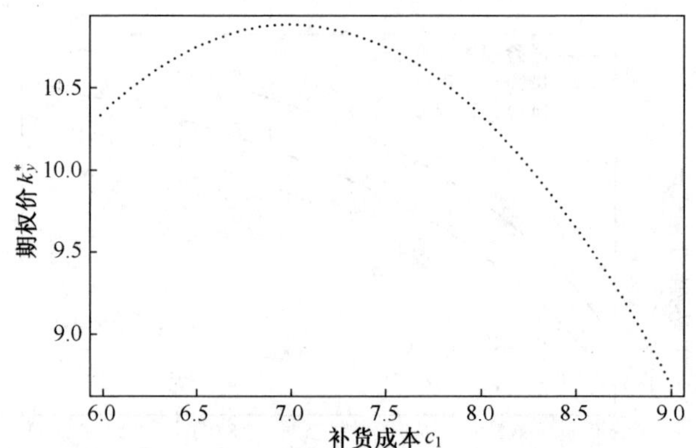

图 4.16 补货成本 c_1 对期权价 k_y^* 的影响（$\eta = 0.9$，$o = 3$ 时）

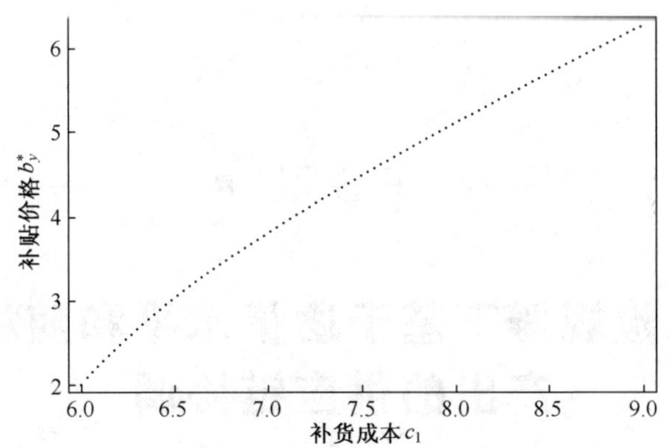

图 4.17　补货成本 c_1 对补贴价格 b_y^* 的影响（$\eta = 0.9$ 时）

4.5　小　　结

在快速发展的消费品市场中，零售商希望其供应商能更多地进行生产；然而，供应商可能会采取规避风险的态度，对面临不确定产出率的生产数量作出保守的决策。在确定的需求下，考虑由风险中性零售商和风险规避供应商组成的供应链环境中，假设供应商具有随机产出。与此同时，为了降低因缺货带来的损失，供应商采用补货策略。在这种情况下，零售商首先提供“接受与否”的契约。然后，供应商在接受此契约后，通过采用 CVaR 度量准则，确定其最佳生产数量。因此，有下面三个主要结果成立。

首先，建立了四种契约，包括风险分散契约、期权契约、补贴契约和收入共享契约。在适当的参数组合下，风险分散契约、期权契约和补贴契约都可以协调供应链并实现 Pareto 改进。然而，收入共享契约则无法协调补货策略下的供应链。这表明适当的契约设计才能在特定风险规避程度下改善具补货策略的供应链绩效。

其次，分别比较了风险分散契约、期权契约和补贴契约。相对于其他契约，在风险分散契约下，发现供应商和零售商可以获得更高的绩效。这表明交易双方可以通过风险分散契约获得更多的利益。

最后，应用数值分析了风险规避程度和补货成本对企业的影响。表明供应商的补货成本越大，产出就越高。同时还发现，随着风险规避程度的变化，上述三个协调契约的参数将得到适当的调整。这表明风险规避和补货成本对公司的决策与供应链效率具有决定性影响。

第 5 章

风险规避下基于质量水平和随机产出的供应链协调

本章主要讨论供应商为了提高产品销量而加大产品质量的投入问题。这也符合当今社会人们关注安全和环保的心理设定。本章在第 3 章的基础上，进一步引入产品质量水平，并由此对相应的契约进行设计和优化。

5.1 基本描述

在需求信息对称的交易市场中，考虑由单个供应商和单个零售商组成的两级供应链。其中，零售商是风险中性的，而供应商是风险规避的。供应商为了将产品更好地推出，往往在其产品质量上做文章。一般而言，产品质量水平越好，其销量也就越大。假定 q 为产品质量水平，其提升产品质量水平的成本为 q^2，此时市场需求为 $q+D$，其中 D 为确定的需求。其余描述和符号同 3.2 节，此处略去。此外，用下标 i 标记质量水平影响的情况。交易双方决策次序如图 5.1 所示。

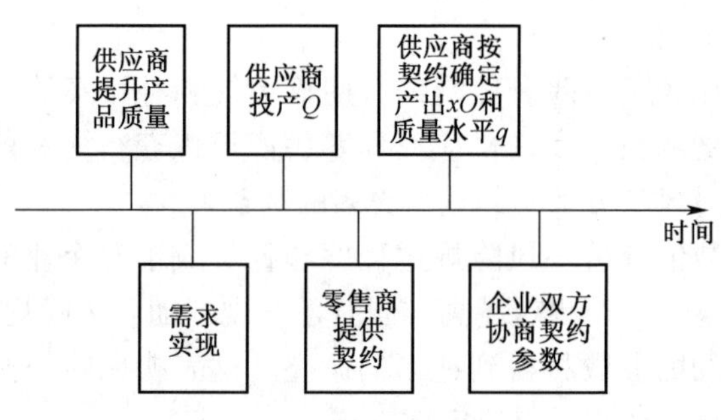

图 5.1　交易双方决策次序

5.2 基准模型

为了较好地展示主要结果，令 $S(Q, q)$ 表示给定投产量 Q 和质量水平 q 的期望销售量，即有 $S(Q, q)=E[\min\{xQ, q+D\}]=q+D-\int_0^{\frac{q+D}{Q}}(q+D-xQ)f(x)\mathrm{d}x$。接下来，考虑两类基本供应链模型，并以此作为基准。其中，一类是集中式决策，另一类是分散式决策。

5.2.1 集中式决策

在集中式决策下，所有成员行为视作同一个系统，此时供应链系统的期望利润为

$$\begin{aligned}\pi_{Ii}=&pS(Q, q)-cQ-q^2+v\int_{\frac{q+D}{Q}}^{\infty}(xQ-q-D)f(x)\mathrm{d}x-\\&(g^s+g^r)\int_0^{\frac{q+D}{Q}}(q+D-xQ)f(x)\mathrm{d}x\end{aligned}\tag{5.1}$$

由于 π_{Ii} 关于 Q 和 q 的 Hessian 矩阵是负定的，因而供应链的最优策略满足

$$\left.\begin{aligned}&\int_0^{\frac{q_{Ii}^*+D}{Q_{Ii}^*}}xf(x)\mathrm{d}x=\frac{c-\mu v}{p-v+g^r+g^s}\\&2q_{Ii}^*=p-v-(p-v+g^r+g^s)F\left(\frac{q_{Ii}^*+D}{Q_{Ii}^*}\right)\end{aligned}\right\}\tag{5.2}$$

5.2.2 分散式决策

在分散式决策下，考虑批发价契约。此时，零售商和供应商的期望利润分别满足

$$\pi_{di}^r=(p-w)S(Q, q)-g^r\int_0^{\frac{q+D}{Q}}(q+D-xQ)f(x)\mathrm{d}x\tag{5.3}$$

$$\begin{aligned}\pi_{di}^s=&wS(Q, q)-cQ-q^2+v\int_{\frac{q+D}{Q}}^{\infty}(xQ-q-D)f(x)\mathrm{d}x-\\&g^s\int_0^{\frac{q+D}{Q}}(q+D-xQ)f(x)\mathrm{d}x=(w\mu-c)Q-q^2-L_{50}(Q, q)\end{aligned}\tag{5.4}$$

其中，$L_{50}(Q,\ q)=(w\mu-v)\int_{\frac{q+D}{Q}}^{\infty}(xQ-q-D)f(x)\mathrm{d}x+g^s\int_0^{\frac{q+D}{Q}}(q+D-xQ)f(x)\mathrm{d}x$ 是供应商产出过剩和产出不足的损失。

根据 CVaR 的定义，当 $\sigma_{di}^*=(w-v)(q+D)+(\mu v-c)Q$ 时，$\mathrm{CVaR}_{\eta}\pi_{di}^s$ 可以达到最大化，且满足

$$H_{di}^s=(w-v)(q+D)+(\mu v-c)Q-q^2-(w-v+g^s)\frac{\int_0^{\frac{q+D}{Q}}(q+D-xQ)f(x)\mathrm{d}x}{\eta} \tag{5.5}$$

由于 H_{di}^s 关于 Q 和 q 的 Hessian 矩阵是负定的，因此供应商的最优产量和最优质量水平策略满足

$$\left.\begin{aligned}&\int_0^{\frac{q_{di}^*+D}{Q_{di}^*}}xf(x)\mathrm{d}x=\frac{\eta(c-\mu v)}{w-v+g^s}\\&2q_{di}^*=w-v-\frac{w-v+g^s}{\eta}F\left(\frac{q_{di}^*+D}{Q_{di}^*}\right)\end{aligned}\right\} \tag{5.6}$$

5.3 供应链协调

由于 $p-v+g^r+g^s>w-v+g^s$ 和 $\eta\leqslant 1$，从而有 $\frac{\eta(c-\mu v)}{w-v+g^s}<\frac{c-\mu v}{p-v+g^r+g^s}$。也就是说 $\int_0^{\int_0^{\frac{q_{di}^*+D}{Q_{di}^*}}xf(x)\mathrm{d}x}xf(x)\mathrm{d}x<\int^{\int_0^{\frac{q_{Ii}^*+D}{Q_{Ii}^*}}xf(x)\mathrm{d}x_0}xf(x)\mathrm{d}x$ 成立。这意味着批发价契约下的最优策略无法达到集中式决策的情况，即批发价契约无法协调供应链。于是，需要设计一个行之有效的激励机制来改善供应链运行效率，并最终实现供应链协调。

在接下来的部分，分别考虑风险分散契约、期权契约、补贴契约和收入共享契约，并将它们进行比较，从而说明它们的差异。

5.3.1 风险分散与质量成本分担契约

为了确保供应商能够提供其产出量，在销售季节前，零售商和供应商同意采用风险分散契约（λ，T）。参数 λ（$\lambda\in[0,\ 1]$）为损失分担比例，它意

味着供应商所承担的损失部分。$1-\lambda$ 则是零售商所承担的损失部分。参数 T 为旁支付，它表示供应商在零售商承担部分损失后给零售商的补偿。值得注意的是 T 可能为负，此时意味着零售商对供应商的进一步资助。与此同时，零售商还承诺分担 $\theta(\theta\in[0,1])$ 倍供应商因提高市场需求而投入的产品质量成本。于是，风险分散与质量成本分担契约下零售商和供应商的期望利润分别满足

$$\pi_{ai}^{r}=(p-w)S(Q,q)-(1-\theta)q^{2}+T-(1-\lambda)L_{50}(Q,q)-g^{r}\int_{0}^{\frac{q+D}{Q}}(q+D-xQ)f(x)\,\mathrm{d}x \tag{5.7}$$

$$\pi_{ai}^{s}=(w\mu-c)Q-\lambda L_{50}(Q,q)-\theta q^{2}-T \tag{5.8}$$

类似于引理 3.1，如果 $\sigma_{ai}^{*}=(w\mu-c)Q+\lambda(w\mu-v)(q+D-\mu Q)-T-\theta q^{2}$，且 $\lambda>\dfrac{w\mu-c}{\mu(w\mu-v)}$，那么供应商可以得到最大化的 CVaR 绩效，且满足

$$H_{ai}^{s}=(w\mu-c)Q-\lambda(w\mu-v)(\mu Q-q-D)-\theta q^{2}-T-\lambda(w\mu-v+g^{s})\frac{\int_{0}^{\frac{q+D}{Q}}(q+D-xQ)f(x)\,\mathrm{d}x}{\eta} \tag{5.9}$$

由于 H_{ai}^{s} 关于 Q 和 q 的 Hessian 矩阵是负定的，因此风险分散与质量成本分担契约下供应商的最优策略满足

$$\left.\begin{aligned}&\int_{0}^{\frac{q_{ai}^{*}+D}{Q_{ai}^{*}}}xf(x)\,\mathrm{d}x=\frac{\eta[c-w\mu+\lambda(w\mu-v)\mu]}{\lambda(w\mu-v+g^{s})}\\&2\theta q_{ai}^{*}=\lambda(w\mu-v)-\frac{\lambda(w\mu-v+g^{s})}{\eta}F\left(\frac{q_{ai}^{*}+D}{Q_{ai}^{*}}\right)\end{aligned}\right\} \tag{5.10}$$

定理 5.1　在合适的参数 $\{\lambda, T, \theta, \eta\}$ 选择下，风险分散与质量成本分担契约可以使得供应链达到协调状态，且具有 Pareto 改进。

定理 5.1 指出风险分散与质量成本分担契约下供应商的最优策略能够确保供应链达到最佳的性能。它也意味着为了保证整体供应链利润最大化，风险中性的零售商需要不断调整损失分担比例和质量成本分担比例，并积极和供应商就批发价展开协商。与此同时，它也表明在有效的旁支付区间下，供应商和零售商的产量矛盾得到缓解。

5.3.2　期权与质量成本分担契约

在期权与质量成本分担契约下，零售商以期权价格 k 购买 μQ 个产品，同

时以期权执行价格 o 支付所有实际购买量。此外，还分担 $\theta(\theta \in [0, 1])$ 倍供应商的质量成本投入。同样地，假设 $\frac{c}{\mu} - v > k \geqslant 0$，$o + g^s > v$，那么零售商和供应商的期望利润分别满足

$$\pi_{\varepsilon i}^r = (p - o)S(Q, q) - g^r \int_0^{\frac{q+D}{Q}} (q + D - xQ)f(x)\mathrm{d}x - k\mu Q - (1 - \theta)q^2 \tag{5.11}$$

$$\pi_{\varepsilon i}^s = oS(Q, q) + k\mu Q - cQ - \theta q^2 + v\int_{\frac{q+D}{Q}}^{\infty}(xQ - q - D)f(x)\mathrm{d}x - g^s\int_0^{\frac{q+D}{Q}}(q + D - xQ)f(x)\mathrm{d}x \tag{5.12}$$

类似于引理 3.1，$\sigma_{\varepsilon i}^* = (o - v)(q + D) + (\mu v + \mu k - c)Q - \theta q^2$ 时，供应商的风险规避效用函数可以最大化，且满足

$$H_{\varepsilon i}^s = (o - v)(q + D) + (\mu v + \mu k - c)Q - \theta q^2 - (o - v + g^s)\frac{\int_0^{\frac{q+D}{Q}}(q + D - xQ)f(x)\mathrm{d}x}{\eta} \tag{5.13}$$

由于 $H_{\varepsilon i}^s$ 关于 Q 和 q 的 Hessian 矩阵是负定的，因此期权与质量成本分担契约下供应商的最优策略满足

$$\left.\begin{aligned} \int_0^{\frac{q_{\varepsilon i}^* + D}{Q_{\varepsilon i}^*}} xf(x)\mathrm{d}x &= \frac{\eta(c - \mu v - \mu k)}{o - v + g^s} \\ 2\theta q_{\varepsilon i}^* &= o - v - \frac{o - v + g^s}{\eta}F\left(\frac{q_{\varepsilon i}^* + D}{Q_{\varepsilon i}^*}\right) \end{aligned}\right\} \tag{5.14}$$

定理 5.2 在合适的参数 $\{o, k, \theta, \eta\}$ 选择下，期权与质量成本分担契约能够协调供应链，且确保交易双方达到“双赢”的状态。

定理 5.2 表明期权与质量成本分担契约能改善供应链的运作效率。与此同时，在期权与质量成本分担契约下，交易双方的绩效水平也比批发价契约的情况高。这就意味着交易双方愿意采用期权与质量成本分担契约去解决二者之间的产出矛盾问题。

5.3.3 补贴与质量成本分担契约

在补贴与质量成本分担契约下，零售商对供应商的过剩产出按单位补贴价格 b 进行补偿，而供应商则考虑采用批发价 w_z 对零售商进行供货。此外，

零售商还分担 $\theta(\theta \in [0, 1])$ 倍供应商的质量成本投入。同样地，假设 $\frac{c}{\mu} - v > b \geqslant 0$。此时，零售商和供应商的期望利润分别满足

$$\pi_{zi}^{r} = (p - w_z)S(Q, q) - (1 - \theta)q^2 - b\int_{\frac{q+D}{Q}}^{\infty}(xQ - q - D)f(x)\,\mathrm{d}x - g^{r}\int_{0}^{\frac{q+D}{Q}}(q + D - xQ)f(x)\,\mathrm{d}x \tag{5.15}$$

$$\pi_{zi}^{s} = w_z S(Q, q) - \theta q^2 - cQ + (v + b)\int_{\frac{q+D}{Q}}^{\infty}(xQ - q - D)f(x)\,\mathrm{d}x - g^{s}\int_{0}^{\frac{q+D}{Q}}(q + D - xQ)f(x)\,\mathrm{d}x \tag{5.16}$$

类似于引理 3.1，当 $\sigma_{zi}^{*} = (w_z - v - b)(q + D) + (\mu v + \mu b - c)Q - \theta q^2$ 时，供应商的 CVaR 效用函数取得最大值，且满足

$$H_{zi}^{s} = (w_z - v - b)(q + D) + (\mu v + \mu b - c)Q - \theta q^2 - (w_z - v + g^{s})\frac{\int_{0}^{\frac{q+D}{Q}}(q + D - xQ)f(x)\,\mathrm{d}x}{\eta} \tag{5.17}$$

由于 H_{zi}^{s} 关于 Q 和 q 的 Hessian 矩阵是负定的，因此补贴与质量成本分担契约下供应商的最优策略满足

$$\left.\begin{aligned}&\int_{0}^{\frac{q_{zi}^{*}+D}{Q_{zi}^{*}}} xf(x)\,\mathrm{d}x = \frac{\eta(c - \mu v - \mu b)}{w_z - v - b + g^{s}}\\&2\theta q_{zi}^{*} = w_z - v - b - \frac{w_z - v - b + g^{s}}{\eta}F\left(\frac{q_{zi}^{*} + D}{Q_{zi}^{*}}\right)\end{aligned}\right\} \tag{5.18}$$

定理 5.3　一定的参数 $\{b, w_z, \theta, \eta\}$ 设置下，补贴与质量成本分担契约可以协调供应链，与此同时还能确保交易双方达到“双赢”。

定理 5.3 反映了补贴与质量成本分担契约可以实现供应链的最大化效益。与此同时，供应商和零售商均能在补贴与质量成本分担契约下获得比批发价契约更高的收益。这就意味着供应商和零售商均愿意采用补贴与质量成本分担契约来解决产出矛盾问题。

5.3.4　收入共享与质量成本分担契约

在收入共享与质量成本分担契约下，零售商将其自身销售所得的 $\phi(\phi \in [0, 1])$ 倍收入交给供应商，与此同时，供应商则按照 w_{ψ} 的价格将产品卖给零售商。此外，零售商还分担 $\theta(\theta \in [0, 1])$ 倍供应商的质量成本投入。于

是，零售商和供应商的期望利润分别满足

$$\pi_{\psi i}^{r}=[(1-\theta)p-w_{\psi}]S(Q,\ q)-g^{r}\int_{0}^{\frac{q+D}{Q}}(q+D-xQ)f(x)\mathrm{d}x-(1-\theta)q^{2} \tag{5.19}$$

$$\pi_{\psi i}^{s}=(\phi p+w_{\psi})S(Q,\ q)-\theta q^{2}-cQ+v\int_{\frac{q+D}{Q}}^{\infty}(xQ-q-D)f(x)\mathrm{d}x-g^{s}\int_{0}^{\frac{q+D}{Q}}(q+D-xQ)f(x)\mathrm{d}x \tag{5.20}$$

显然地，$\phi<1-\frac{w_{\psi}}{p}$，否则，零售商的收益为零，甚至为负。

类似于引理 3.1，当 $\sigma_{\psi i}^{*}=(\phi p+w_{\psi}-v)(q+D)+(\mu v-c)Q-\theta q^{2}$ 时，在 CVaR 准则下，供应商的风险规避最大化效用函数满足

$$H_{\psi i}^{s}=(\phi p+w_{\psi}-v)(q+D)+(\mu v-c)Q-\theta q^{2}-(\phi p+w_{\psi}-v+g^{s})\frac{\int_{0}^{\frac{q+D}{Q}}(q+D-xQ)f(x)\mathrm{d}x}{\eta} \tag{5.21}$$

由于 $H_{\psi i}^{s}$ 关于 Q 和 q 的 Hessian 矩阵是负定的，因此收入共享与质量成本分担契约下供应商的最优策略满足

$$\left.\begin{aligned}&\int_{0}^{\frac{q_{\psi i}^{*}+D}{Q_{\psi i}^{*}}}xf(x)\mathrm{d}x=\frac{\eta(c-\mu v)}{\phi p+w_{\psi}-v+g^{s}}\\&2\theta q_{\psi i}^{*}=\phi p+w_{\psi}-v-\frac{\phi p+w_{\psi}-v+g^{s}}{\eta}F\left(\frac{q_{\psi i}^{*}+D}{Q_{\psi i}^{*}}\right)\end{aligned}\right\} \tag{5.22}$$

定理 5.4 通过选择合适的契约参数和适当的风险规避环境 $\{\phi,\ w_{\psi},\ \theta,\ \eta\}$，收入共享与质量成本分担契约能够实现供应链协调，并使得企业均达到“双赢”的目的。

定理 5.4 表明适当的收入共享与质量成本分担契约能够使得供应链整体效益最大化。与此同时，零售商和供应商均能获得一个比批发价契约更高的绩效，从而进一步指出零售商和供应商愿意采用收入共享与质量成本分担契约去处理二者之间的产出矛盾。

5.3.5 绩效比较与契约选择

比较风险分散与质量成本分担契约和其他三种契约，从而来说明契约间的差异。

首先，考虑期权和质量成本分担契约与风险分散和质量成本分担契约。令

$$T_{51}=(1-\lambda_i^*)[(w\mu-c)Q_{Ii}^*-H_{di}^s(Q_{Ii}^*,q_{Ii}^*)]+(\theta_\varepsilon^*-\theta_a^*)(q_{Ii}^*)^2-\mu k_i^*Q_{Ii}^*-(o-w)\left[q_{Ii}^*+D-\frac{\int_0^{\frac{q_{Ii}^*+D}{Q}}(q_{Ii}^*+D-xQ_{Ii}^*)f(x)\mathrm{d}x}{\eta}\right]$$

$$T_{52}=(1-\lambda_i^*)L_{50}(Q_{Ii}^*,q_{Ii}^*)+(\theta_\varepsilon^*-\theta_a^*)(q_{Ii}^*)^2-\mu k_i^*Q_{Ii}^*-(o-w)S(Q_{Ii}^*,q_{Ii}^*)$$

显然地，$T_{\max,i}\geqslant T_{51}>T_{52}\geqslant T_{\min,i}$，且当 $T\in[T_{52},T_{51}]$ 时，企业双方才会选择同一种契约，即风险分散与质量成本分担契约。

其次，考虑补贴和质量成本分担契约与风险分散和质量成本分担契约。令

$$T_{53}=(1-\lambda_i^*)[(w\mu-c)Q_{Ii}^*-H_{di}^s(Q_{Ii}^*,q_{Ii}^*)]+(\theta_z^*-\theta_a^*)(q_{Ii}^*)^2-\mu b_i^*Q_{Ii}^*-(w_z-w-b_i^*)\left[q_{Ii}^*+D-\frac{\int_0^{\frac{q_{Ii}^*+D}{Q_{Ii}^*}}(q_{Ii}^*+D-xQ_{Ii}^*)\mathrm{d}F(x)}{\eta}\right]$$

$$T_{54}=(1-\lambda_i^*)L_{50}(Q_{Ii}^*,q_{Ii}^*)+(\theta_z^*-\theta_a^*)(q_{Ii}^*)^2-\mu b_i^*Q_{Ii}^*-(w_z-w-b_i^*)S(Q_{Ii}^*,q_{Ii}^*)$$

显然地，$T_{\max,i}\geqslant T_{53}>T_{54}\geqslant T_{\min,i}$，且当 $T\in[T_{54},T_{53}]$ 时，企业双方才会选择同一种契约，即风险分散与质量成本分担契约。

最后，考虑收入共享和质量成本分担契约与风险分散和质量成本分担契约。令

$$T_{55}=(1-\lambda_i^*)[(w\mu-c)Q_{Ii}^*-H_{di}^s(Q_{Ii}^*,q_{Ii}^*)]+(\theta_\psi^*-\theta_a^*)(q_{Ii}^*)^2-(\phi_i^*p+w_\psi-w)\left[q_{Ii}^*+D-\frac{\int_0^{\frac{q_{Ii}^*+D}{Q_{Ii}^*}}(q_{Ii}^*+D-xQ_{Ii}^*)\mathrm{d}F(x)}{\eta}\right]$$

$$T_{56}=(1-\lambda_i^*)L_{50}(Q_{Ii}^*,q_{Ii}^*)+(\theta_\psi^*-\theta_a^*)(q_{Ii}^*)^2-(\phi_i^*p+w_\psi-w)S(Q_{Ii}^*,q_{Ii}^*)$$

显然，$T_{\max,i}\geqslant T_{55}>T_{56}\geqslant T_{\min,i}$，且当 $T\in[T_{56},T_{55}]$ 时，企业双方才会选择同一种契约，即风险分散与质量成本分担契约。

基于上述风险分散与质量成本分担契约和其他可替代契约的比较分析，有以下结果成立。

定理 5.5 在由风险规避供应商和风险中性零售商组成的供应链中，从实现供应链协调和 Pareto 改进的角度，相对于期权与质量成本分担契约、补贴与质量成本分担契约以及收入共享与质量成本分担契约，交易双方更愿意采用风险分散与质量成本分担契约来处理生产问题。

定理 5.5 意味着相对于期权与质量成本分担契约、补贴与质量成本分担契约以及收入共享与质量成本分担契约，风险分散与质量成本分担契约能为交易双方带来更多的收益。由此，交易双方更愿意在复杂环境下选择风险分散与质量成本分担契约。

5.4 算例分析

本节通过系列数值实验来分析风险规避程度对企业的影响。假设 x 服从均匀分布 $U[0.5, 1.5]$，其余外生变量分别是 $p=15$、$w=w_z=w_\psi=10$、$c=5$、$v=3$、$g^r=g^s=1$、$D=200$。此时，注意 $\frac{c}{\mu}-v>k\geqslant 0$、$o+g^s>v$ 以及 $\frac{c}{\mu}-v>b\geqslant 0$，因而有 $o>2$、$0<k<2$ 和 $0<b<2$。

首先，考虑供应商最优质量水平的变化。图 5.2～图 5.6 分别显示了批发价契约、风险分散与质量成本分担契约、期权与质量成本分担契约、补贴与质量成本分担契约以及收入共享与质量成本分担契约下风险规避程度对供应商最优质量水平投入的影响。所有这些图形都反映出供应商越是风险中性，其质量水平投入就越高。

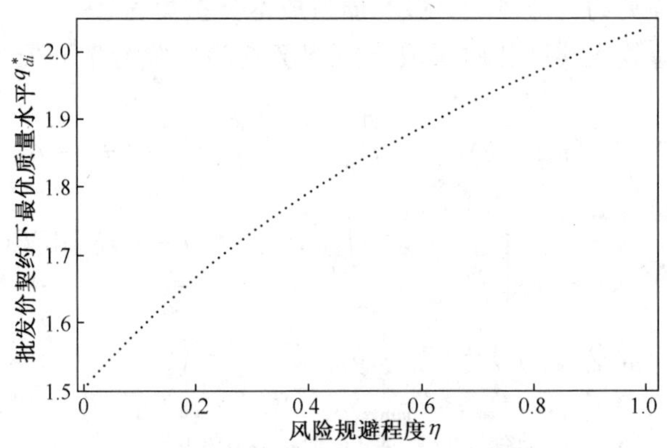

图 5.2 风险规避程度 η 对批发价契约下最优质量水平 q_{di}^* 的影响

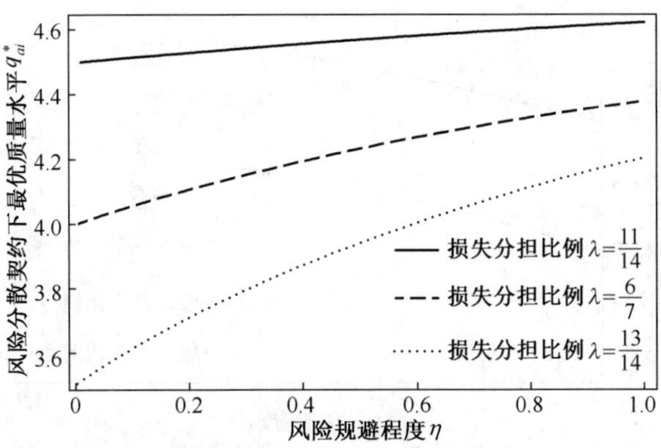

图 5.3　风险规避程度 η 对风险分散契约下最优质量水平 q_{ai}^* 的影响（$\theta = 0.5$ 时）

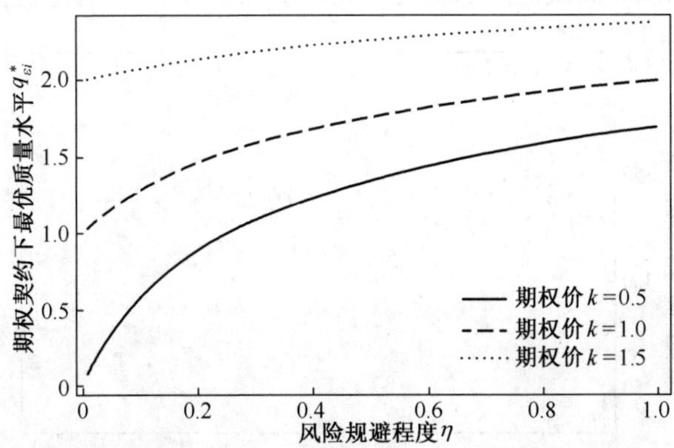

图 5.4　风险规避程度 η 对期权契约下最优质量水平 $q_{\varepsilon i}^*$ 的影响（$\theta = 0.5$、$o = 3$ 时）

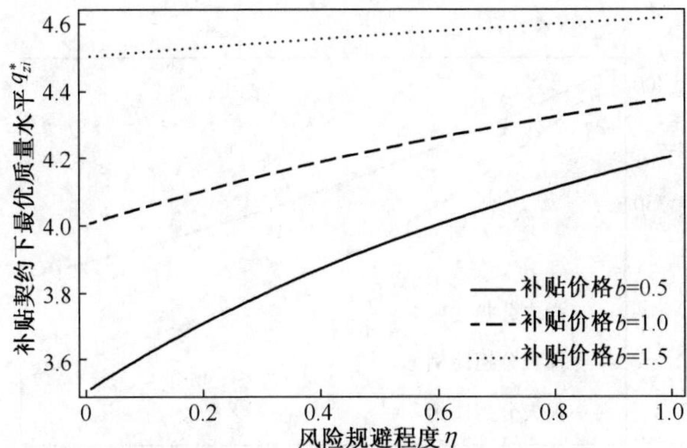

图 5.5　风险规避程度 η 对补贴契约下最优质量水平 q_{zi}^* 的影响（$\theta = 0.5$、$o = 3$ 时）

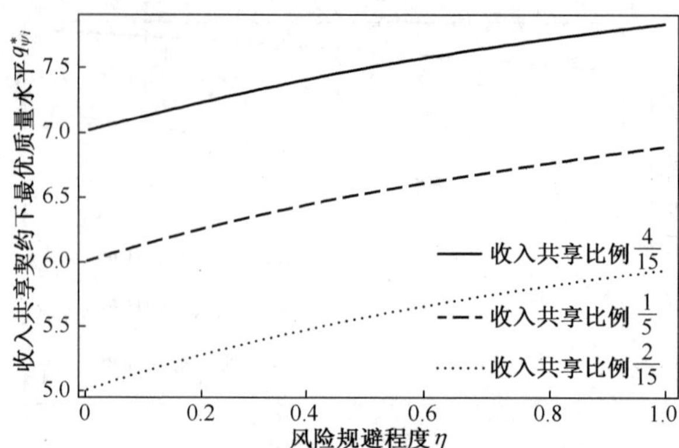

图 5.6 风险规避程度 η 对收入共享契约下最优质量水平 $q_{\psi i}^*$ 的影响（$\theta = 0.5$ 时）

其次，考虑供应商最优产出量的变化。图 5.7~图 5.11 分别显示了批发价

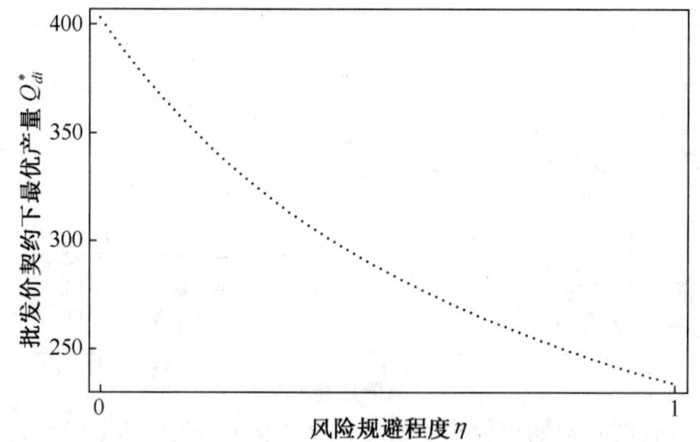

图 5.7 风险规避程度 η 对批发价契约下最优产量 Q_{di}^* 的影响

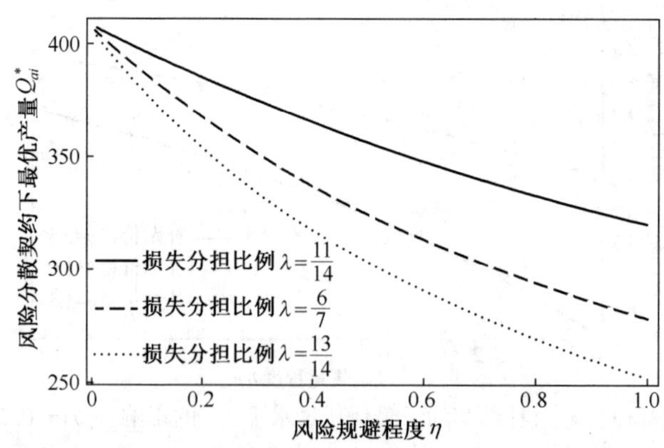

图 5.8 风险规避程度 η 对风险分散契约下最优产量 Q_{ai}^* 的影响（$\theta = 0.5$ 时）

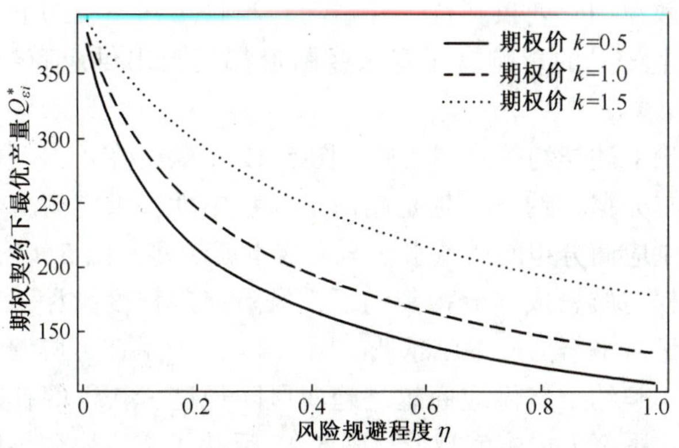

图 5.9　风险规避程度 η 对期权契约下最优产量 $Q_{\varepsilon i}^*$ 的影响（$\theta = 0.5$、$o = 3$ 时）

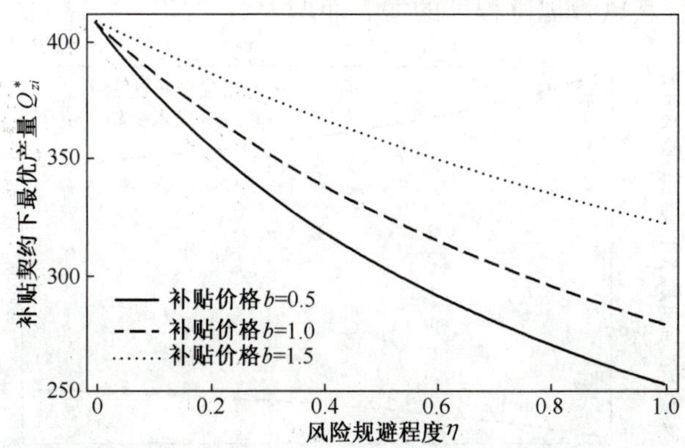

图 5.10　风险规避程度 η 对补贴契约下最优产量 Q_{zi}^* 的影响（$\theta = 0.5$ 时）

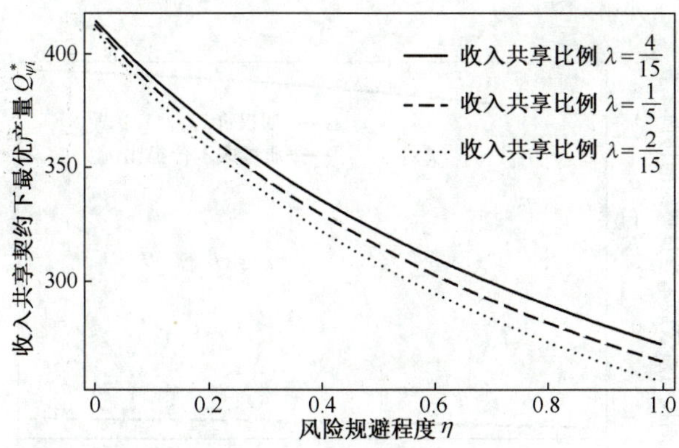

图 5.11　风险规避程度 η 对收入共享契约下最优产量 $Q_{\psi i}^*$ 的影响（$\theta = 0.5$ 时）

契约、风险分散契约、期权契约、补贴契约和收入共享契约下风险规避程度对供应商最优生产量的影响。所有这些图形都反映出供应商越是风险规避，其产量就越高。

最后，讨论上述契约的协调条件。图 5.12 反映了在可协调供应链的风险分散与质量成本分担契约下，越是趋向于风险中性，供应商所承担的损失比例就越少，或供应商分担的质量水平努力成本就越多。图 5.13 反映了在可协调供应链的期权与质量成本分担契约下，风险规避程度越深，期权价格或供应商分担的质量水平努力成本就越低。图 5.14 反映了在可协调供应链的补贴与质量成本分担契约下，供应商越是趋向风险规避，获得的补贴价格或供应商分担的质量水平努力成本就越低。图 5.15 反映了在可协调供应链的收入共享与质量成本分担契约下，供应商所获得的收入共享比例和所承担的质量水平努力成本随着其风险规避程度的增大而增大。

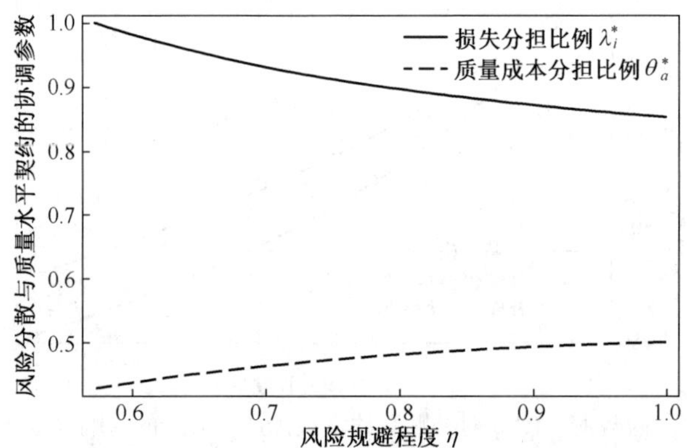

图 5.12 风险规避程度 η 对损失分担比例 λ_i^* 和质量成本分担比例 θ_a^* 的影响

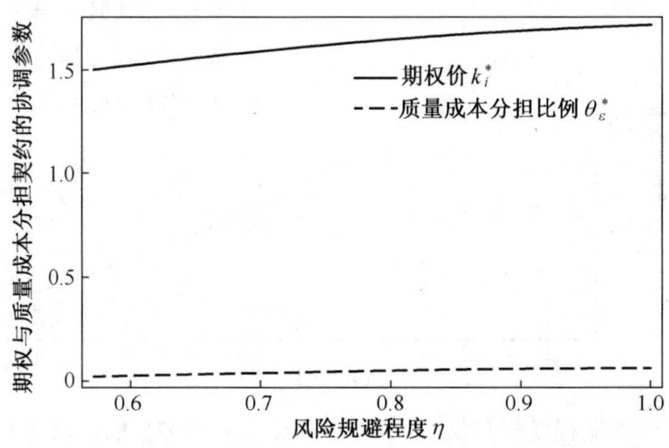

图 5.13 风险规避程度 η 对期权价 k_i^* 和质量成本分担比例 θ_ε^* 的影响（$o = 4$ 时）

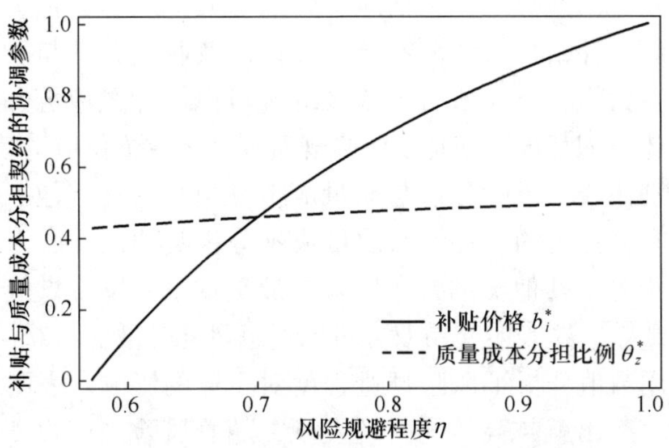

图 5.14 风险规避程度 η 对补贴价格 b_i^* 和质量成本分担比例 θ_z^* 的影响

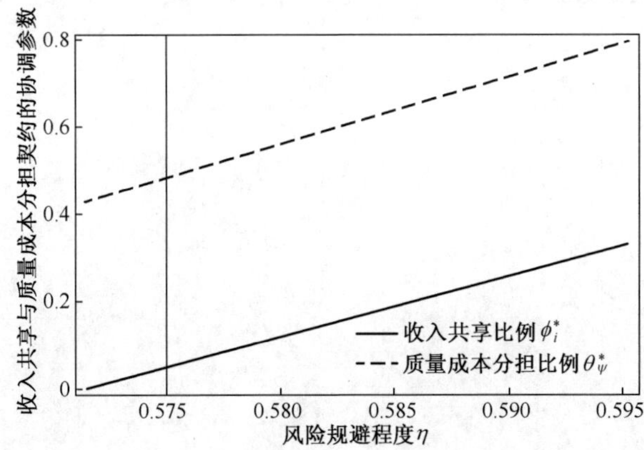

图 5.15 风险规避程度 η 对收入共享比例 ϕ_i^* 和质量成本分担比例 θ_ψ^* 的影响

5.5 小 结

在快速发展的消费品市场中，零售商希望其供应商能够更多地进行生产；然而，供应商可能会采取规避风险的态度，对面临不确定产出率的生产数量作出保守的决策。在供应商采用提高质量水平来吸引市场需求的情况下，考虑由风险中性零售商和风险规避供应商组成的供应链环境中，假设供应商具有随机产出。在这种情况下，零售商首先提供“接受与否”的契约。然后，供应商在接受此契约后，通过采用 CVaR 度量准则，确定其最佳生产数量。因此，有下面三个主要结果成立。

首先，建立了四种契约，包括风险分散与质量成本分担契约、期权与质量成本分担契约、补贴与质量成本分担契约以及收入共享与质量成本分担契约。在适当的参数组合下，所有这些契约都可以协调供应链并实现 Pareto 改进。这表明上述契约都可以在特定风险规避程度下改善供应链绩效。

其次，分别比较了风险分散与质量成本分担契约和其他三种契约，包括期权与质量成本分担契约、补贴与质量成本分担契约以及收入共享与质量成本分担契约。相对于其他契约，在风险分散契约下，发现供应商和零售商可以获得更高的绩效。这表明交易双方可以通过风险分散契约获得更多的利益。

最后，应用数值分析了风险规避程度对企业的影响。表明供应商的风险规避程度越大，产出就越高。同时还发现，随着风险规避程度的变化，上述四个协调契约的参数将得到适当的调整。这表明风险规避对公司的决策和供应链效率具有决定性影响。

第6章

质量水平和风险规避下基于随机产出与补货策略的供应链协调

本章主要讨论供应商同时采用补货和提高产品质量水平的随机产出问题。这一方面是为了增加产品市场的吸引力，另一方面是减少潜在市场的流失。本章是在第5章的基础上，进一步引入补货策略，并由此构建相应的契约优化机制。

6.1 基本描述

考虑单个供应商和单个零售商组成的两级供应链，在销售汽车零部件的VMI模式下，零售商是风险中性的，供应商是风险规避的，采用CVaR方法。为了更好地把握潜在市场，供应商往往考虑选择补货策略以防止客户的流失。与此同时，供应商为了将产品更好地推出，往往在其产品质量上加大投入。相关符号沿用第3章和第5章的描述，此处省略。故在上述假定描述下，交易双方的决策次序如图6.1所示。

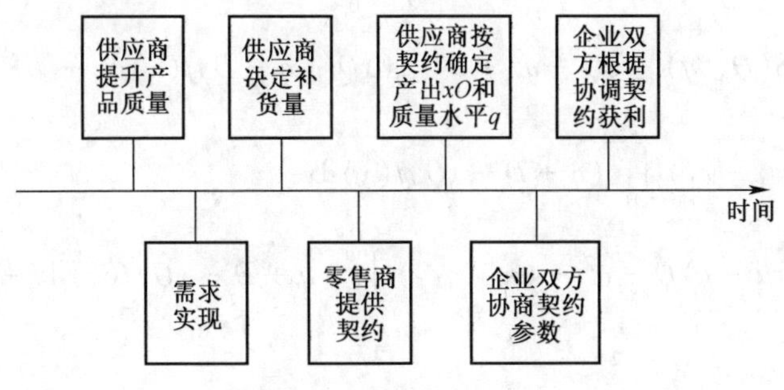

图6.1　交易双方的决策次序

6.2 基准模型

本节考虑两类基本供应链模型，并以此作为基准。其中，一类是集中式决策；另一类是分散式决策。

6.2.1 集中式决策

在集中式决策下，所有成员行为视作同一个系统，此时供应链系统的期望利润为

$$\pi_{Iiy} = pS(Q,\ q) - cQ - q^2 + v\int_{\frac{q+D}{Q}}^{\infty}(xQ - q - D)f(x)\mathrm{d}x + (p - w_1)\int_0^{\frac{q+D}{Q}}(q + D - xQ)f(x)\mathrm{d}x \tag{6.1}$$

由于 π_{Iiy} 关于 Q 和 q 的 Hessian 矩阵是负定的，因而供应链的最优策略满足

$$\left.\begin{aligned} &\int_0^{\frac{q_{Iiy}^*+D}{Q_{Iiy}^*}} xf(x)\mathrm{d}x = \frac{c_1 - \mu v}{c - v} \\ &2q_{Iiy}^* = p - v - (c_1 - v)F\left(\frac{q_{Iiy}^* + D}{Q_{Iiy}^*}\right) \end{aligned}\right\} \tag{6.2}$$

6.2.2 分散式决策

在分散式决策下，考虑批发价契约。此时，零售商和供应商的期望利润分别满足

$$\pi_{diy}^r = (p - w)S(Q,\ q) + (p - w_1)\int_0^{\frac{q+D}{Q}}(q + D - xQ)f(x)\mathrm{d}x \tag{6.3}$$

$$\begin{aligned}\pi_{diy}^s &= wS(Q,\ q) - cQ - q^2 + v\int_{\frac{q+D}{Q}}^{\infty}(xQ - q - D)f(x)\mathrm{d}x + \\ &\quad (w_1 - c_1)\int_0^{\frac{q+D}{Q}}(q + D - xQ)f(x)\mathrm{d}x \\ &= (w\mu - c)Q - q^2 + (w_1 - c_1)\int_0^{\frac{q+D}{Q}}(q + D - xQ)f(x)\mathrm{d}x - L_{60}(Q,\ q)\end{aligned} \tag{6.4}$$

式中，$L_{60}(Q,\ q) = (w\mu - v)\int_{\frac{q+D}{Q}}^{\infty}(xQ - q - D)f(x)\mathrm{d}x$ 是供应商产出过剩的损失。

根据 CVaR 的定义，当 $\sigma^*_{diy} = (\mu v - c)Q + (w - v)(q + D) - q^2$ 时，$\text{CVaR}_\eta \pi^s_{diy}$ 可以达到最大化，且满足

$$H^s_{diy} = (w-v)(q+D) + (\mu v - c)Q - q^2 - (w - v - w_1 + c_1)\frac{\int_0^{\frac{q+D}{Q}} (q + D - xQ)f(x)\,\mathrm{d}x}{\eta} \tag{6.5}$$

由于 H^s_{diy} 关于 Q 和 q 的 Hessian 矩阵是负定的，因此供应商的最优产量和最优质量水平策略满足

$$\left.\begin{aligned} &\int_0^{\frac{q^*_{diy}+D}{Q^*_{diy}}} xf(x)\,\mathrm{d}x = \frac{\eta(c - \mu v)}{w - v - w_1 + c_1} \\ &2q^*_{diy} = w - v - \frac{w - v - w_1 + c_1}{\eta} F\left(\frac{q^*_{diy} + D}{Q^*_{diy}}\right) \end{aligned}\right\} \tag{6.6}$$

6.3　供应链协调

由于 $c_1 > c$、$c - v > w - v - w_1 + c_1$ 和 $\eta \leqslant 1$，从而有 $\frac{\eta(c - \mu v)}{w - v - w_1 + c_1} < \frac{c_1 - \mu v}{c - v}$，也就是说 $\int_0^{\int_0^{\frac{q^*_{diy}+D}{Q^*_{diy}}} xf(x)\,\mathrm{d}x} xf(x)\,\mathrm{d}x < \int_0^{\int_0^{\frac{q^*_{Iiy}+D}{Q^*_{Iiy}}} xf(x)\,\mathrm{d}x} xf(x)\,\mathrm{d}x$ 成立。这意味着批发价契约下的最优策略无法达到集中式决策的情况，即批发价契约无法协调供应链。于是，需要设计一个行之有效的激励机制来改善供应链运行效率，并最终实现供应链协调。

在接下来的部分，分别考虑风险分散契约、期权契约、补贴契约和收入共享契约，并将它们进行比较，从而说明它们的差异。

6.3.1　风险分散与质量成本分担契约

为了确保供应商能够提供其产出量，在销售季节前，零售商和供应商同意采用风险分散契约 (λ, T)。参数 $\lambda(\lambda \in [0, 1])$ 为损失分担比例，它意味着供应商所承担的损失部分。$1 - \lambda$ 则是零售商所承担的损失部分。参数 T 为旁支付，它表示供应商在零售商承担部分损失后给零售商的补偿。值得注意的是 T 可能为负，此时意味着零售商对供应商的进一步资助。与此同时，零售商还承诺分担 $\theta(\theta \in [0, 1])$ 倍供应商因提高市场需求而投入的产品质量成本。于是，风险分散与质量成本分担契约下零售商和供应商的期望利润分别满足

$$\pi^r_{aiy}=(p-w)S(Q,q)+(p-w_1)\int_0^{\frac{q+D}{Q}}(q+D-xQ)f(x)\mathrm{d}x-(1-\lambda)L_{60}(Q,q)-(1-\theta)q^2+T \tag{6.7}$$

$$\pi^s_{aiy}=(w\mu-c)Q-\lambda L_{60}(Q,\ q)-\theta q^2-T \tag{6.8}$$

类似于引理 3.1，如果 $\sigma^*_{aiy}=(w\mu-c)Q+\lambda(w\mu-v)(q+D-\mu Q)-T-\theta q^2$，且 $\lambda>\max\left\{\frac{w_1-c_1}{w\mu-v},\ \frac{w\mu-c}{\mu(w\mu-v)}\right\}$，那么供应商可以得到最大化的 CVaR 绩效，且满足

$$H^s_{aiy}=(w\mu-c)Q-\lambda(w\mu-v)(\mu Q-q-D)-\theta q^2-T-\lambda(w\mu-v-w_1+c_1)\frac{\int_0^{\frac{q+D}{Q}}(q+D-xQ)f(x)\mathrm{d}x}{\eta} \tag{6.9}$$

由于 H^s_{aiy} 关于 Q 和 q 的 Hessian 矩阵是负定的，因此风险分散与质量成本分担契约下供应商的最优策略满足

$$\left.\begin{aligned}&\int_0^{\frac{q^*_{aiy}+D}{Q^*_{aiy}}}xf(x)\mathrm{d}x=\frac{\eta[c-w\mu+\lambda(w\mu-v)\mu]}{\lambda(w\mu-v-w_1+c_1)}\\&2\theta q^*_{aiy}=\lambda(w\mu-v)-\frac{\lambda(w\mu-v-w_1+c_1)}{\eta}F\left(\frac{q^*_{aiy}+D}{Q^*_{aiy}}\right)\end{aligned}\right\} \tag{6.10}$$

定理 6.1 在合适的参数 $\{\lambda,\ T,\ \theta,\ \eta\}$ 选择下，风险分散与质量成本分担契约可以使得供应链达到协调状态，且具有 Pareto 改进。

定理 6.1 指出风险分散与质量成本分担契约下供应商的最优策略能够确保供应链达到最佳的性能。它也意味着为了保证整体供应链利润最大化，风险中性的零售商需要不断调整损失分担比例和质量成本分担比例，并积极和供应商就批发价展开协商。与此同时，它也表明在有效的旁支付区间下，供应商和零售商的产量矛盾得到缓解。

6.3.2 期权与质量成本分担契约

在期权与质量成本分担契约下，零售商以期权价格 k 购买 μQ 个产品，同时以期权执行价格 o 支付所有实际购买量。此外，还分担 $\theta(\theta\in[0,\ 1])$ 倍供应商的质量成本投入。同样地，假设 $\frac{c}{\mu}-v>k\geqslant 0$，那么零售商和供应商的期望利润分别满足

$$\pi^r_{\varepsilon iy} = (p - o)S(Q,\ q) + (p - w_1)\int_0^{\frac{q+D}{Q}}(q + D - xQ)f(x)\mathrm{d}x - k\mu Q - (1 - \theta)q^2 \tag{6.11}$$

$$\pi^s_{\varepsilon iy} = oS(Q,\ q) + k\mu Q - cQ - \theta q^2 + v\int_{\frac{q+D}{Q}}^{\infty}(xQ - q - D)f(x)\mathrm{d}x + (w_1 - c_1)\int_0^{\frac{q+D}{Q}}(q + D - xQ)f(x)\mathrm{d}x \tag{6.12}$$

类似于引理3.1，$\sigma^*_{\varepsilon iy} = (o - v)(q + D) + (\mu v + \mu k - c)Q - \theta q^2$ 时，供应商的风险规避效用函数可以最大化，且满足

$$H^s_{\varepsilon iy} = (o - v)(q + D) + (\mu v + \mu k - c)Q - \theta q^2 - (o - v - w_1 + c_1)\frac{\int_0^{\frac{q+D}{Q}}(q + D - xQ)f(x)\mathrm{d}x}{\eta} \tag{6.13}$$

由于 $H^s_{\varepsilon iy}$ 关于 Q 和 q 的 Hessian 矩阵是负定的，因此期权与质量成本分担契约下供应商的最优策略满足

$$\left.\begin{aligned} &\int_0^{\frac{q^*_{\varepsilon iy}+D}{Q^*_{\varepsilon iy}}} xf(x)\mathrm{d}x = \frac{\eta(c - \mu v - \mu k)}{o - v - w_1 + c_1} \\ &2\theta q^*_{\varepsilon iy} = o - v - \frac{o - v - w_1 + c_1}{\eta}F\left(\frac{q^*_{\varepsilon iy} + D}{Q^*_{\varepsilon iy}}\right) \end{aligned}\right\} \tag{6.14}$$

定理6.2 在合适的参数 $\{o,\ k,\ \theta,\ \eta\}$ 选择下，期权与质量成本分担契约能够协调供应链，且确保交易双方达到“双赢”的状态。

定理6.2表明，期权与质量成本分担契约能改善供应链的运作效率。与此同时，在期权与质量成本分担契约下，交易双方的绩效水平也比批发价契约的情况高。这就意味着交易双方愿意采用期权与质量成本分担契约去解决二者之间的产出矛盾问题。

6.3.3 补贴与质量成本分担契约

在补贴与质量成本分担契约下，零售商对供应商的过剩产出按单位补贴价格 b 进行补偿，而供应商则考虑采用批发价 w_z 对零售商进行供货。此外，零售商还分担 $\theta(\theta \in [0,\ 1])$ 倍供应商的质量成本投入。同样地，假设 $\frac{c}{\mu} - v > b \geqslant 0$。此时，零售商和供应商的期望利润分别满足

$$\pi^r_{ziy} = (p - w_z)S(Q,\ q) - (1 - \theta)q^2 - b\int_{\frac{q+D}{Q}}^{\infty}(xQ - q - D)f(x)\mathrm{d}x +$$

$$(p-w_1)\int_0^{\frac{q+D}{Q}}(q+D-xQ)f(x)\mathrm{d}x \tag{6.15}$$

$$\pi_{ziy}^s=w_zS(Q,\ q)-\theta q^2-cQ+(v+b)\int_{\frac{q+D}{Q}}^{\infty}(xQ-q-D)f(x)\mathrm{d}x+$$

$$(w_1-c_1)\int_0^{\frac{q+D}{Q}}(q+D-xQ)f(x)\mathrm{d}x \tag{6.16}$$

类似于引理3.1，当$\sigma_{ziy}^*=(w_z-v-b)(q+D)+(\mu v+\mu b-c)Q-\theta q^2$时，供应商的CVaR效用函数取得最大值，且满足

$$H_{ziy}^s=(w_z-v-b)(q+D)+(\mu v+\mu b-c)Q-\theta q^2-$$

$$(w_z-v-w_1+c_1)\frac{\int_0^{\frac{q+D}{Q}}(q+D-xQ)f(x)\mathrm{d}x}{\eta} \tag{6.17}$$

由于H_{ziy}^s关于Q和q的Hessian矩阵是负定的，因此补贴与质量成本分担契约下供应商的最优策略满足

$$\left.\begin{aligned}&\int_0^{\frac{q_{ziy}^*+D}{Q_{ziy}^*}}xf(x)\mathrm{d}x=\frac{\eta(c-\mu v-\mu b)}{w_z-v-b-w_1+c_1}\\&2\theta q_{ziy}^*=w_z-v-b-\frac{w_z-v-b-w_1+c_1}{\eta}F\left(\frac{q_{ziy}^*+D}{Q_{ziy}^*}\right)\end{aligned}\right\} \tag{6.18}$$

定理6.3 一定的参数$\{b,\ w_z,\ \theta,\ \eta\}$设置下，补贴与质量成本分担契约可以协调供应链，与此同时还能确保交易双方达到“双赢”。

定理6.3反映了补贴与质量成本分担契约可以实现供应链的最大化效益。与此同时，供应商和零售商均能在补贴与质量成本分担契约下获得比批发价契约更高的收益。这就意味着供应商和零售商均愿意采用补贴与质量成本分担契约来解决产出矛盾问题。

6.3.4 收入共享与质量成本分担契约

在收入共享与质量成本分担契约下，零售商将其自身销售所得的$\phi(\phi\in[0,\ 1])$倍收入交给供应商，与此同时，供应商则按照w_ψ的价格将产品卖给零售商。此外，零售商还分担$\theta(\theta\in[0,\ 1])$倍供应商的质量成本投入。于是，零售商和供应商的期望利润分别满足

$$\pi_{\psi iy}^r=[(1-\phi)p-w_\psi]S(Q,\ q)+(p-w_1)\int_0^{\frac{q+D}{Q}}(q+D-xQ)f(x)\mathrm{d}x$$

$$-(1-\theta)q^2 \tag{6.19}$$

$$\pi^{s}_{\psi iy} = (\phi p + w_{\psi})S(Q,\ q) - \theta q^2 - cQ + v\int_{\frac{q+D}{Q}}^{\infty}(xQ - q - D)f(x)\mathrm{d}x + (w_1 - c_1)\int_0^{\frac{q+D}{Q}}(q + D - xQ)f(x)\mathrm{d}x \tag{6.20}$$

显然地，$\phi < 1 - \dfrac{w_{\psi}}{p}$，否则，零售商的收益为零，甚至为负。

类似于引理 3.1，当 $\sigma^{*}_{\psi iy} = (\phi p + w_{\psi} - v)(q + D) + (\mu v - c)Q - \theta q^2$ 时，在 CVaR 准则下，供应商的风险规避最大化效用函数满足

$$H^{s}_{\psi iy} = (\phi p + w_{\psi} - v)(q + D) + (\mu v - c)Q - \theta q^2 - (\phi p + w_{\psi} - v - w_1 + c_1)\frac{\int_0^{\frac{q+D}{Q}}(q + D - xQ)f(x)\mathrm{d}x}{\eta} \tag{6.21}$$

由于 $H^{s}_{\psi iy}$ 关于 Q 和 q 的 Hessian 矩阵是负定的，因此收入共享与质量成本分担契约下供应商的最优策略满足

$$\left.\begin{aligned} &\int_0^{\frac{q^{*}_{\psi iy}+D}{Q^{*}_{\psi iy}}} xf(x)\mathrm{d}x = \frac{\eta(c - \mu v)}{\phi p + w_{\psi} - v - w_1 + c_1} \\ &2\theta q^{*}_{\psi iy} = \phi p + w_{\psi} - v - \frac{\phi p + w_{\psi} - v - w_1 + c_1}{\eta}F\left(\frac{q^{*}_{\psi iy} + D}{Q^{*}_{\psi iy}}\right) \end{aligned}\right\} \tag{6.22}$$

定理 6.4 在风险规避环境下，收入共享与质量成本分担契约无法实现供应链协调。

定理 6.4 表明，一旦供应商考虑补货策略，那么无论收入共享与质量成本分担契约参数如何调整，都无法使得风险规避环境下的供应链整体效益达到最大化。

6.3.5 绩效比较与契约选择

比较风险分散与质量成本分担契约和其他两种可协调供应链的契约，从而说明契约间的差异。

首先，考虑期权和质量成本分担契约与风险分散和质量成本分担契约。令

$$T_{61} = (1 - \lambda^{*}_{iy})[(w\mu - c)Q^{*}_{Iiy} - H^{s}_{diy}(Q^{*}_{Iiy},\ q^{*}_{Iiy})] + (\theta^{*}_{\varepsilon y} - \theta^{*}_{a y})(q^{*}_{Iiy})^2 - \mu k^{*}_{iy}Q^{*}_{Iiy} - (o - w)\left[q^{*}_{Iiy} + D - \frac{\int_0^{\frac{q^{*}_{Ii}+D}{Q^{*}_{Ii}}}(q^{*}_{Iiy} + D - xQ^{*}_{Iiy})f(x)\mathrm{d}x}{\eta}\right]$$

$$T_{62}=(1-\lambda_{iy}^*)L_{60}(Q_{Iiy}^*,q_{Iiy}^*)+(\theta_{\varepsilon y}^*-\theta_{ay}^*)(q_{Iiy}^*)^2-\mu k_{iy}^*Q_{Iiy}^*-(o-w)S(Q_{Iiy}^*,q_{Iiy}^*)$$

显然地，$T_{\max,\ iy} \geqslant T_{61} > T_{62} \geqslant T_{\min,\ iy}$，且当 $T \in [T_{62},\ T_{61}]$ 时，企业双方才会选择同一个契约，即风险分散与质量成本分担契约。

其次，考虑补贴和质量成本分担契约与风险分散和质量成本分担契约。令

$$T_{63} = (1-\lambda_{iy}^*)[(w\mu-c)Q_{Iiy}^* - H_{diy}^s(Q_{Iiy}^*,\ q_{Iiy}^*)] + (\theta_{zy}^*-\theta_{ay}^*)(q_{Iiy}^*)^2 - \mu b_{iy}^*Q_{Iiy}^* - (w_z-w-b_{iy}^*)\left[q_{Iiy}^* + D - \frac{\int_0^{\frac{q_{Ii}^*+D}{Q_{Ii}^*}}(q_{Iiy}^*+D-xQ_{Iiy}^*)f(x)\,\mathrm{d}x}{\eta}\right]$$

$$T_{64} = (1-\lambda_{iy}^*)L_{60}(Q_{Iiy}^*,\ q_{Iiy}^*) + (\theta_{zy}^*-\theta_{ay}^*)(q_{Iiy}^*)^2 - \mu b_{iy}^*Q_{Iiy}^* - (w_z-w-b_{iy}^*)S(Q_{Iiy}^*,\ q_{Iiy}^*)$$

显然地，$T_{\max,iy} \geqslant T_{63} > T_{64} \geqslant T_{\min,iy}$，且当 $T \in [T_{64},\ T_{63}]$ 时，企业双方才会选择同一种契约，即风险分散与质量成本分担契约。

基于上述风险分散与质量成本分担契约以及其他可替代契约的比较分析，有以下结果成立。

定理 6.5 在由风险规避供应商和风险中性零售商组成的供应链中，从实现供应链协调和 Pareto 改进的角度，相对于期权和质量成本分担契约以及补贴与质量成本分担契约，交易双方更愿意采用风险分散与质量成本分担契约来处理生产问题。

定理 6.5 意味着相对于期权与质量成本分担契约、补贴与质量成本分担契约，风险分散与质量成本分担契约能为交易双方带来更多的收益。由此，交易双方更愿意在复杂环境下选择风险分散与质量成本分担契约。

6.4 算例分析

本节通过系列数值实验来分析风险规避程度和补货成本对企业的影响。假设 x 服从均匀分布 $U[0.5,\ 1.5]$，其余外生变量分别是 $p=15$、$w=w_z=w_\psi=10$、$c=5$、$w_1=11$、$v=3$、$D=200$。此时，注意 $\frac{c}{\mu}-v>k\geqslant 0$、$\frac{c}{\mu}-v>b\geqslant 0$ 以及 $w-c\geqslant w_1-c_1$，因而有 $0<k<2$、$0<b<2$ 和 $c_1\geqslant 6$，不妨取 $c_1=7$。

首先，考虑供应商最优质量水平的变化。图 6.2~图 6.6 分别显示了批发价契约、风险分散与质量成本分担契约、期权与质量成本分担契约、补贴与质量成本分担契约以及收入共享与质量成本分担契约下风险规避程度对供应商

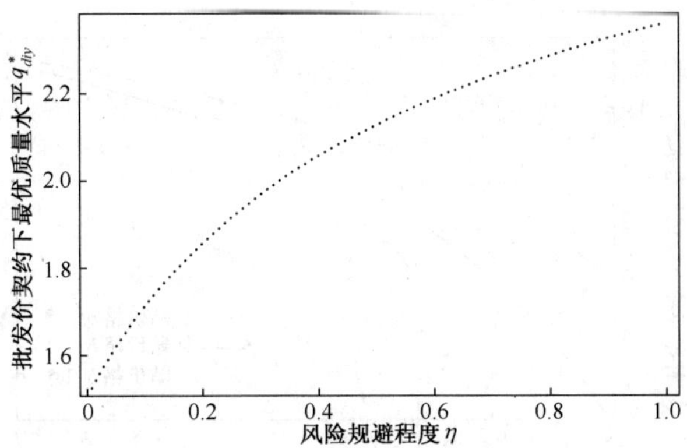

图6.2 风险规避程度η对批发价契约下最优质量水平q^*_{diy}的影响

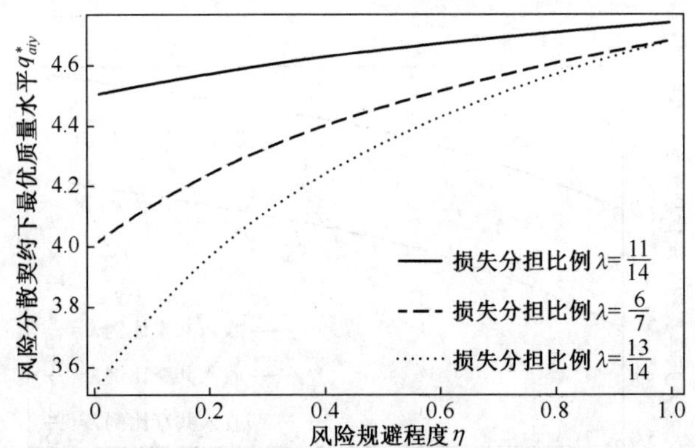

图6.3 风险规避程度η对风险分散契约下最优质量水平q^*_{aiy}的影响（$\theta = 0.5$时）

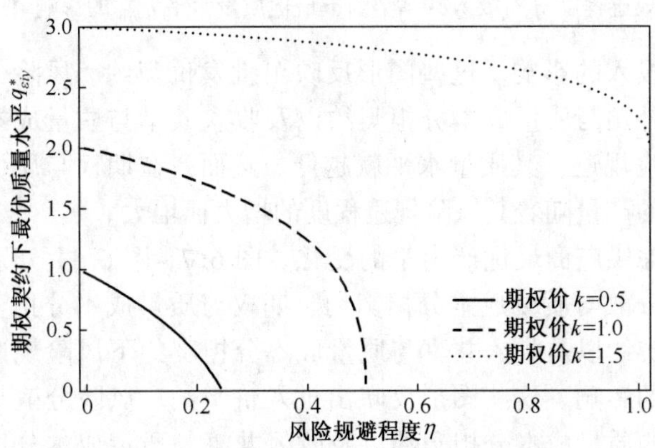

图6.4 风险规避程度η对期权契约下最优质量水平$q^*_{\varepsilon iy}$的影响（$\theta = 0.5$、$o = 3$时）

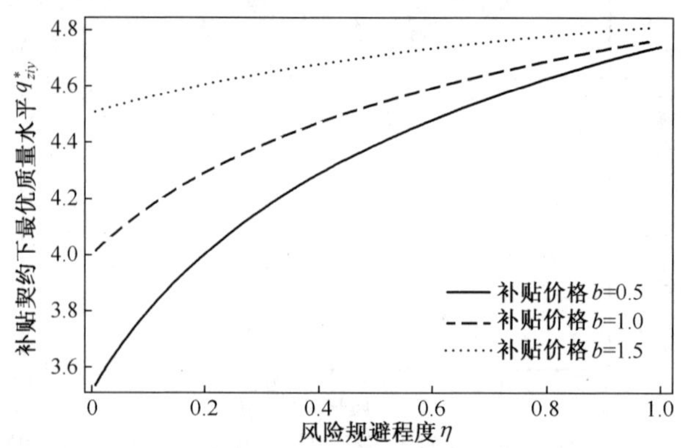

图 6.5 风险规避程度 η 对补贴契约下最优质量水平 q_{ziy}^* 的影响（$\theta = 0.5$、$o = 3$ 时）

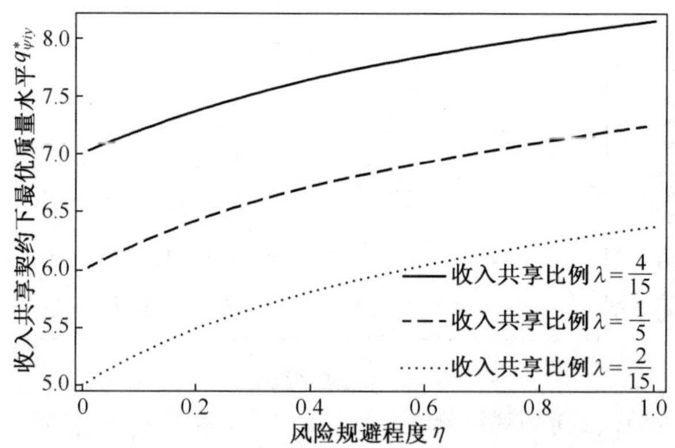

图 6.6 风险规避程度 η 对收入共享契约下最优质量水平 $q_{\psi iy}^*$ 的影响（$\theta = 0.5$ 时）

最优质量水平投入的影响。这些图形反映出批发价契约、风险分散与质量成本分担契约、补贴与质量成本分担契约以及收入共享与质量成本分担契约下供应商越是风险规避，其质量水平就越低。然而，在期权与质量成本分担契约下，供应商的产量随着其风险规避程度的增大而增大。

其次，考虑供应商最优产出量的变化。图 6.7～图 6.11 分别显示了批发价契约、风险分散与质量成本分担契约、期权与质量成本分担契约、补贴与质量成本分担契约以及收入共享与质量成本分担契约下风险规避程度对供应商最优生产量的影响。这些图形反映出批发价契约、风险分散与质量成本分担契约、补贴与质量成本分担契约以及收入共享与质量成本分担契约下供应商越是风险规避，其产量就越高。然而，在期权与质量成本分担契约下，供应商的产量随着其风险规避程度的增大而降低。

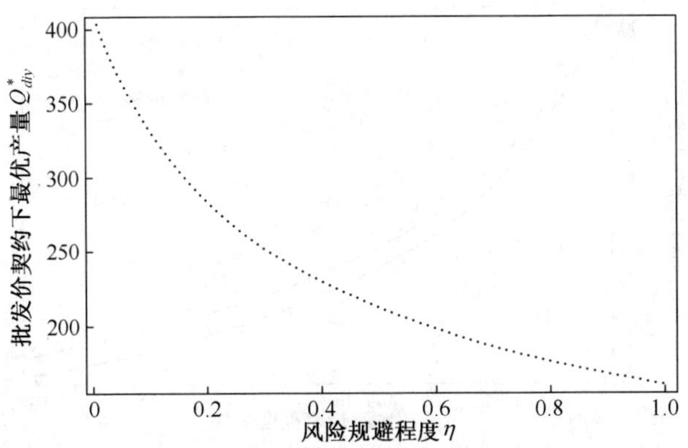

图 6.7　风险规避程度 η 对批发价契约下最优产量 Q^*_{diy} 的影响

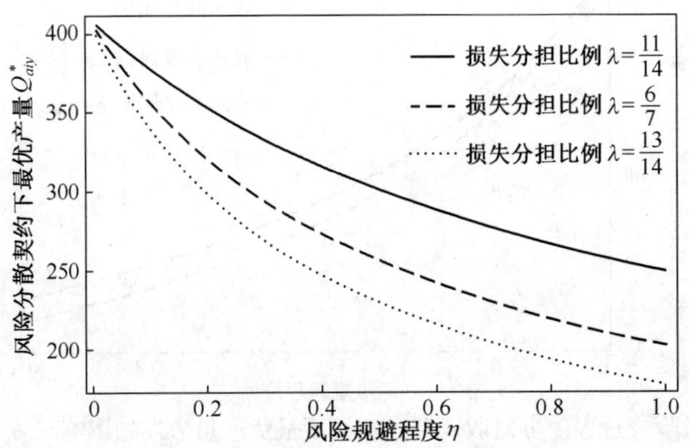

图 6.8　风险规避程度 η 对风险分散契约下最优产量 Q^*_{aiy} 的影响（θ = 0.5 时）

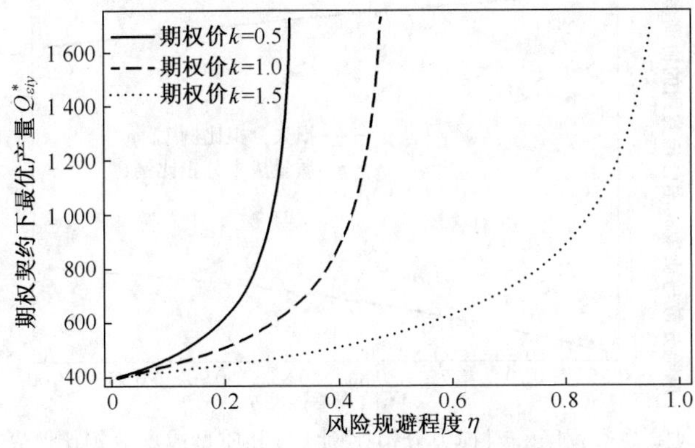

图 6.9　风险规避程度 η 对期权契约下最优产量 $Q^*_{\varepsilon iy}$ 的影响（θ = 0.5 、o = 3 时）

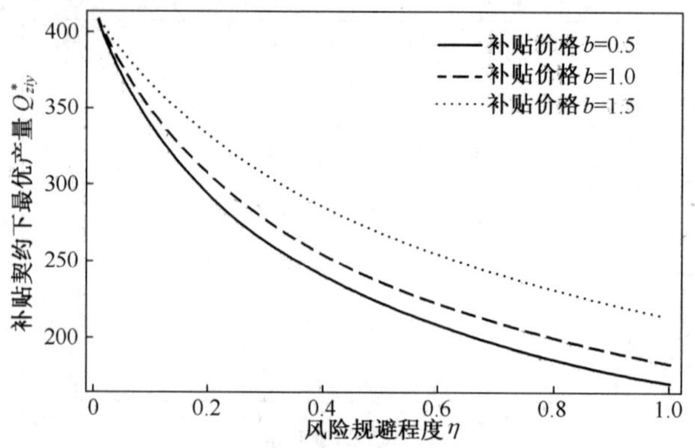

图 6.10 风险规避程度 η 对补贴契约下最优产量 Q_{ziy}^* 的影响（$\theta = 0.5$ 时）

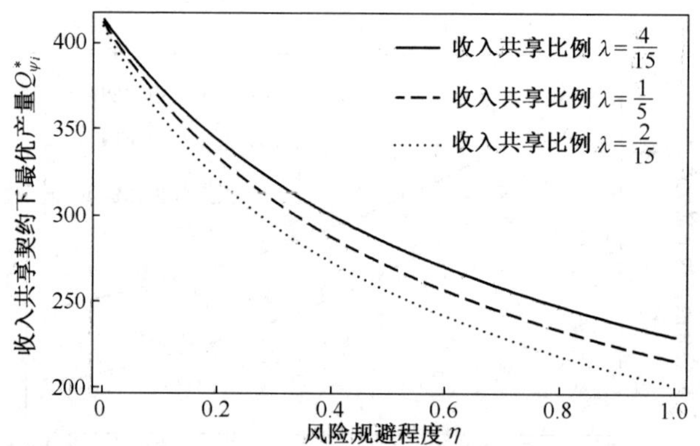

图 6.11 风险规避程度 η 对收入共享契约下最优产量 $Q_{\psi i}^*$ 的影响（$\theta = 0.5$ 时）

最后，讨论上述契约的协调条件。图 6.12 反映了在可协调供应链的风险

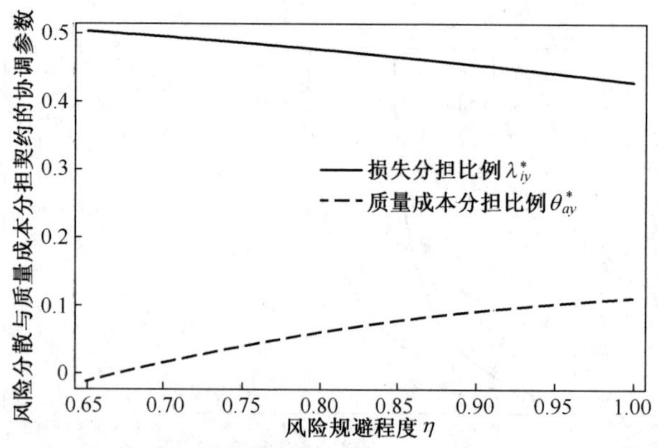

图 6.12 风险规避程度 η 对损失分担比例 λ_{iy}^* 和质量成本分担比例 θ_{ay}^* 的影响

分散与质量成本分担契约下，越是趋向于风险中性，供应商所承担的损失比例就越少，或供应商分担的质量水平努力成本就越多。图 6.13 反映了在可协调供应链的期权与质量成本分担契约下，风险规避程度越深，期权价格或供应商分担的质量水平努力成本就越高。图 6.14 反映了在可协调供应链的补贴与质量成本分担契约下，供应商越是趋向风险规避，他获得的补贴价格就越低，或供应商分担的质量水平努力成本就越高。

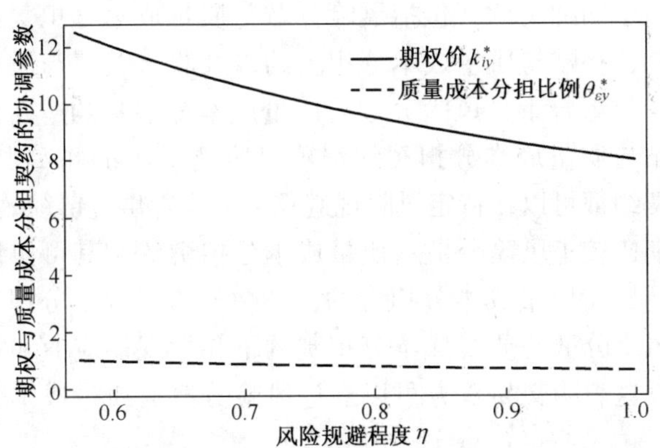

图 6.13　风险规避程度 η 对期权价 k_{iy}^* 和质量成本分担比例 $\theta_{\varepsilon y}^*$ 的影响（$o = 4$ 时）

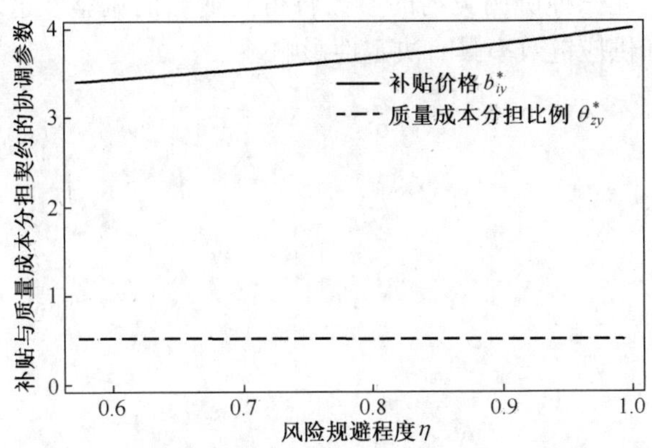

图 6.14　风险规避程度 η 对补贴价格 b_{iy}^* 和质量成本分担比例 θ_{zy}^* 的影响

6.5　小　　结

在快速发展的消费品市场中，零售商希望他的供应商能够更多地进行生产；然而，供应商可能会采取规避风险的态度，对面临不确定产出率的生产数量作出保守的决策。在供应商采用提高质量水平来吸引市场需求的情况下，考虑由风险中性零售商和风险规避供应商组成的供应链环境中，假设供应商具有随机产出。与此同时，为了降低因缺货带来的损失，供应商采用补货策略。在这种情况下，零售商首先提供“接受与否”的契约。然后，供应商在接受此契约后，通过采用CVaR度量准则，确定其最佳生产数量。因此，有下面三个主要结果成立。

首先，建立了四种契约，包括风险分散与质量成本分担契约、期权与质量成本分担契约、补贴与质量成本分担契约以及收入共享与质量成本分担契约。在适当的参数组合下，风险分散与质量成本分担契约、期权与质量成本分担契约、补贴与质量成本分担契约都可以协调供应链并实现Paveto改进。这表明适当的契约都可以在特定风险规避程度下改善供应链绩效。

其次，分别比较了风险分散与质量成本分担契约和其可协调供应链的两种契约，包括期权与质量成本分担契约、补贴与质量成本分担契约。相对于其他契约，在风险分散与质量成本分担契约下，发现供应商和零售商可以获得更高的绩效。这表明交易双方可以通过风险分散与质量成本分担契约获得更多的利益。

最后，应用数值分析了风险规避程度对企业的影响。发现随着风险规避程度的变化，上述三种协调契约的参数将得到适当的调整。这表明风险规避对公司的决策和供应链效率具有决定性影响。

第7章

风险规避和随机产出下基于销售努力与质量水平的供应链协调

本章主要讨论零售商在为了提高市场需求的前提下，供应商提高产品销量而加大产品质量的投入问题。这也符合当今社会汽车企业提升自我产品的吸引力，以及汽车下游企业加大产品脱销量的现实设定。本章是在第5章的基础上，进一步引入零售商销售努力水平，并由此对相应的契约进行设计和优化。

7.1 基本描述

在需求信息对称的交易市场中，考虑由单个供应商和单个零售商组成的两级供应链，其中，零售商是风险中性的，而供应商是风险规避的。供应商为了将产品更好地推出，往往采用提高质量水平的手段来实现产品的销量增加。与此同时，零售商为了将手中产品卖出，往往也会采用一些诸如窗口展示、打折促销等手段。假定零售商的销售努力水平为 e，从而零售商的销售努力成本为 e^2，此时市场需求为 $q+e+D$，其中 D 为确定的需求，q 为供应商的产品质量水平，其质量水平成本为 q^2。其余描述和符号沿用3.2节和5.1节的相关内容，此处略去。此外，用下标 j 记销售努力影响的情况。交易双方决策次序如图7.1所示。

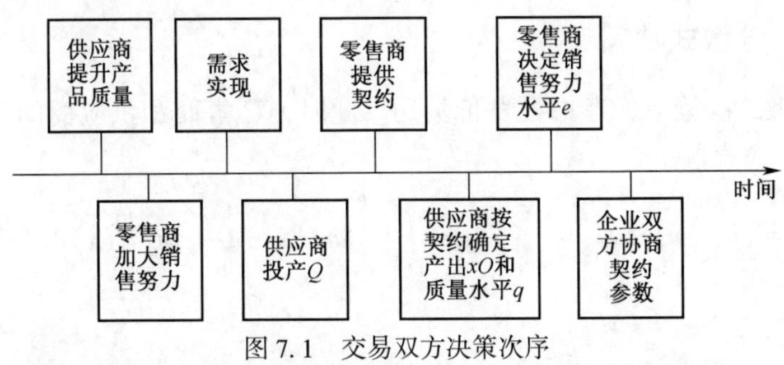

图7.1 交易双方决策次序

7.2 基准模型

为了较好地展示主要结果，令 $S(Q, q, e)$ 表示给定投产量 Q 、质量水平 q 和销售努力 e 的期望销售量，即有

$$S(Q, q, e) = E[\min\{xQ, q+e+D\}] = q+e+D-\int_0^{\frac{q+e+D}{Q}}(q+e+D-xQ)f(x)\mathrm{d}x$$

接下来，考虑两类基本供应链模型，并以此作为基准。其中，一类是集中式决策，另一类是分散式决策。

7.2.1 集中式决策

在集中式决策下，所有成员行为视作同一个系统，此时供应链系统的期望利润为

$$\pi_{Iij} = pS(Q, q, e) - cQ - q^2 - e^2 + v\int_{\frac{q+e+D}{Q}}^{\infty}(xQ-q-e-D)f(x)\mathrm{d}x - (g^s+g^r)\int_0^{\frac{q+e+D}{Q}}(q+e+D-xQ)f(x)\mathrm{d}x \tag{7.1}$$

由于 π_{Iij} 关于 Q 、q 和 e 的 Hessian 矩阵是负定的，因而供应链的最优策略满足

$$\left.\begin{aligned}
&\int_0^{\frac{q_{Iij}^*+e_{Iij}^*+D}{Q_{Iij}^*}} xf(x)\mathrm{d}x = \frac{c-\mu v}{p-v+g^r+g^s}\\
&2q_{Iij}^* = p-v-(p-v+g^r+g^s)F\left(\frac{q_{Iij}^*+e_{Iij}^*+D}{Q_{Iij}^*}\right)\\
&2e_{Iij}^* = p-v-(p-v+g^r+g^s)F\left(\frac{q_{Iij}^*+e_{Iij}^*+D}{Q_{Iij}^*}\right)
\end{aligned}\right\} \tag{7.2}$$

7.2.2 分散式决策

在分散式决策下，考虑批发价契约。此时，零售商和供应商的期望利润分别满足

$$\pi_{dij}^r = (p-w)S(Q, q, e) - g^r\int_0^{\frac{q+e+D}{Q}}(q+e+D-xQ)f(x)\mathrm{d}x - e^2 \tag{7.3}$$

$$\pi_{dij}^{s} = wS(Q, q, e) - cQ - q^2 + v\int_{\frac{q+e+D}{Q}}^{\infty}(xQ - q - e - D)f(x)\mathrm{d}x - g^s\int_0^{\frac{q+e+D}{Q}}(q + e + D - xQ)f(x)\mathrm{d}x$$
$$= (w\mu - c)Q - q^2 - L_{70}(Q, q, e) \tag{7.4}$$

式中，$L_{70}(Q, q, e) = (w\mu - v)\int_{\frac{q+e+D}{Q}}^{\infty}(xQ - q - e - D)f(x)\mathrm{d}x + g^s\int_0^{\frac{q+e+D}{Q}}(q + e + D - xQ)f(x)\mathrm{d}x$ 是供应商产出过剩和产出不足的损失。

根据 CVaR 的定义，当 $\sigma_{dij}^{*} = (w - v)(q + e + D) + (\mu v - c)Q$ 时，$\mathrm{CVaR}_{\eta}\pi_{dij}^{s}$ 可以达到最大化，且满足

$$H_{dij}^{s} = (w - v)(q + e + D) + (\mu v - c)Q - q^2 - e^2 - (w - v + g^s)\frac{\int_0^{\frac{q+e+D}{Q}}(q + e + D - xQ)f(x)\mathrm{d}x}{\eta} \tag{7.5}$$

由于 H_{dij}^{s} 关于 Q 和 q 的 Hessian 矩阵是负定的，因此供应商的最优产量和最优质量水平策略满足

$$\left.\begin{aligned}&\int_0^{\frac{q_{dij}^{*}+e+D}{Q_{dij}^{*}}} xf(x)\mathrm{d}x = \frac{\eta(c - \mu v)}{w - v + g^s}\\&2q_{dij}^{*} = w - v - \frac{w - v + g^s}{\eta}F\left(\frac{q_{dij}^{*} + e + D}{Q_{dij}^{*}}\right)\end{aligned}\right\} \tag{7.6}$$

进而，在给定 Q_{dij}^{*} 和 q_{dij}^{*} 的情况下，零售商的最优销售努力水平满足

$$2e_{dij}^{*} = p - w - (p - w + g^r)F\left(\frac{q_{dij}^{*} + e_{dij}^{*} + D}{Q_{dij}^{*}}\right) \tag{7.7}$$

7.3　供应链协调

在接下来的部分，分别考虑风险分散契约、期权契约、补贴契约和收入共享契约，并将它们进行比较，从而说明它们的差异。

7.3.1　改进风险分散契约

为了确保供应商能够提供其产出量，在销售季节前，零售商和供应商同意采用风险分散契约 (λ, T)。参数 $\lambda(\lambda \in [0, 1])$ 为损失分担比例，它意

味着供应商所承担的损失部分。$1-\lambda$ 则是零售商所承担的损失部分。参数 T 为旁支付，它表示供应商在零售商承担部分损失后给零售商的补偿。值得注意的是 T 可能为负，此时意味着零售商对供应商的进一步资助。与此同时，零售商还承诺分担 $\theta(\theta\in[0,\ 1])$ 倍供应商因提高市场需求而投入的产品质量成本。而作为回报，供应商则将零售商的 $\alpha(\alpha\in[0,\ 1])$ 倍销售努力成本进行分担。于是，改进风险分散契约下零售商和供应商的期望利润分别满足

$$\pi^r_{aij}=(p-w)S(Q,\ q,\ e)-(1-\lambda)L_{70}(Q,\ q,\ e)-(1-\theta)q^2-\alpha e^2+T-g^r\int_0^{\frac{q+e+D}{Q}}(q+e+D-xQ)f(x)\,\mathrm{d}x \quad (7.8)$$

$$\pi^s_{aij}=(w\mu-c)Q-\lambda L_{70}(Q,\ q,\ e)-\theta q^2-(1-\alpha)e^2-T \quad (7.9)$$

类似于引理 3.1，如果 $\sigma^*_{aij}=(w\mu-c)Q+\lambda(w\mu-v)(q+e+D-\mu Q)-T-\theta q^2-(1-\alpha)e^2$，且 $\lambda>\dfrac{w\mu-c}{\mu(w\mu-v)}$，那么供应商可以得到最大化的 CVaR 绩效，且满足

$$H^s_{aij}=(w\mu-c)Q-\lambda(w\mu-v)(\mu Q-q-e-D)-\theta q^2-(1-\alpha)e^2-T-\lambda(w\mu-v+g^s)\frac{\int_0^{\frac{q+e+D}{Q}}(q+e+D-xQ)f(x)\,\mathrm{d}x}{\eta} \quad (7.10)$$

由于 H^s_{ai} 关于 Q 和 q 的 Hessian 矩阵是负定的，因此风险分散与质量成本分担契约下供应商的最优策略满足

$$\left.\begin{aligned}&\int_0^{\frac{q^*_{aij}+e+D}{Q^*_{aij}}}xf(x)\,\mathrm{d}x=\frac{\eta[c-w\mu+\lambda(w\mu-v)\mu]}{\lambda(w\mu-v+g^s)}\\&2\theta q^*_{aij}=\lambda(w\mu-v)-\frac{\lambda(w\mu-v+g^s)}{\eta}F\left(\frac{q^*_{aij}+e+D}{Q^*_{aij}}\right)\end{aligned}\right\} \quad (7.11)$$

进而，在给定 Q^*_{aij} 和 q^*_{aij} 的情况下，零售商的最优销售努力水平满足

$$2\alpha e^*_{aij}=p-w+(1-\lambda)(w\mu-v)-[p-w+g^r+(1-\lambda)(w\mu-v+g^s)]F\left(\frac{q^*_{aij}+e^*_{aij}+D}{Q^*_{aij}}\right) \quad (7.12)$$

定理 7.1 在合适的参数 $\{\lambda,\ T,\ \theta,\ \alpha\}$ 选择下，改进风险分散契约可以使得供应链达到协调状态，且具有 Pareto 改进。

定理 7.1 指出改进风险分散契约下交易双方的最优策略能够确保供应链达到最佳的性能，同时，它也表明在有效的旁支付区间下，供应商和零售商

的产量矛盾得到缓解。

7.3.2　改进期权契约

在改进期权契约下，零售商以期权价格 k 购买 μQ 个产品，同时以期权执行价格 o 支付所有实际购买量。此外，还分担 $\theta(\theta \in [0,\ 1])$ 倍供应商的质量成本投入。与此同时，供应商则将零售商的 $\alpha(\alpha \in [0,\ 1])$ 倍销售努力成本进行分担。同样地，假设 $\frac{c}{\mu} - v > k \geqslant 0,\ o + g^s > v$，那么零售商和供应商的期望利润分别满足

$$\pi^r_{\varepsilon ij} = (p-o)S(Q,q,e) - k\mu Q - (1-\theta)q^2 - \alpha e^2 - g^r \int_0^{\frac{q+e+D}{Q}} (q+e+D-xQ)f(x)\mathrm{d}x \tag{7.13}$$

$$\pi^s_{\varepsilon ij} = oS(Q,q,e) + k\mu Q - cQ - \theta q^2 - (1-\alpha)e^2 + v\int_{\frac{q+e+D}{Q}}^{\infty} (xQ-q-e-D)f(x)\mathrm{d}x - g^s \int_0^{\frac{q+e+D}{Q}} (q+e+D-xQ)f(x)\mathrm{d}x \tag{7.14}$$

类似于引理 3.1，$\sigma^*_{\varepsilon ij} = (o-v)(q+e+D) + (\mu v + \mu k - c)Q - \theta q^2 - (1-\alpha)e^2$ 时，供应商的风险规避效用函数可以最大化，且满足

$$H^s_{\varepsilon ij} = (o-v)(q+e+D) + (\mu v + \mu k - c)Q - \theta q^2 - (1-\alpha)e^2 - (o-v+g^s)\frac{\int_0^{\frac{q+e+D}{Q}} (q+e+D-xQ)f(x)\mathrm{d}x}{\eta} \tag{7.15}$$

由于 $H^s_{\varepsilon ij}$ 关于 Q 和 q 的 Hessian 矩阵是负定的，因此期权与质量成本分担契约下供应商的最优策略满足

$$\left.\begin{aligned} &\int_0^{\frac{q^*_{\varepsilon ij}+e+D}{Q^*_{\varepsilon ij}}} xf(x)\mathrm{d}x = \frac{\eta(c-\mu v-\mu k)}{o-v+g^s} \\ &2\theta q^*_{\varepsilon ij} = o - v - \frac{o-v+g^s}{\eta}F\left(\frac{q^*_{\varepsilon ij}+e+D}{Q^*_{\varepsilon ij}}\right) \end{aligned}\right\} \tag{7.16}$$

进而，在给定 $Q^*_{\varepsilon ij}$ 和 $q^*_{\varepsilon ij}$ 的情况下，零售商的最优销售努力水平满足

$$2\alpha e^*_{\varepsilon ij} = p - o - (p-o+g^r)F\left(\frac{q^*_{\varepsilon ij}+e^*_{\varepsilon ij}+D}{Q^*_{\varepsilon ij}}\right) \tag{7.17}$$

定理 7.2　在合适的参数 $\{o,\ k,\ \theta,\ \alpha\}$ 选择下，改进期权契约能够协调供应链，且确保交易双方达到“双赢”的状态。

定理7.2表明，改进期权契约能改善供应链的运作效率。与此同时，在改进期权契约下，交易双方的绩效水平也比批发价契约的情况高。这就意味着交易双方愿意采用改进期权契约去解决二者之间的产出矛盾问题。

7.3.3 改进补贴契约

在改进补贴契约下，零售商对供应商的过剩产出按单位补贴价格 b 进行补偿，而供应商则考虑采用批发价 w_z 对零售商进行供货。此外，零售商还分担 $\theta(\theta \in [0, 1])$ 倍供应商的质量成本投入。与此同时，供应商则将零售商的 $\alpha(\alpha \in [0, 1])$ 倍销售努力成本进行分担。同样地，假设 $\frac{c}{\mu} - v > b \geqslant 0$，此时零售商和供应商的期望利润分别满足

$$\pi_{zij}^r = (p - w_z)S(Q, q, e) - (1-\theta)q^2 - \alpha e^2 - b\int_{\frac{q+e+D}{Q}}^{\infty}(xQ - q - e - D)f(x)\mathrm{d}x - g^r\int_0^{\frac{q+e+D}{Q}}(q + e + D - xQ)f(x)\mathrm{d}x \tag{7.18}$$

$$\pi_{zij}^s = w_z S(Q, q, e) - \theta q^2 - (1-\alpha)e^2 - cQ + (v + b)\int_{\frac{q+e+D}{Q}}^{\infty}(xQ - q - c - D)f(x)\mathrm{d}x - g^s\int_0^{\frac{q+e+D}{Q}}(q + e + D - xQ)f(x)\mathrm{d}x \tag{7.19}$$

类似于引理3.1，当 $\sigma_{zij}^* = (w_z - v - b)(q + e + D) + (\mu v + \mu b - c)Q - \theta q^2 - (1-\alpha)e^2$ 时，供应商的CVaR效用函数取得最大，且满足

$$H_{zij}^s = (w_z - v - b)(q + e + D) + (\mu v + \mu b - c)Q - \theta q^2 - (1-\alpha)e^2 - (w_z - v + g^s)\frac{\int_0^{\frac{q+e+D}{Q}}(q + e + D - xQ)f(x)\mathrm{d}x}{\eta} \tag{7.20}$$

由于 H_{zij}^s 关于 Q 和 q 的Hessian矩阵是负定的，因此改进补贴契约下供应商的最优策略满足

$$\left.\begin{aligned} &\int_0^{\frac{q_{zij}^* + e + D}{Q_{zij}^*}} xf(x)\mathrm{d}x = \frac{\eta(c - \mu v - \mu b)}{w_z - v - b + g^s} \\ &2\theta q_{zij}^* = w_z - v - b - \frac{w_z - v - b + g^s}{\eta}F\left(\frac{q_{zij}^* + e + D}{Q_{zij}^*}\right) \end{aligned}\right\} \tag{7.21}$$

进而，在给定 Q_{zij}^* 和 q_{zij}^* 的情况下，零售商的最优销售努力水平满足

$$2\alpha e_{zij}^* = p - w_z + b - (p - w_z + b + g^r)F\left(\frac{q_{zij}^* + e_{zij}^* + D}{Q_{zij}^*}\right) \tag{7.22}$$

定理 7.3　定的参数 $\{b, w_z, \theta, \alpha\}$ 设置下，改进补贴契约可以协调供应链，与此同时还能确保交易双方达到“双赢”。

定理 7.3 反映了改进补贴契约可以实现供应链的最大化效益。与此同时，供应商和零售商均能在改进补贴契约下获得比批发价契约更高的收益。这就意味着供应商和零售商均愿意采用改进补贴契约来解决产出矛盾问题。

7.3.4　改进收入共享契约

在改进收入共享契约下，零售商将其自身销售所得的 $\phi(\phi \in [0, 1])$ 倍收入交给供应商，而供应商则按照 w_ψ 的价格将产品卖给零售商。此外，零售商还分担 $\theta(\theta \in [0, 1])$ 倍供应商的质量成本投入。与此同时，供应商则将零售商的 $\alpha(\alpha \in [0, 1])$ 倍销售努力成本进行分担。于是，零售商和供应商的期望利润分别满足

$$\pi^r_{\psi ij} = [(1-\phi)p - w_\psi]S(Q,q,e) - g^r\int_0^{\frac{q+e+D}{Q}}(q+e+D-xQ)f(x)\mathrm{d}x - (1-\theta)q^2 - \alpha e^2 \tag{7.23}$$

$$\pi^s_{\psi ij} = (\phi p + w_\psi)S(Q,q,e) - \theta q^2 - (1-\alpha)e^2 - cQ + v\int_{\frac{q+e+D}{Q}}^{\infty}(xQ-q-e-D)f(x)\mathrm{d}x - g^s\int_0^{\frac{q+e+D}{Q}}(q+e+D-xQ)f(x)\mathrm{d}x \tag{7.24}$$

显然地，$\phi < 1 - \dfrac{w_\psi}{p}$，否则，零售商的收益为零，甚至为负。

类似于引理 3.1，当 $\sigma^*_{\psi ij} = (\phi p + w_\psi - v)(q + e + D) + (\mu v - c)Q - \theta q^2 - (1-\alpha)e^2$ 时，在 CVaR 准则下，供应商的风险规避最大化效用函数满足

$$H^s_{\psi ij} = (\phi p + w_\psi - v)(q + e + D) + (\mu v - c)Q - \theta q^2 - (1-\alpha)e^2 - (\phi p + w_\psi - v + g^s)\frac{\int_0^{\frac{q+e+D}{Q}}(q + e + D - xQ)f(x)\mathrm{d}x}{\eta} \tag{7.25}$$

由于 $H^s_{\psi ij}$ 关于 Q 和 q 的 Hessian 矩阵是负定的，因此改进收入共享契约下供应商的最优策略为

$$\left.\begin{aligned} &\int_0^{\frac{q^*_{\psi ij}+e+D}{Q^*_{\psi ij}}} xf(x)\mathrm{d}x = \frac{\eta(c - \mu v)}{\phi p + w_\psi - v + g^s} \\ &2\theta q^*_{\psi ij} = \phi p + w_\psi - v - \frac{\phi p + w_\psi - v + g^s}{\eta}F\left(\frac{q^*_{\psi ij} + e + D}{Q^*_{\psi ij}}\right) \end{aligned}\right\} \tag{7.26}$$

进而，在给定 $Q_{\psi ij}^*$ 和 $q_{\psi ij}^*$ 的情况下，零售商的最优销售努力水平满足

$$2\alpha e_{\psi ij}^* = (1-\phi)p - w_\psi - [(1-\phi)p - w_\psi + g^r]F\left(\frac{q_{\psi ij}^* + e_{\psi ij}^* + D}{Q_{\psi ij}^*}\right) \tag{7.27}$$

定理 7.4 通过选择合适的契约参数和适当的风险规避环境 $\{\phi, w_\psi, \theta, \alpha\}$，改进收入共享契约能够实现供应链协调，并使得企业均达到“双赢”的目的。

定理 7.4 表明，适当地改进收入共享契约能够使得供应链整体效益最大化。与此同时，零售商和供应商均能获得一个比批发价契约更高的绩效，从而进一步指出零售商和供应商愿意采用改进收入共享契约去处理二者之间的产出矛盾。

7.3.5 绩效比较与契约选择

比较改进风险分散契约和其他三种契约，从而来说明契约间的差异。

首先，考虑改进期权契约与改进风险分散契约。令

$$T_{71} = (1-\lambda_{ij}^*)[(w\mu - c)Q_{Iij}^* - H_{dij}^s(Q_{Iij}^*, q_{Iij}^*)] + (\theta_{\varepsilon j}^* - \theta_{aj}^*)(q_{Iij}^*)^2 + (\alpha_\varepsilon^* - \alpha_a^*)(e_{Iij}^*)^2 - \mu k_{ij}^* Q_{Iij}^* - (o-w)\left[q_{Iij}^* + e_{Iij}^* + D - \frac{\int_0^{\frac{q_{Iij}^*+e_{Iij}^*+D}{Q_{Iij}^*}}(q_{Iij}^* + e_{Iij}^* + D - xQ_{Iij}^*)f(x)\,\mathrm{d}x}{\eta}\right]$$

$$T_{72} = (1-\lambda_{ij}^*)L_{70}(Q_{Iij}^*, q_{Iij}^*) + (\theta_{\varepsilon j}^* - \theta_{aj}^*)(q_{Iij}^*)^2 + (\alpha_\varepsilon^* - \alpha_a^*)(e_{Iij}^*)^2 - \mu k_{ij}^* Q_{Iij}^* - (o-w)S(Q_{Iij}^*, q_{Iij}^*, e_{Iij}^*)$$

显然地，$T_{\max, ij} \geqslant T_{71} > T_{72} \geqslant T_{\min, ij}$，且当 $T \in [T_{74}, T_{73}]$ 时，企业双方才会选择同一种契约，即改进风险分散契约。

其次，考虑改进补贴契约与改进风险分散契约。令

$$T_{73} = (1-\lambda_{ij}^*)[(w\mu - c)Q_{Iij}^* - H_{dij}^s(Q_{Iij}^*, q_{Iij}^*, e_{Iij}^*)] + (\theta_{zj}^* - \theta_{aj}^*)(q_{Iij}^*)^2 - \mu b_{ij}^* Q_{Iij}^* + (\alpha_z^* - \alpha_a^*)(e_{Iij}^*)^2 - (w_z - w - b_{ij}^*)\cdot\left[q_{Iij}^* + e_{Iij}^* + D - \frac{\int_0^{\frac{q_{Iij}^*+e_{Iij}^*+D}{Q_{Iij}^*}}(q_{Iij}^* + e_{Iij}^* + D - xQ_{Iij}^*)f(x)\,\mathrm{d}x}{\eta}\right]$$

$$T_{74} = (1-\lambda_{ij}^*)L_{70}(Q_{Iij}^*, q_{Iij}^*, e_{Iij}^*) + (\theta_{zj}^* - \theta_{aj}^*)(q_{Iij}^*)^2 + (\alpha_z^* - \alpha_a^*)(e_{Iij}^*)^2 - \mu b_{ij}^* Q_{Iij}^* - (w_z - w - b_{ij}^*)S(Q_{Iij}^*, q_{Iij}^*, e_{Iij}^*)$$

显然地，$T_{\max, ij} \geqslant T_{73} > T_{74} \geqslant T_{\min, ij}$，且当 $T \in [T_{74}, T_{73}]$ 时，企业双

方才会选择同一种契约，即改进风险分散契约。

最后，考虑改进收入共享契约与改进风险分散契约。令

$$T_{75} = (1 - \lambda_{ij}^*)[(w\mu - c)Q_{Iij}^* - H_{dij}^s(Q_{Iij}^*, q_{Iij}^*, e_{Iij}^*)] + (\theta_{\psi j}^* - \theta_{aj}^*)(q_{Iij}^*)^2 + (\alpha_\psi^* - \alpha_a^*)(e_{Iij}^*)^2 - (\phi_{ij}^* p + w_\psi - w) \cdot \left[q_{Iij}^* + e_{Iij}^* + D - \frac{\int_0^{\frac{q_{Iij}^* + e_{Iij}^* + D}{Q_{Iij}^*}} (q_{Iij}^* + e_{Iij}^* + D - xQ_{Iij}^*)f(x)\mathrm{d}x}{\eta}\right]$$

$$T_{76} = (1 - \lambda_{ij}^*)L_{70}(Q_{Iij}^*, q_{Iij}^*, e_{Iij}^*) + (\theta_{\psi j}^* - \theta_{aj}^*)(q_{Iij}^*)^2 + (\alpha_\psi^* - \alpha_a^*)(e_{Iij}^*)^2 - (\phi_{ij}^* p + w_\psi - w)S(Q_{Iij}^*, q_{Iij}^*, e_{Iij}^*)$$

显然地，$T_{\max, ij} \geqslant T_{75} > T_{76} \geqslant T_{\min, ij}$，且当 $T \in [T_{76}, T_{75}]$ 时，企业双方才会选择同一种契约，即改进风险分散契约。

基于上述改进风险分散契约和其他可替代契约的比较分析，有以下结果成立。

定理 7.5　在由风险规避供应商和风险中性零售商组成的供应链中，从实现供应链协调和 Pareto 改进的角度，相对于改进期权契约、改进补贴契约以及改进收入共享契约，交易双方更愿意采用改进风险分散契约来处理生产问题。

定理 7.5 意味着相对于改进期权契约、改进补贴契约以及改进收入共享契约，改进风险分散契约能为交易双方带来更多的收益。由此，交易双方更愿意在复杂环境下选择改进风险分散契约。

7.4　算例分析

本节通过系列数值实验来分析风险规避程度对契约协调条件的影响。假设 x 服从均匀分布 $U[0.5, 1.5]$，其余外生变量分别是 $p = 15$、$w = w_z = w_\psi = 10$、$c = 5$、$v = 3$、$g^r = g^s = 1$、$D = 200$。此时，注意 $\frac{c}{\mu} - v > k \geqslant 0$、$o + g^s > v$ 以及 $\frac{c}{\mu} - v > b \geqslant 0$，因而有 $o > 2$、$0 < k < 2$ 和 $0 < b < 2$。

图 7.2 反映了在可协调供应链的改进风险分散契约下，越是趋向于风险中性，供应商所承担的损失比例和分担的销售努力成本就越少，而其分担的质量水平努力成本就越多。图 7.3 反映了在可协调供应链的改进期权契约下，风险规避程度越深，期权价格或供应商分担的质量水平努力成本就越低，而供应商和零售商之间的销售努力成本分担比例则不再受其影响。图 7.4 反映

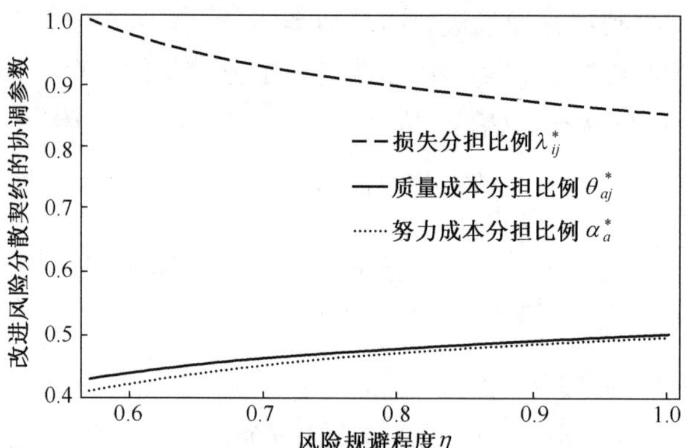

图 7.2　风险规避程度 η 对损失分担比例 λ_{ij}^* 、质量成本分担比例 θ_{aj}^* 和努力成本分担比例 α_a^* 的影响

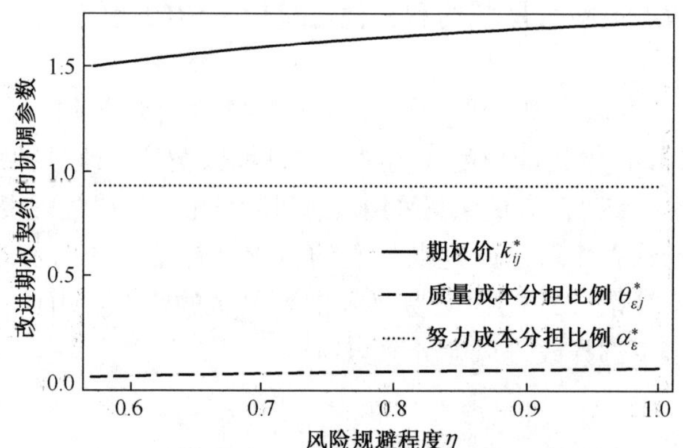

图 7.3　风险规避程度 η 对期权价 k_{ij}^* 、质量成本分担比例 $\theta_{\varepsilon j}^*$ 和努力成本分担比例 α_ε^* 的影响（ o = 4 时）

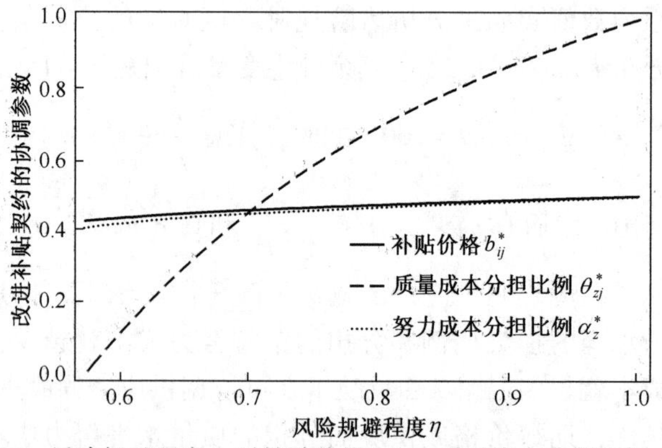

图 7.4　风险规避程度 η 对补贴价格 b_{ij}^* 、质量成本分担比例 θ_{zj}^* 和努力成本分担比例 α_z^* 的影响

了在可协调供应链的改进补贴契约下，供应商越是趋向风险规避，他获得的补贴价格或供应商分担的质量水平努力成本就越低，而其所分担的销售努力成本比重则将越大。图 7.5 反映了在可协调供应链的改进收入共享契约下，供应商所获得的收入共享比例和所承担的质量水平努力成本随着其风险规避程度的增大而增大，而其所承担的销售努力成本比重反而关于风险规避程度呈下降趋势。

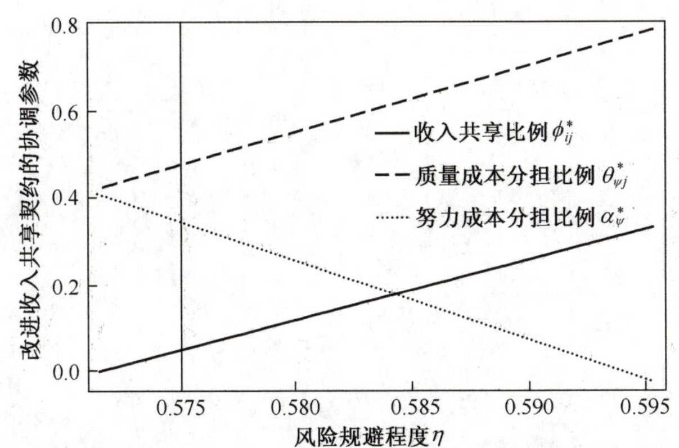

图 7.5 风险规避程度 η 对收入共享比例 ϕ_{ij}^* 、质量成本分担比例 $\theta_{\psi j}^*$ 和努力成本分担比例 α_{ψ}^* 的影响

7.5 小 结

在快速发展的消费品市场中，零售商希望他的供应商能够更多地进行生产；然而，供应商可能会采取规避风险的态度，对面临不确定产出率的生产数量作出保守的决策。在供应商采用提高质量水平来吸引市场需求以及零售商采用销售努力来刺激市场需求的情况下，考虑由风险中性零售商和风险规避供应商组成的供应链环境中，假设供应商具有随机产出。在这种情况下，零售商首先提供“接受与否”的契约。然后，供应商在接受此契约后，通过采用 CVaR 度量准则，确定其最佳生产数量。因此，有下面三个主要结果成立。

首先，建立了四种契约，包括改进风险分散契约、改进期权契约、改进补贴契约和改进收入共享契约。在适当的参数组合下，所有这些契约都可以协调供应链并实现 Paveto 改进。这表明上述契约都可以在特定风险规避程度下改善供应链绩效。

其次，分别比较了改进风险分散契约和其他三种契约，包括改进期权契约、改进补贴契约和改进收入共享契约。相对于其他契约，在改进风险分散契约下，发现供应商和零售商可以获得更高的绩效。这表明交易双方可以通过风险分散契约获得更多的利益。

最后，应用数值分析了风险规避程度对企业的影响。随着风险规避程度的变化，上述四种协调契约的参数将得到适当的调整。

第 8 章

风险规避和随机产出下考虑补货、努力和质量的供应链协调

本章主要讨论在零售商实施销售努力的前提下，供应商同时采用补货和提高产品质量水平的随机产出问题。这一方面是通过刺激消费者的购买力来促使产品提高生产决策；另一方面是减少潜在市场的流失来降低供应商的潜在损失。本章是在第 7 章的基础上，进一步考虑补货策略，并由此搭建可优化交易结构的契约模型，从而确定交易双方的最优策略。

8.1 基本描述

考虑单个供应商和单个零售商组成的两级供应链，在销售汽车零部件的 VMI 模式下，零售商是风险中性的，供应商是风险规避的，采用 CVaR 方法。为了更好地把握潜在市场，供应商往往考虑选择补货策略以防止客户的流失。与此同时，供应商为了将产品更好地推出，往往在其产品质量上加大投入，而零售商则采用诸如售后服务的手段来刺激消费者的购买力。相关符号沿用第 3 章、第 5 章和第 7 章的描述，此处省略。故在上述假定描述下，交易双方的决策次序如图 8.1 所示。

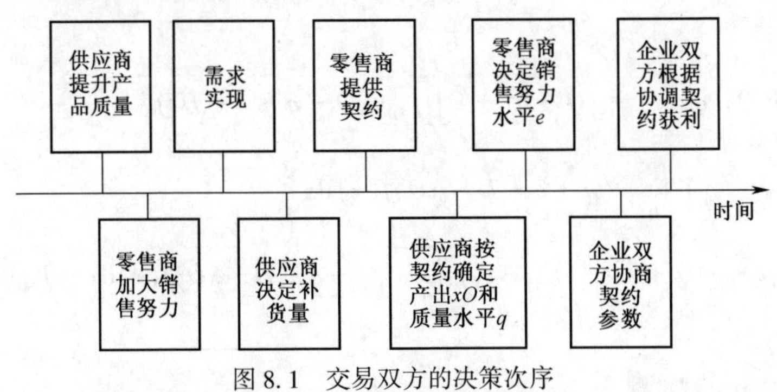

图 8.1　交易双方的决策次序

8.2 基准模型

本节考虑两类基本供应链模型，并以此作为基准。其中，一类是集中式决策，另一类是分散式决策。

8.2.1 集中式决策

在集中式决策下，所有成员行为视作同一个系统，此时供应链系统的期望利润为

$$\pi_{Iijy} = pS(Q, q, e) - cQ - q^2 - e^2 + v\int_{\frac{q+e+D}{Q}}^{\infty}(xQ - q - e - D)f(x)\mathrm{d}x + (p - c_1)\int_0^{\frac{q+e+D}{Q}}(q + e + D - xQ)f(x)\mathrm{d}x \tag{8.1}$$

由于 π_{Iijy} 关于 Q 、q 和 e 的 Hessian 矩阵是负定的，因而供应链的最优策略满足

$$\left.\begin{aligned}&\int_0^{\frac{q_{Iijy}^*+e_{Iijy}^*+D}{Q_{Iijy}^*}} xf(x)\mathrm{d}x = \frac{c_1 - \mu v}{c - v}\\&2q_{Iijy}^* = p - v - (c_1 - v)F\left(\frac{q_{Iijy}^* + o_{Iijy}^* + D}{Q_{Iijy}^*}\right)\\&2e_{Iijy}^* = p - v - (c_1 - v)F\left(\frac{q_{Iijy}^* + e_{Iijy}^* + D}{Q_{Iijy}^*}\right)\end{aligned}\right\} \tag{8.2}$$

8.2.2 分散式决策

在分散式决策下，考虑批发价契约。此时，零售商和供应商的期望利润分别满足

$$\pi_{dijy}^r = (p - w)S(Q, q, e) + (p - w_1)\int_0^{\frac{q+e+D}{Q}}(q + e + D - xQ)f(x)\mathrm{d}x - e^2 \tag{8.3}$$

$$\begin{aligned}\pi_{dijy}^s &= wS(Q, q, e) - cQ - q^2 + v\int_{\frac{q+e+D}{Q}}^{\infty}(xQ - q - e - D)f(x)\mathrm{d}x + (w_1 - c_1)\int_0^{\frac{q+e+D}{Q}}(q + e + D - xQ)f(x)\mathrm{d}x\\&= (w\mu - c)Q + q^2 + (w_1 - c_1)\int_0^{\frac{q+e+D}{Q}}(q + e + D - xQ)f(x)\mathrm{d}x - L_{80}(Q, q, e)\end{aligned} \tag{8.4}$$

式中，$L_{80}(Q,\ q,\ e)=(w\mu-v)\int_{\frac{q+e+D}{Q}}^{\infty}(xQ-q-e-D)f(x)\mathrm{d}x$ 是供应商产出过剩的损失。

根据 CVaR 的定义，当 $\sigma_{dijy}^{*}=(\mu v-c)Q+(w-v)(q+e+D)-q^2$ 时，$\mathrm{CVaR}_{\eta}\pi_{dijy}^{s}$ 可以达到最大化，且满足

$$H_{dijy}^{s}=(w-v)(q+e+D)+(\mu v-c)Q-q^2-(w-v-w_1+c_1)\frac{\int_0^{\frac{q+e+D}{Q}}(q+e+D-xQ)f(x)\mathrm{d}x}{\eta} \tag{8.5}$$

由于 H_{dijy}^{s} 关于 Q 和 q 的 Hessian 矩阵是负定的，因此供应商的最优产量和最优质量水平策略满足

$$\left.\begin{aligned}&\int_0^{\frac{q_{dijy}^{*}+e_{dijy}^{*}+D}{Q_{dijy}^{*}}}xf(x)\mathrm{d}x=\frac{\eta(c-\mu v)}{w-v-w_1+c_1}\\&2q_{dijy}^{*}=w-v-\frac{w-v-w_1+c_1}{\eta}F\left(\frac{q_{dijy}^{*}+e_{dijy}^{*}+D}{Q_{dijy}^{*}}\right)\end{aligned}\right\} \tag{8.6}$$

进而，在给定 Q_{dijy}^{*} 和 q_{dijy}^{*} 的情况下，零售商的最优销售努力水平满足

$$2e_{dijy}^{*}=p-w-(w_1-w)F\left(\frac{q_{dijy}^{*}+e_{dijy}^{*}+D}{Q_{dijy}^{*}}\right) \tag{8.7}$$

8.3 供应链协调

在接下来的部分，分别考虑风险分散契约、期权契约、补贴契约和收入共享契约，并将它们进行比较，从而说明它们的差异。

8.3.1 改进风险分散契约

为了确保供应商能够提供其产出量，在销售季节前，零售商和供应商同意采用风险分散契约（λ，T）。参数 $\lambda(\lambda\in[0,\ 1])$ 为损失分担比例，它意味着供应商所承担的损失部分，$1-\lambda$ 是零售商所承担的损失部分。参数 T 为旁支付，它表示供应商在零售商承担部分损失后给零售商的补偿。值得注意的是 T 可能为负，此时意味着零售商对供应商的进一步资助。与此同时，零售商还承诺分担 $\theta(\theta\in[0,\ 1])$ 倍供应商因提高市场需求而投入的产品质量成本。而作为回报，供应商则将零售商的 $\alpha(\alpha\in[0,\ 1])$ 倍

销售努力成本进行分担。于是，改进风险分散契约下零售商和供应商的期望利润分别满足

$$\pi^r_{aijy} = (p - w)S(Q,\ q,\ e) - (1 - \lambda)L_{80}(Q,\ q,\ e) - (1 - \theta)q^2 - \alpha e^2 + T + (p - w_1)\int_0^{\frac{q+e+D}{Q}}(q + e + D - xQ)f(x)\mathrm{d}x \tag{8.8}$$

$$\pi^s_{aijy} = (w\mu - c)Q - \lambda L_{80}(Q,\ q,\ e) - \theta q^2 - (1 - \alpha)e^2 - T \tag{8.9}$$

类似于引理 3.1，如果 $\sigma^*_{aijy} = (w\mu - c)Q + \lambda(w\mu - v)(q + e + D - \mu Q) - T - \theta q^2 - (1 - \alpha)e^2$，且 $\lambda > \max\left\{\frac{w_1 - c_1}{w\mu - v},\ \frac{w\mu - c}{\mu(w\mu - v)}\right\}$，那么供应商可以得到最大化的 CVaR 绩效，且满足

$$H^s_{aijy} = (w\mu - c)Q - \lambda(w\mu - v)(\mu Q - q - e - D) - \theta q^2 - (1 - \alpha)e^2 - T - \lambda(w\mu - v - w_1 + c_1)\frac{\int_0^{\frac{q+e+D}{Q}}(q + e + D - xQ)f(x)\mathrm{d}x}{\eta} \tag{8.10}$$

由于 H^s_{aijy} 关于 Q 和 q 的 Hessian 矩阵是负定的，因此改进风险分散契约下供应商的最优策略为

$$\left.\begin{aligned} &\int_0^{\frac{q^*_{aijy}+e+D}{Q^*_{aiy}}} xf(x)\mathrm{d}x = \frac{\eta[c - w\mu + \lambda(w\mu - v)\mu]}{\lambda(w\mu - v - w_1 + c_1)} \\ &2\theta q^*_{aijy} = \lambda(w\mu - v) - \frac{\lambda(w\mu - v - w_1 + c_1)}{\eta}F\left(\frac{q^*_{aijy} + e + D}{Q^*_{aijy}}\right) \end{aligned}\right\} \tag{8.11}$$

进而，在给定 Q^*_{aijy} 和 q^*_{aijy} 的情况下，零售商的最优销售努力水平满足

$$2\alpha e^*_{aijy} = p - w + (1-\lambda)(w\mu - v) - [w_1 - w + (1-\lambda)(w\mu - v)]F\left(\frac{q^*_{aijy} + e^*_{aijy} + D}{Q^*_{aijy}}\right) \tag{8.12}$$

定理 8.1　在合适的参数 $\{\lambda,\ T,\ \theta,\ \alpha\}$ 选择下，改进风险分散契约可以使得供应链达到协调状态，且具有 Pareto 改进。

定理 8.1 指出改进风险分散契约下交易双方的最优策略能够确保供应链达到最佳的性能，它也表明在有效的旁支付区间下，供应商和零售商的产量矛盾得到缓解。

8.3.2　改进期权契约

在期权与质量成本分担契约下，零售商以期权价格 k 购买 μQ 个产品，同时以期权执行价格 o 支付所有实际购买量。此外，还分担 $\theta(\theta \in [0,\ 1])$ 倍供

应商的质量成本投入。同样地，假设 $\frac{c}{\mu}-v>k\geqslant 0$，那么零售商和供应商的期望利润分别满足

$$\pi^{r}_{\varepsilon ijy}=(p-o)S(Q,\ q,\ e)-k\mu Q-(1-\theta)q^{2}-\alpha e^{2}+(p-w_{1})\int_{0}^{\frac{q+e+D}{Q}}(q+e+D-xQ)f(x)\mathrm{d}x \tag{8.13}$$

$$\pi^{s}_{\varepsilon ijy}=oS(Q,\ q,\ e)+k\mu Q-cQ-\theta q^{2}-(1-\alpha)e^{2}+v\int_{\frac{q+e+D}{Q}}^{\infty}(xQ-q-e-D)f(x)\mathrm{d}x+(w_{1}-c_{1})\int_{0}^{\frac{q+e+D}{Q}}(q+e+D-xQ)f(x)\mathrm{d}x \tag{8.14}$$

类似于引理 3.1，$\sigma^{*}_{\varepsilon ijy}=(o-v)(q+e+D)+(\mu v+\mu k-c)Q-\theta q^{2}-(1-\alpha)e^{2}$ 时，供应商的风险规避效用函数可以最大化，且满足

$$H^{s}_{\varepsilon ijy}=(o-v)(q+e+D)+(\mu v+\mu k-c)Q-\theta q^{2}-(1-\alpha)e^{2}-(o-v-w_{1}+c_{1})\frac{\int_{0}^{\frac{q+e+D}{Q}}(q+e+D-xQ)f(x)\mathrm{d}x}{\eta} \tag{8.15}$$

由于 $H^{s}_{\varepsilon ijy}$ 关于 Q 和 q 的 Hessian 矩阵是负定的，因此改进期权契约下供应商的最优策略满足

$$\left.\begin{aligned}&\int_{0}^{\frac{q^{*}_{\varepsilon ijy}+e+D}{Q^{*}_{\varepsilon ijy}}}xf(x)\mathrm{d}x=\frac{\eta(c-\mu v-\mu k)}{o-v-w_{1}+c_{1}}\\&2\theta q^{*}_{\varepsilon ijy}=o-v-\frac{o-v-w_{1}+c_{1}}{\eta}F\left(\frac{q^{*}_{\varepsilon ijy}+e+D}{Q^{*}_{\varepsilon ijy}}\right)\end{aligned}\right\} \tag{8.16}$$

进而，在给定 $Q^{*}_{\varepsilon ijy}$ 和 $q^{*}_{\varepsilon ijy}$ 的情况下，零售商的最优销售努力水平满足

$$2\alpha e^{*}_{\varepsilon ijy}=p-o-(w_{1}-o)F\left(\frac{q^{*}_{\varepsilon ijy}+e^{*}_{\varepsilon ijy}+D}{Q^{*}_{\varepsilon ijy}}\right) \tag{8.17}$$

定理 8.2　在合适的参数 $\{o,\ k,\ \theta,\ \alpha\}$ 选择下，改进期权契约能够协调供应链，且确保交易双方达到“双赢”的状态。

定理 8.2 表明改进期权契约能改善供应链的运作效率。与此同时，在改进期权契约下，交易双方的绩效水平也比批发价契约的情况高。这就意味着交易双方愿意采用改进期权契约去解决二者之间的产出矛盾问题。

8.3.3　改进补贴契约

在改进补贴契约下，零售商对供应商的过剩产出按单位补贴价格 b 进行

补偿，而供应商则考虑采用批发价 w_z 对零售商进行供货。此外，零售商还分担 $\theta(\theta \in [0, 1])$ 倍供应商的质量成本投入。与此同时，供应商则将零售商的 $\alpha(\alpha \in [0, 1])$ 倍销售努力成本进行分担。同样地，假设 $\frac{c}{\mu} - v > b \geq 0$，此时零售商和供应商的期望利润分别满足

$$\pi^r_{zijy} = (p - w_z)S(Q, q, e) - (1-\theta)q^2 - \alpha e^2 - b\int_{\frac{q+e+D}{Q}}^{\infty}(xQ - q - e - D)f(x)\mathrm{d}x + (p - w_1)\int_0^{\frac{q+e+D}{Q}}(q + e + D - xQ)f(x)\mathrm{d}x \tag{8.18}$$

$$\pi^s_{zijy} = w_z S(Q, q, e) - \theta q^2 - (1-\alpha)e^2 - cQ + (v+b)\int_{\frac{q+e+D}{Q}}^{\infty}(xQ - q - e - D)f(x)\mathrm{d}x + (w_1 - c_1)\int_0^{\frac{q+e+D}{Q}}(q + e + D - xQ)f(x)\mathrm{d}x \tag{8.19}$$

类似于引理 3.1，当 $\sigma^*_{zijy} = (w_z - v - b)(q + e + D) + (\mu v + \mu b - c)Q - \theta q^2 - (1-\alpha)e^2$ 时，供应商的 CVaR 效用函数取得最大值，且满足

$$H^s_{zijy} = (w_z - v - b)(q + e + D) + (\mu v + \mu b - c)Q - \theta q^2 - (1-\alpha)e^2 - (w_z - v - w_1 + c_1)\frac{\int_0^{\frac{q+e+D}{Q}}(q + e + D - xQ)f(x)\mathrm{d}x}{\eta} \tag{8.20}$$

由于 H^s_{zijy} 关于 Q 和 q 的 Hessian 矩阵是负定的，因此改进补贴契约下供应商的最优策略满足

$$\left.\begin{aligned} &\int_0^{\frac{q^*_{zijy}+e+D}{Q^*_{zijy}}} xf(x)\mathrm{d}x = \frac{\eta(c - \mu v - \mu b)}{w_z - v - b - w_1 + c_1} \\ &2\theta q^*_{zijy} = w_z - v - b - \frac{w_z - v - b - w_1 + c_1}{\eta}F\left(\frac{q^*_{zijy} + e + D}{Q^*_{zijy}}\right) \end{aligned}\right\} \tag{8.21}$$

进而，在给定 Q^*_{zijy} 和 q^*_{zijy} 的情况下，零售商的最优销售努力水平满足

$$2\alpha e^*_{zijy} = p - w_z + b - (w_1 - w_z + b)F\left(\frac{q^*_{zijy} + e^*_{zijy} + D}{Q^*_{zijy}}\right) \tag{8.22}$$

定理 8.3 一定的参数 $\{b, w_z, \theta, \alpha\}$ 设置下，改进补贴契约可以协调供应链，与此同时还能确保交易双方达到“双赢”。

定理 8.3 反映了改进补贴契约可以实现供应链的最大化效益。与此同时，供应商和零售商均能在改进补贴契约下获得比批发价契约更高的收益。这就意味着供应商和零售商均愿意采用改进补贴契约来解决产出矛盾问题。

8.3.4　改进收入共享契约

在改进收入共享契约下，零售商将其自身销售所得的 $\phi(\phi \in [0, 1])$ 倍收入交给供应商，而供应商则按照 w_ψ 的价格将产品卖给零售商。此外，零售商还分担 $\theta(\theta \in [0, 1])$ 倍供应商的质量成本投入。与此同时，供应商则将零售商的 $\alpha(\alpha \in [0, 1])$ 倍销售努力成本进行分担。于是，零售商和供应商的期望利润分别满足

$$\pi^r_{\psi ijy} = [(1-\phi)p - w_\psi]S(Q, q, e) - (1-\theta)q^2 - \alpha e^2 + (p - w_1)\int_0^{\frac{q+e+D}{Q}}(q + e + D - xQ)f(x)\mathrm{d}x \tag{8.23}$$

$$\pi^s_{\psi ijy} = (\phi p + w_\psi)S(Q, q, e) - \theta q^2 - (1-\alpha)e^2 - cQ + v\int_{\frac{q+e+D}{Q}}^{\infty}(xQ - q - e - D)f(x)\mathrm{d}x + (w_1 - c_1)\int_0^{\frac{q+e+D}{Q}}(q + e + D - xQ)f(x)\mathrm{d}x \tag{8.24}$$

显然地，$\phi < 1 - \dfrac{w_\psi}{p}$，否则，零售商的收益为零，甚至为负。

类似于引理 3.1，当 $\sigma^*_{\psi ijy} = (\phi p + w_\psi - v)(q + e + D) + (\mu v - c)Q - \theta q^2 - (1-\alpha)e^2$ 时，在 CVaR 准则下，供应商的风险规避最大化效用函数满足

$$H^s_{\psi ijy} = (\phi p + w_\psi - v)(q + e + D) + (\mu v - c)Q - \theta q^2 - (1-\alpha)e^2 - (\phi p + w_\psi - v - w_1 + c_1)\frac{\int_0^{\frac{q+e+D}{Q}}(q + e + D - xQ)f(x)\mathrm{d}x}{\eta} \tag{8.25}$$

由于 $H^s_{\psi ijy}$ 关于 Q 和 q 的 Hessian 矩阵是负定的，因此改进收入共享契约下供应商的最优策略为

$$\left.\begin{aligned}&\int_0^{\frac{q^*_{\psi ijy}+e+D}{Q^*_{\psi iy}}} xf(x)\mathrm{d}x = \frac{\eta(c - \mu v)}{\phi p + w_\psi - v - w_1 + c_1}\\&2\theta q^*_{\psi ijy} = \phi p + w_\psi - v - \frac{\phi p + w_\psi - v - w_1 + c_1}{\eta}F\left(\frac{q^*_{\psi ijy} + e + D}{Q^*_{\psi ijy}}\right)\end{aligned}\right\} \tag{8.26}$$

进而，在给定 $Q^*_{\psi ijy}$ 和 $q^*_{\psi ijy}$ 的情况下，零售商的最优销售努力水平满足

$$2\alpha e_{\psi ijy}^{*}=(1-\phi)p-w_{\psi}-(w_{1}-\phi p-w_{\psi})F\left(\frac{q_{\psi ijy}^{*}+e_{\psi ijy}^{*}+D}{Q_{\psi ijy}^{*}}\right) \quad (8.27)$$

定理 8.4 在风险规避环境下，改进收入共享契约无法实现供应链协调。

定理 8.4 表明，一旦供应商考虑补货策略，那么无论改进收入共享契约参数如何调整，都无法使得风险规避环境下的供应链整体效益达到最大化。

8.3.5 绩效比较与契约选择

比较改进风险分散契约和其他两种可协调供应链的契约，从而说明契约间的差异。

首先，考虑改进期权契约与改进风险分散契约。令

$$\begin{aligned}T_{81}=&(1-\lambda_{ijy}^{*})[(w\mu-c)Q_{Iijy}^{*}-H_{dijy}^{s}(Q_{Iijy}^{*},q_{Iijy}^{*},e_{Iijy}^{*})]+(\theta_{\varepsilon jy}^{*}-\theta_{ajy}^{*})\cdot\\&(q_{Iijy}^{*})^{2}-\mu k_{ijy}^{*}Q_{Iijy}^{*}+(\alpha_{\varepsilon y}^{*}-\alpha_{ay}^{*})(e_{Iijy}^{*})^{2}-(o-w)\cdot\\&\left[q_{Iijy}^{*}+e_{Iijy}^{*}+D-\frac{\int_{0}^{\frac{q_{Iijy}^{*}+e_{Iijy}^{*}+D}{Q_{Iijy}^{*}}}(q_{Iijy}^{*}+e_{Iijy}^{*}+D-xQ_{Iijy}^{*})f(x)\,\mathrm{d}x}{\eta}\right]\end{aligned}$$

$$\begin{aligned}T_{82}=&(1-\lambda_{ijy}^{*})L_{80}(Q_{Iijy}^{*},q_{Iijy}^{*},e_{Iijy}^{*})+(\theta_{\varepsilon jy}^{*}-\theta_{ajy}^{*})(q_{Iijy}^{*})^{2}+\\&(\alpha_{\varepsilon y}^{*}-\alpha_{ay}^{*})(e_{Iijy}^{*})^{2}-\mu k_{ijy}^{*}Q_{Iijy}^{*}-(o-w)S(Q_{Iijy}^{*},q_{Iijy}^{*},e_{Iijy}^{*})\end{aligned}$$

显然地，$T_{\max,ijy}\geqslant T_{81}>T_{82}\geqslant T_{\min,ijy}$，且当 $T\in[T_{82},T_{81}]$ 时，企业双方才会选择同一种契约，即改进风险分散契约。

其次，考虑改进补贴契约与改进风险分散契约。令

$$\begin{aligned}T_{83}=&(1-\lambda_{ijy}^{*})[(w\mu-c)Q_{Iijy}^{*}-H_{dijy}^{s}(Q_{Iijy}^{*},q_{Iijy}^{*},e_{Iijy}^{*})]+(\theta_{zjy}^{*}-\theta_{ajy}^{*})\cdot\\&(q_{Iijy}^{*})^{2}-\mu b_{ijy}^{*}Q_{Iijy}^{*}+(\alpha_{zy}^{*}-\alpha_{ay}^{*})(e_{Iijy}^{*})^{2}-(w_{z}-w-b_{ijy}^{*})\cdot\\&\left[q_{Iijy}^{*}+e_{Iijy}^{*}+D-\frac{\int_{0}^{\frac{q_{Iijy}^{*}+e_{Iijy}^{*}+D}{Q_{Iijy}^{*}}}(q_{Iijy}^{*}+e_{Iijy}^{*}+D-xQ_{Iijy}^{*})f(x)\,\mathrm{d}x}{\eta}\right]\end{aligned}$$

$$\begin{aligned}T_{84}=&(1-\lambda_{ijy}^{*})L_{80}(Q_{Iiy}^{*},q_{Iiy}^{*},e_{Iijy}^{*})+(\theta_{zjy}^{*}-\theta_{ajy}^{*})(q_{Iijy}^{*})^{2}-\mu b_{ijy}^{*}Q_{Iijy}^{*}+\\&(\alpha_{zy}^{*}-\alpha_{ay}^{*})(e_{Iijy}^{*})^{2}-(w_{z}-w-b_{ijy}^{*})S(Q_{Iijy}^{*},q_{Iijy}^{*},e_{Iijy}^{*})\end{aligned}$$

显然地，$T_{\max,ijy}\geqslant T_{83}>T_{84}\geqslant T_{\min,ijy}$，且当 $T\in[T_{84},T_{83}]$ 时，企业双方才会选择同一种契约，即改进风险分散契约。

基于上述改进风险分散契约和其他可替代契约的比较分析，有以下结果成立。

定理 8.5 在由风险规避供应商和风险中性零售商组成的供应链中，从实现供应链协调和 Pareto 改进的角度，相对于改进期权契约以及改进补贴契约，

交易双方更愿意采用改进风险分散契约来处理生产问题。

定理 8.5 意味着相对于改进期权契约、改进补贴契约，改进风险分散契约能为交易双方带来更多的收益。由此，交易双方更愿意在复杂环境下选择改进风险分散契约。

8.4　算例分析

本节通过系列数值实验来分析风险规避程度和补货成本对契约协调条件的影响。假设 x 服从均匀分布 $U[0.5,1.5]$，其余外生变量分别是 $p=15$、$w=w_z=w_\psi=10$、$c=5$、$w_1=11$、$v=3$、$D=200$。此时，注意 $\frac{c}{\mu}-v>k\geqslant 0$、$\frac{c}{\mu}-v>b\geqslant 0$ 以及 $w-c\geqslant w_1-c_1$，因而有 $0<k<2$、$0<b<2$ 和 $c_1\geqslant 6$，不妨取 $c_1=7$。

图 8.2 反映了在可协调供应链的改进风险分散契约下，越是趋向于风险中性，供应商所承担的损失比例和销售努力成本比重就越少，而其分担的质量水平成本反而变多。图 8.3 反映了在可协调供应链的改进期权契约下，风险规避程度越深，期权价格或供应商分担的质量水平成本就越高，而销售努力分担比重将不再发生改变。图 8.4 反映了在可协调供应链的改进补贴契约下，供应商越是趋向风险规避，他获得的补贴价格和分担的销售努力成本就越低，而其分担的质量水平成本反而越高。图 8.5 反映了在可协调供应链的改进风险分散契约下，补货成本越高，供应商所承担的损失比例和销售努力

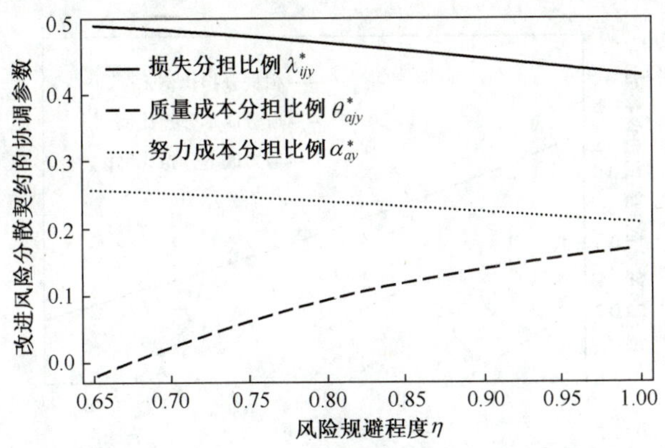

图 8.2　风险规避程度 η 对损失分担比例 λ^*_{ijy}、质量成本分担比例 θ^*_{ajy} 和努力成本分担比例 α^*_{ay} 的影响

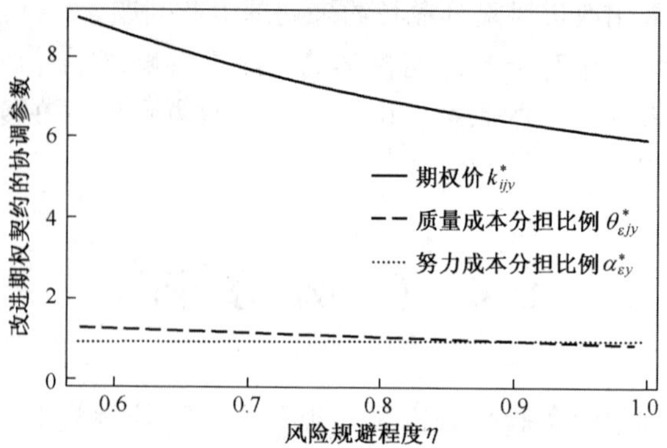

图 8.3　风险规避程度 η 对期权价 k_{ijy}^* 、质量成本分担比例 $\theta_{\varepsilon jy}^*$ 和努力成本分担比例 $\alpha_{\varepsilon y}^*$ 的影响（ $o = 5$ 时）

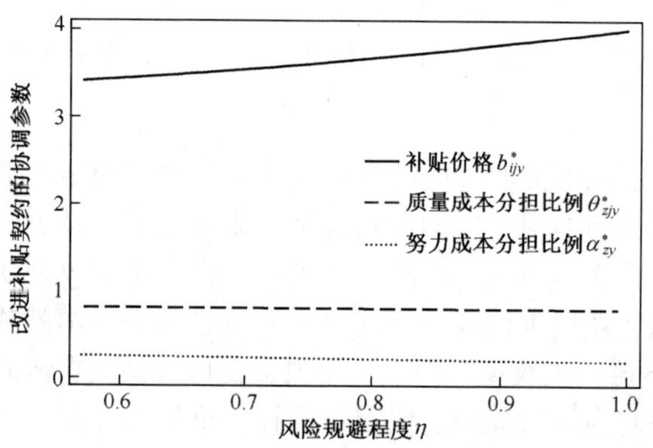

图 8.4　风险规避程度 η 对补贴价格 b_{ijy}^* 、质量成本分担比例 θ_{zjy}^* 和努力成本分担比例 α_{zy}^* 的影响

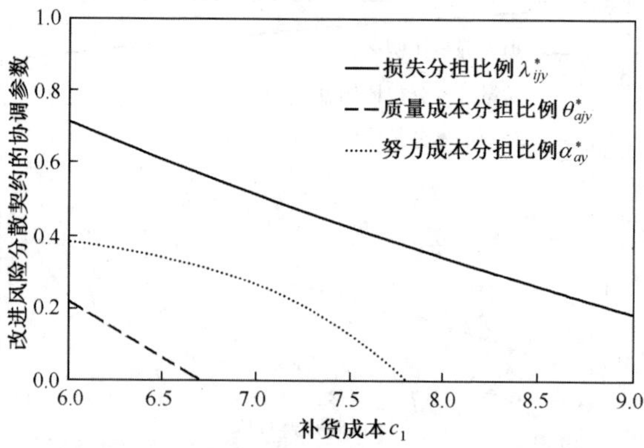

图 8.5　补货成本 c_1 对损失分担比例 λ_{ijy}^* 、质量成本分担比例 θ_{ajy}^* 和努力成本分担比例 α_{ay}^* 的影响

成本比重就越少，而其分担的质量水平成本反而越多。图 8.6 反映了在可协调供应链的改进期权契约下，补货成本越高，期权价格和供应商分担的销售努力成本就越低，而其质量水平分担比重却将呈上升趋势。图 8.7 反映了在可协调供应链的改进补贴契约下，补货成本越高，他获得的补贴价格、所分担的销售努力成本以及分担的质量水平成本也就越高。

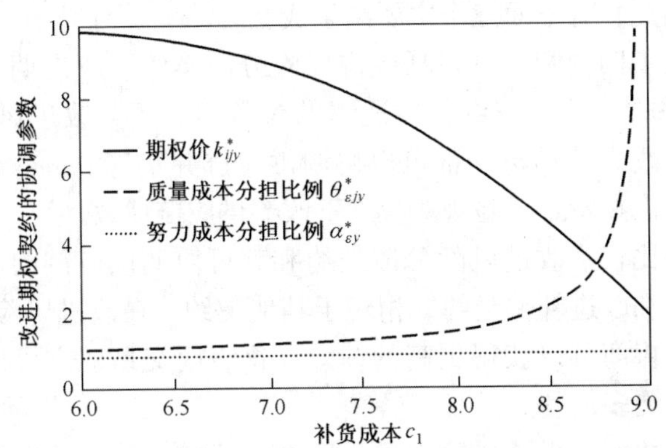

图 8.6 补货成本 c_1 对期权价 k^*_{ijy}、质量成本分担比例 $\theta^*_{\varepsilon jy}$ 和努力成本分担比例 $\alpha^*_{\varepsilon y}$ 的影响（$o = 5$ 时）

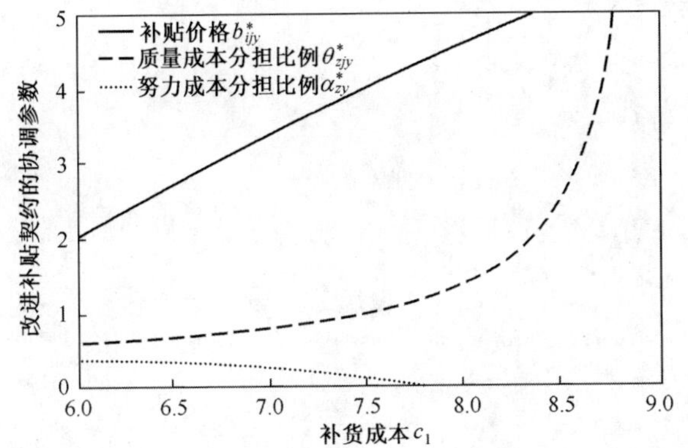

图 8.7 补货成本 c_1 对补贴价格 b^*_{ijy}、质量成本分担比例 θ^*_{zjy} 和努力成本分担比例 α^*_{zy} 的影响

8.5 小 结

在快速发展的消费品市场中，零售商希望他的供应商能够更多地进行生产；然而，供应商可能会采取规避风险的态度，对面临不确定产出率的生产

数量作出保守的决策。在零售商采用销售努力和供应商采用提高质量水平来吸引市场需求的情况下，考虑由风险中性零售商和风险规避供应商组成的供应链环境中，假设供应商具有随机产出。与此同时，为了降低因缺货带来的损失，供应商采用补货策略。在这种情况下，零售商首先提供“接受与否”的契约。然后，供应商在接受此契约后，通过采用CVaR度量准则，确定其最佳生产数量。因此，有下面三个主要结果成立。

首先，建立了四种契约，包括改进风险分散契约、改进期权契约、改进补贴契约和改进收入共享契约。在适当的参数组合下，改进风险分散契约、改进期权契约、改进补贴契约都可以协调供应链并实现Pareto改进。这表明适当的契约都可以在特定风险规避程度下改善供应链绩效。

其次，分别比较了改进风险分散契约和其可协调供应链的两种契约，包括改进期权契约和改进补贴契约。相对于其他契约，在改进风险分散契约下，发现供应商和零售商可以获得更高的绩效。这表明交易双方可以通过改进风险分散契约获得更多的利益。

最后，应用数值分析了风险规避程度对企业的影响。发现随着风险规避程度的变化，上述三种协调契约的参数将得到适当的调整。这表明风险规避对公司的决策和供应链效率具有决定性的影响。

第9章

结论与展望

1. 结论

在高科技引领的当下，整个社会正处于快速发展的时代，随之而来的则是人们对生活水平不断提高的迫切要求，以及对产品日益个性化的急切需求，正是这些情感因素及高端技术的支撑使得企业界不断加快对产品的更新速度，产品的生命周期随之而呈现逐渐缩短的趋势，进而造成汽车零部件产品出现销售期短、供应不稳定等市场特性，最终致使企业界在生产汽车产品时不得不向系列风险发起挑战。为缓解系列风险带来的危机，相关企业不断采用报童模型及其拓展模型来制定其运营决策，并获得了一系列研究成果。而这一系列研究中，企业的分散决策往往使得供应链处于次优状态。因而越来越多的管理者选择供应链契约来提升供应链整体效率，致使供应链能达到最优状态。

本书以生产汽车零部件的企业及与之对应的供应链作为研究对象，将决策者偏好行为（主要是风险规避特性）引入到单个供应商和单个零售商组成的两级供应链中，在产出不确定的情况下，应用CVaR方法刻画了风险规避效用函数，并构建了各类激励契约模型，从而力求在某种程度上拓展与完善有关汽车供应链运作的研究。具体表现如下：

（1）在确定市场需求下，优化了供应商和零售商的内部交易结构。分别从风险分担和收入共享视角出发，构建了风险分散契约模型、期权契约模型、补贴契约模型以及收入共享契约模型，并以此给出了提升汽车供应链运作效率的可行性条件，表明这一系列契约均能协调供应链和实现Pareto改进。

（2）在供应商质量水平影响的市场需求下，构建了风险分散与质量成本分担契约模型、期权与质量成本分担契约模型、补贴与质量成本分担契约模型以及收入共享与质量成本分担契约模型，指出上述四种契约是可行的。

（3）在供应商质量水平和零售商销售努力共同影响的市场需求下，构建了改进风险分散契约模型、改进期权契约模型、改进补贴契约模型以及改进收入共享契约模型，比较了上述四种契约的差异，指出在绩效最大化的原则下，交易双方更倾向于采用风险分散契约。

（4）在上述三种不同的市场需求下，讨论了补货策略对企业间交易带来的影响。也就是说，在有外力或者无外力（供应商质量水平、零售商销售努力）影响的市场需求下，将供应商的补货策略引入，同样构建了类似的契约模型，并表明风险分散契约、期权契约和补贴契约这三种契约及其拓展契约均能协调供应链，然而收入共享契约则不能。

2. 展望

本书的研究是建立在市场需求信息对称的情况基础之上，仅考虑了“一对一”的供应链组成模式，这对研究现实生活中更为复杂的情况有所欠缺。因而，进一步的探讨还可以考虑以下几点：

（1）供应链拓展到多级情况，将市场终端消费者考虑进来。

（2）供应链成员对市场预测的信息量掌握程度不同，即市场需求信息不对称的情况。

（3）市场存在多家上游企业或是多家下游企业时的情况。

参考文献

[1] 龙跃，易树平. 制造服务导入下同质汽配供应商合作效应分析［J］. 科研管理，2010，31（4）：102-110.

[2] SELDON B. Vendor managed inventory-fad or future? ［J］. Automotive Engineer，2000，25（5）：84-85.

[3] DONG Y，DRESNER M，YAO Y. Beyond information sharing：An empirical analysis of vendor-managed inventory［J］. Production and Operations Management，2014，23（5）：817-828.

[4] RU J，SHI R，ZHANG J. When does a supply chain member benefit from vendor managed inventory?［J］. Production and Operations Management.

[5] CHEN L T，WEI C C. Multi-period channel coordination in vendor-managed inventory for deteriorating goods［J］. International Journal of Production Research，2012，50（16）：4396-4413.

[6] 李娟. 成员有限理性下的供应链运作和协调策略研究［D］. 上海：上海交通大学，2010：3.

[7] 陈金亮，宋华，徐渝. 不对称信息下具有需求预测更新的供应链合同协调研究［J］. 中国管理科学，2010，18（1）：83-89.

[8] 梁喜. 考虑更新时间的汽车租赁供应链回购激励模型［J］. 系统管理学报，2010，19（6）：625-632.

[9] ARTZNER P，DELBAEN F，EBER J M，et al. Coherent measures of risk［J］. Mathematical Finance，1999，9（3）：203-228.

[10] CHEN Y F，XU M，ZHANG Z G. Technical note-a risk-averse newsvendor model under the cvar criterion［J］. Operations Research，2009，57（4）：1040-1044.

[11] CACHON G P. Supply chain coordination with contracts［J］. Handbooks in Operations Research and Management Science，2003，11：227-339.

[12] NIKOOFARD A H，HAJIMIRSADEGHI H，RAHIMI-KIAN A，et al. Multiobjective invasive weed optimization：Application to analysis of Pareto improvement models in electricity markets［J］. Applied Soft Computing，2012，12（1）：100-112.

[13] 梁喜. 零售与租赁混合渠道下的汽车制造商渠道结构比较 [J]. 系统工程, 2009 (8): 8-13.

[14] LEE K H. Integrating carbon footprint into supply chain management: The case of Hyundai Motor Company (HMC) in the automobile industry [J]. Journal of Cleaner Production, 2011, 19 (11): 1216-1223.

[15] 于辉, 陈飞平. 基于供应链协同的汽车制造企业入厂物流模式选择 [J]. 系统工程理论与实践, 2011, 31 (7): 1230-1239.

[16] 刘建国, 孙宝文. 缩短订货提前期的汽车动态生产计划 [J]. 运筹与管理, 2011, 20 (4): 165-169.

[17] 邵路路, 杨珺, 杨超. 考虑产品环境质量和消费者惯性的电动汽车供应链策略分析 [J]. 运筹与管理, 2017, 26 (8): 99-108.

[18] 孙红霞, 李煜. 模糊环境下多企业间的产量竞争博弈分析 [J]. 统计与决策, 2017 (4): 186-190.

[19] 孙嘉楠, 肖忠东. 政府规制下废旧汽车非正规回收渠道的演化博弈 [J]. 北京理工大学学报 (社会科学版), 2018, 20 (5): 32-42.

[20] 舒彤, 杨芳, 陈收, 等. 供应链中断对汽车企业股票价格的影响 [J]. 管理评论, 2015, 27 (10): 173-182.

[21] HE Y, ZHANG J. Random yield risk sharing in a two-level supply chain [J]. International Journal of Production Economics, 2008, 112 (2): 769-781.

[22] 张毕西, SONG JING, 关柳颖. 基于订单式生产下的产品计划投产量决策 [J]. 系统工程理论与实践, 2008, 28 (7): 165-168.

[23] HE Y, ZHANG J. Random yield supply chain with a yield dependent secondary market [J]. European Journal of Operational Research, 2010, 206 (1): 221-230.

[24] Li X, Li Y, Cai X. A note on the random yield from the perspective of the supply chain [J]. Omega, 2012, 40 (5): 601-610.

[25] 翟佳, 于辉, 黄学祥. 装配式供应链企业间缺货惩罚契约模式设计 [J]. 系统工程理论与实践, 2013, 33 (10): 2497-2504.

[26] 叶飞, 林强. 销售价格受产出率影响下订单农业的定价模型 [J]. 系统工程学报, 2015, 30 (3): 417-430.

[27] 姚冠新, 徐静. 产出不确定下的农产品供应链参与主体决策行为研究 [J]. 工业工程与管理, 2015, 20 (2): 16-22.

[28] 彭红军. 产出不确定的供应链应收账款抵押融资策略 [J]. 系统管理学报, 2016 (6): 1163-1169.

[29] 叶飞, 王吉璞. 产出不确定条件下"公司+农户"型订单农业供应链协商模型研究 [J]. 运筹与管理, 2017, 26 (7): 82-91.

[30] LI X. Optimal procurement strategies from suppliers with random yield and all-or-nothing risks [J]. Annals of Operations Research, 2017, 257 (1-2): 167-181.

[31] SONNTAG D, KIESMÜLLER G P. Disposal versus rework - inventory control in a

production system with random yield [J]. European Journal of Operational Research, 2018, 267 (1): 138-149.

[32] DARWISH M A, ODAH O M. Vendor managed inventory model for single-vendor multi-retailer supply chains [J]. European Journal of Operational Research, 2010, 204 (3): 473-484.

[33] 汪小京，刘志学，刘丹. 时间窗需求下供应商管理库存补货及发货动态批量研究 [J]. 计算机集成制造系统，2010，16 (7)：1505-1514.

[34] 李华，刘志学，汪小京，等. 考虑运输能力约束的VMI补货发货动态批量研究 [J]. 工业工程与管理，2011，16 (1)：41-46.

[35] 全春光，刘志学，邹安全，等. 随机需求下单供应商两分销商VMI协调策略 [J]. 系统工程理论与实践，2013，33 (7)：1801-1812.

[36] VERMA N K, CHAKRABORTY A, CHATTERJEE A K. Joint replenishment of multi retailer withvariable replenishment cycle under VMI [J]. European Journal of Operational Research, 2014, 233 (3): 787-789.

[37] 杨建功，卿前龙. VMI环境下库存竞争性产品的补货策略及最优货架空间的确定 [J]. 中国管理科学，2014，22 (4)：42-50.

[38] 范琛，王效俐，丁超，等. VMI供应链下考虑补货策略的契约设计 [J]. 中国管理科学，2015，23 (2)：92-98.

[39] ZHANG X, WEI L. A study of distributed inventory system based on VMI strategy under emergencyconditions [C] //Service Systems and Service Management (ICSSSM), 2016 13th International Conference on. IEEE, 2016: 1-6.

[40] VERMA N K, CHATTERJEE A K. A multiple-retailer replenishment model under VMI: Accounting for the retailer heterogeneity [J]. Computers & Industrial Engineering, 2017, 104: 175-187.

[41] CAI J, TADIKAMALLA P R, SHANG J, et al. Optimal inventory decisions under vendor managed inventory: Substitution effects and replenishment tactics [J]. Applied Mathematical Modelling, 2017, 43: 611-629.

[42] KRAISELBURD S, NARAYANAN V G, RAMAN A. Contracting in a supply chain with stochastic demand and substitute products [J]. Production and Operations Management, 2004, 13 (1): 46-62.

[43] LIU S, SO K C, ZHANG F. Effect of supply reliability in a retail setting with joint marketing and inventory decisions [J]. Manufacturing & Service Operations Management, 2010, 12 (1): 19-32.

[44] XING D, LIU T. Sales effort free riding and coordination with price match and channel rebate [J]. European Journal of Operational Research, 2012, 219 (2): 264-271.

[45] SANA S S. Optimal contract strategies for two stage supply chain [J]. Economic Modelling, 2013, 30: 253-260.

[46] CÁRDENAS-BARRÓN L E, SANA S S. Multi-item EOQ inventory model in a two-layer

supply chain while demand varies with promotional effort [J]. Applied Mathematical Modelling, 2015, 39 (21): 6725-6737.

[47] WU X, CHENG Y Y, ZHOU Y W. Research on retailer's odering decision under credit rating with stochastic demand influenced by sales effort [C] //2018 15th International Conference on Service Systems and Service Management (ICSSSM). IEEE, 2018: 1-6.

[48] LARIVIERE M A. Supply chain contracting and coordination with stochastic demand [M] //Quantitative models for supply chain management. Springer US, 1999: 233-268.

[49] 杨德礼，郭琼，何勇，等. 供应链契约研究进展 [J]. 管理学报，2006，3 (1): 117-125.

[50] CACHON G P, LARIVIERE M A. Supply chain coordination with revenue-sharing contracts: strengths and limitations [J]. Management Science, 2005, 51 (1): 30-44.

[51] 于建红，马士华，周奇超. 供需不确定下基于 MOI 和 VMI 模式的供应链协同比较研究 [J]. 中国管理科学，2012，20 (5): 64-74.

[52] MOON I, FENG X, RYU K. Channel coordination for multi-stage supply chains with revenue-sharing contracts under budget constraints [J]. International Journal of Production Research, 2014, 53 (16): 4819-4836.

[53] 卿前恺，刘志学，孙阳. 装配式 VMI 系统不同决策模式下收益共享研究 [J]. 控制与决策，2014，29 (4): 679-685.

[54] GOVINDAN K, POPIUC M N. Reverse supply chain coordination by revenue sharing contract: A case for the personal computers industry [J]. European Journal of Operational Research,2014, 233 (2): 326-336.

[55] ZHANG J, LIU G, ZHANG Q, et al. Coordinating a supply chain for deteriorating items with a revenue sharing and cooperative investment contract [J]. Omega, 2015, 56: 37-49.

[56] LIM Y F, WANG Y, WU Y. Consignment contracts with revenue sharing for a capacitated retailer and multiple manufacturers [J]. Manufacturing & Service Operations Management, 2015, 17 (4): 527-537.

[57] CAI J, HU X, TADIKAMALLA P R, et al. Flexible contract design for VMI supply chain with service-sensitive demand: Revenue-sharing and supplier subsidy [J]. European Journal of Operational Research, 2017, 261 (1): 143-153.

[58] SONG H, GAO X. Green supply chain game model and analysis under revenue-sharing contract [J]. Journal of Cleaner Production, 2018, 170: 183-192.

[59] GAN X, SETHI S P, YAN H. Channel coordination with a risk-neutral supplier and a downside-risk-averse retailer [J]. Production and Operations Management, 2005, 14 (1): 80-89.

[60] 蔡建湖，黄卫来，周根贵. 基于收益分享契约的 VMI 模型研究 [J]. 中国管理科学，2006，14 (4): 108-113.

[61] LAI G, DEBO L G, SYCARA K. Sharing inventory risk in supply chain: The implication

of financial constraint [J]. Omega, 2009, 37 (4): 811-825.

[62] LIN Z, CAI C, XU B. Supply chain coordination with insurance contract [J]. European Journal of Operational Research, 2010, 205 (2): 339-345.

[63] 吴建祖，刘锦. 不确定条件下 VMI 供应链协调的期权合约 [J]. 系统工程，2011 (3): 1-8.

[64] 李新然，牟宗玉，黎高. VMI 模式下考虑促销努力的销量回扣契约模型研究 [J]. 中国管理科学，2012, 20 (4): 86-94.

[65] CAI J, HU X, HAN Y, et al. Supply chain coordination with an option contract under vendor-managed inventory [J]. International Transactions in Operational Research, 2016, 23 (6): 1163-1183.

[66] CAI J, ZHONG M, SHANG J, et al. Coordinating VMI supply chain under yield uncertainty: Option contract, subsidy contract, and replenishment tactic [J]. International Journal of Production Economics, 2017, 185: 196-210.

[67] HE J, MA C, PAN K. Capacity investment in supply chain with risk averse supplier under risk diversification contract. Transportation Research Part E: Logistics and Transportation Review, 2017, 106: 255-275.

[68] ROCKAFELLAR R T, URYASEV S. Optimization of conditional value-at-risk [J]. Journal of risk, 2000, 2: 21-42.

[69] ROCKAFELLAR R T, URYASEV S. Conditional value-at-risk for general loss distributions [J]. Journal of Banking & Finance, 2002, 26 (7): 1443-1471.

[70] CALISKAN-DEMIRAG O, FRANK CHEN Y F, LI J B. Customer and retailer rebates underrisk aversion [J]. International Journal of Production Economics. 2011, 133 (2): 736-750.

[71] MA L, LIU F, LI S, et al. Channel bargaining with risk-averse retailer [J]. International Journal of Production Economics, 2012, 139 (1): 155-167.

[72] WU M, ZHU S X, TEUNTER R H. A risk-averse competitive newsvendor problem under the CVaR criterion [J]. International Journal of Production Economics, 2014, 156: 13-23.

[73] WU M, ZHU S X, TEUNTER R H. The risk-averse newsvendor problem with random capacity [J]. European Journal of Operational Research, 2013, 231 (2): 328-336.

[74] QIU R, SHANG J, HUANG X. Robust inventory decision under distribution uncertainty: A CVaR-based optimization approach [J]. International Journal of Production Economics, 2014, 153: 13-23.

[75] XUE W, MA L, SHEN H. Optimal inventory and hedging decisions with CVaR consideration [J]. International Journal of Production Economics, 2015, 162: 70-82.

[76] 甘信华，应可福. 考虑风险规避的供应商管理库存契约模型 [J]. 系统工程，2015, (1): 116-121.

[77] 代建生，秦开大. 零售商促销下供应商的回购契约设计 [J]. 系统管理学报，2017

(1)：163-171.

[78] 何娟，黄福友，黄福玲．考虑风险规避与质量和服务水平的VMI供应链期权协调策略［J］．控制与决策，2018，33（10）：1833-1840.

[79] HUANG F, HE J, LEI Q. Coordination in a retailer-dominated supply chain with a risk-averse manufacturer under marketing dependency [J]. International Transactions in Operational Research, 2018.

[80] RAHIMI M, GHEZAVATI V. Sustainable multi-period reverse logistics network design and planning under uncertainty utilizing conditional value at risk (CVaR) for recycling constructionand demolition waste [J]. Journal of Cleaner Production, 2018, 172: 1567-1581.

[81] LU F, XU H, CHEN P, et al. Joint pricing and production decisions with yield uncertainty and downconversion [J]. International Journal of Production Economics, 2018, 197: 52-62.

[82] HU B, FENG Y. Optimization and coordination of supply chain with revenue sharing contracts and service requirement under supply and demand uncertainty [J]. International Journal of Production Economics, 2017, 183: 185-193.

[83] GIRI B C, BARDHAN S. Coordinating a supply chain under uncertain demand and random yield in presence of supply disruption [J]. International Journal of Production Research, 2015, 53 (16): 5070-5084.

[84] HECKMANN I, COMES T, NICKEL S. A critical review on supply chain risk-definition, measure and modeling [J]. Omega, 2015, 52: 119-132.

[85] Levy H. Stochastic dominance: Investment decision making under uncertainty [M]. Springer, 2015.

[86] XU X, WANG H, DANG C, et al. The loss-averse newsvendor model with backordering [J]. International Journal of Production Economics, 2017, 188: 1-10.

[87] XU X, MENG Z, RUI S, et al. Optimal decisions for the loss-averse newsvendor problem under cvar [J]. International Journal of Production Economics, 2015, 164: 146-159.

[88] WADA M, DELGADO F, PAGNONCELLI B K. A risk averse approach to the capacity allocationproblem in the airline cargo industry [J]. Journal of the Operational Research Society, 2017, 68 (6): 643-651.

[89] WANG C, CHEN J, CHEN X. Pricing and order decisions with option contracts in the presence of customer returns [J]. International Journal of Production Economics, 2017, 193: 422-436.

[90] CHEN X, WANG X, CHAN H K. Channel coordination through subsidy contract design in the mobile phone industry [J]. International Journal of Production Economics, 2016, 171: 97-104.

[91] 代建生，孟卫东．风险规避下具有促销效应的收益共享契约［J］．管理科学学报，2014，17（5）：25-34.

[92] XIE Y, WANG H, LU H. Coordination of supply chains with a retailer under the mean-CVaR criterion [J]. IEEE Transactions on Systems, Man, and Cybernetics: Systems, 2018, 48 (7): 1039-1053.

附录 A
第 3 章的证明

A.1 引理 3.1 的证明

根据 CVaR 的定义，批发价契约下供应商的 CVaR 效用函数满足

$$
\begin{aligned}
Y(\sigma) &= \sigma + \frac{1}{\eta}E[\min\{wS(Q) + v(xQ - D)^{+} - g^{s}(D - xQ)^{+} - cQ - \sigma,\ 0\}] \\
&= \sigma - \frac{1}{\eta}\int_{0}^{D/Q}\{\sigma - [(\mu v - c)Q - g^{s}D] - (w - v + g^{s})xQ\}^{+}\,\mathrm{d}F(x) - \\
&\quad \frac{1}{\eta}\int_{D/Q}^{+\infty}\{\sigma - [(\mu v - c)Q + (w - v)D]\}^{+}\,\mathrm{d}F(x) \qquad (A.1)
\end{aligned}
$$

不妨令

$$
\sigma_{31} = (\mu v - c)Q - g^{s}D
$$
$$
\sigma_{32} = (\mu v - c)Q + (w - v)D
$$

将 σ 按照三个区间进行讨论，有以下结果成立：

$$
\frac{\partial Y(\sigma)}{\partial \sigma} = \begin{cases} 1, & \sigma < \sigma_{31} \\ 1 - \dfrac{1}{\eta}F\left[\dfrac{\sigma - \sigma_{31}}{(w - v + g^{s})Q}\right], & \sigma_{31} \leqslant \sigma < \sigma_{32} \\ 1 - \dfrac{1}{\eta}, & \sigma > \sigma_{32} \end{cases}
$$

显然地，$Y(\sigma)$ 关于 σ 在点 $\sigma = \sigma_{32}$ 是左连续的。而对任意 $\delta > 0$，又存在

$$
|Y(\sigma + \delta) - Y(\sigma)|_{\sigma = \sigma_{32}} = \frac{\delta(1 - \eta)}{\eta} \leqslant \frac{\delta}{\eta}
$$

因而，$Y(\sigma)$ 关于 σ 在点 $\sigma = \sigma_{32}$ 是右连续的。于是 $Y(\sigma)$ 关于 σ 在点 $\sigma = \sigma_{32}$ 是连续的。

值得注意的是，在 $\sigma > \sigma_{32}$ 下，$\dfrac{\partial Y(\sigma)}{\partial \sigma} < 0$；在 $\sigma \leqslant \sigma_{31}$ 下，$\dfrac{\partial Y(\sigma)}{\partial \sigma} =$

$1>0$。因而对 $\sigma_{31} \leqslant \sigma < \sigma_{32}$，存在一点

$$\sigma_{d30}^{*} = (w - v + g^{s})QF^{-1}(\eta) + (\mu v - c)Q - g^{s}D$$

使得 $\left.\frac{\partial Y(\sigma)}{\sigma}\right|_{\sigma=\sigma_{d30}^{*}} = 0$ 且 $Q < D/F^{-1}(\eta)$。从而有

$$Y(\sigma_{d30}^{*}) = (\mu v - c)Q - g^{s}D + (w - v + g^{s})\frac{\int_{0}^{F^{-1}(\eta)} x\mathrm{d}F(x)}{\eta}$$

假设 $\left.\frac{\partial Y(\sigma)}{\partial\sigma}\right|_{\sigma\to[\sigma_{32}]^{-}} = 1 - \frac{1}{\eta}F\left(\frac{D}{Q}\right) \leqslant 0$。而又由于 $Y(\sigma_{d30}^{*})$ 关于 σ 的一阶导满足 $\frac{\partial Y(\sigma_{d30}^{*})}{\partial Q} = \mu v - c > 0$，从而有最优产量为 $Q^{*} = D/F^{-1}(\eta)$。然而，这与 $Q < D/F^{-1}(\eta)$ 矛盾。因此，当 $\sigma_{31} \leqslant \sigma < \sigma_{32}$ 时，$\frac{\partial Y(\sigma)}{\partial\sigma} > 0$。故 $\sigma_{d}^{*} = (\mu v - c)Q + (w - v)D$。

A.2 风险分散契约下供应商 CVaR 效用函数的存在性证明

根据 CVaR 的定义，风险分散契约下供应商的 CVaR 效用函数满足

$$H_{a}^{s}(\sigma) = \mathrm{CVaR}_{\eta}\pi_{a}^{s}(\sigma) = \sigma + \frac{1}{\eta}E[\min\{\pi_{a}^{s} - \sigma,\ 0\}] \tag{A.2}$$

类似于引理 3.1 的证明，令

$$\sigma_{33} = [(w\mu - c) - \lambda\mu(w\mu - v)]Q - \lambda g^{s}D - T$$

$$\sigma_{34} = (w\mu - c)Q - \lambda(w\mu - v)(\mu Q - D) - T$$

那么方程（A.2）可改写为

$$H_{a}^{s}(\sigma) = \sigma - \frac{1}{\eta}\int_{0}^{D/Q}[\sigma - \sigma_{33} - \lambda(w\mu - v + g^{s})xQ]^{+}\mathrm{d}F(x) - \frac{1}{\eta}\int_{D/Q}^{+\infty}(\sigma - \sigma_{34})^{+}\mathrm{d}F(x)$$

因此，将 σ 分成三个区间讨论，有

$$\frac{\partial H_{a}^{s}(\sigma)}{\partial\sigma} = \begin{cases} 1, & \sigma < \sigma_{33} \\ 1 - \frac{1}{\eta}F\left[\frac{\sigma - \sigma_{33}}{\lambda(w\mu - v + g^{s})Q}\right], & \sigma_{33} \leqslant \sigma < \sigma_{34} \\ 1 - \frac{1}{\eta}, & \sigma > \sigma_{34} \end{cases}$$

类似于引理 3.1 的证明，有 $H_{a}^{s}(\sigma)$ 关于 σ 在点 $\sigma = \sigma_{34}$ 是连续的。

显然地，$\frac{\partial H_a^s(\upsilon)}{\partial\sigma} < 0$ 对 $\sigma > \sigma_{34}$ 成立；$\frac{\partial H_a^s(\sigma)}{\partial\sigma} = 1 > 0$ 对 $\sigma \leqslant \sigma_{33}$ 成立。因而对 $\sigma_{33} \leqslant \sigma < \sigma_{34}$，存在一点

$$\sigma_{a30}^* = \lambda(w\mu - v + g^s)QF^{-1}(\eta) + \sigma_{33}$$

使得 $\left.\frac{\partial H_a^s(\sigma)}{\sigma}\right|_{\sigma=\sigma_{a30}^*} = 0$ 且 $Q < D/F^{-1}(\eta)$。从而有

$$H_a^s(\sigma_{a30}^*) = [(w\mu - c) - \lambda\mu(w\mu - v)]Q - \lambda g^s D - T + \lambda(w\mu - v + g^s)\frac{\int_0^{F^{-1}(\eta)} x\mathrm{d}F(x)}{\eta}$$

假设 $\left.\frac{\partial H_a^s(\sigma)}{\sigma}\right|_{\sigma\to[\sigma_{34}]^-} = 1 - \frac{1}{\eta}F\left(\frac{D}{Q}\right) \leqslant 0$。由于 $\lambda > \frac{(w\mu - c)}{\mu(w\mu - v)}$ 时，$H_a^s(\sigma_{a30}^*)$ 关于 σ 的一阶导为 $\frac{\partial H_a^s(\sigma_{a30}^*)}{\partial Q} = (w\mu - c) - \lambda\mu(w\mu - v) > 0$。从而最优产量满足 $Q^* = D/F^{-1}(\eta)$。然而，这与 $Q < D/F^{-1}(\eta)$ 矛盾。于是对任意 $\sigma_{33} \leqslant \sigma < \sigma_{34}$，有 $\frac{\partial H_a^s(\sigma)}{\partial\sigma} > 0$。故 $\sigma_a^* = \sigma_{34}$，并将其代入方程（A.2），有

$$H_a^s = (w\mu - c)Q - \lambda(w\mu - v)(\mu Q - D) - T - \lambda(w\mu - v + g^s)\frac{\int_0^{\frac{D}{Q}}(D - xQ)\mathrm{d}F(x)}{\eta}$$

A.3 定理3.1的证明

根据供应链协调的定义，当风险分散契约下的最优策略和集中式决策的情况保持一致时，供应链可以达到协调状态。因而，令 $Q_a^* = Q_I^*$，从而可以解得

$$\lambda^* = \frac{\eta(w\mu - c)(p - v + g^r + g^s)}{\eta\mu(w\mu - v)(p - v + g^r + g^s) - (c - \mu v)(w\mu - v + g^s)} \tag{A.3}$$

注意 $\frac{w\mu - c}{\mu(w\mu - v)} < \lambda < 1$，从而有

$$\left.\begin{aligned} &\eta \geqslant \frac{(c - \mu v)(w\mu - v + g^s)}{[\mu(w\mu - v) - (w\mu - c)](p - v + g^r + g^s)} \\ &\mu > \frac{w\mu - c}{w\mu - v} \end{aligned}\right\} \tag{A.4}$$

于是，供应链若要达到协调，则必然满足条件（A.3）和（A.4）。

A.4 定理 3.2 的证明

如果风险分散契约下存在 Pareto 改进，那么每个企业均可以获得正绩效，或者至少不会有经济上的损失。因而，风险分散契约下的每个企业可以获得比批发价契约下更高的绩效时，风险分散契约才能被接受。换句话说，风险分散契约若要被接受，则满足下面的方程，即

$$\left.\begin{aligned} H_a^s(Q_I^*,\ \lambda^*) \geqslant H_d^s(Q_d^*) \\ \pi_a^s(Q_I^*,\ \lambda^*) \geqslant \pi_d^s(Q_d^*) \end{aligned}\right\} \tag{A.5}$$

不妨令

$$T_{\min} = \pi_d^r(Q_d^*) - \pi_d^r(Q_I^*) + (1-\lambda^*)L_{30}(Q_I^*)$$

$$T_{\max} = \lambda^* H_d^s(Q_I^*) - H_d^s(Q_d^*) + (1-\lambda^*)(w\mu - c)Q_I^*$$

$$\Delta T = T_{\max} - T_{\min} = \pi_I(Q_I^*) - \pi_I(Q_d^*) + (1-\lambda^*)[\pi_d^s(Q_I^*) - H_d^s(Q_I^*)] > 0$$

因而解式（A.5），则有 $T \in [T_{\min},\ T_{\max}]$。也就是说，只有 $T \in [T_{\min},\ T_{\max}]$ 时，风险分散契约才有 Pareto 改进。

A.5 期权契约下供应商 CVaR 效用函数的存在性证明

根据 CVaR 的定义，期权契约下供应商的 CVaR 效用函数满足

$$H_\varepsilon^s(\sigma) = \mathrm{CVaR}_\eta \pi_\varepsilon^s(\sigma) = \sigma + \frac{1}{\eta}E[\min\{\pi_\varepsilon^s - \sigma,\ 0\}] \tag{A.6}$$

类似于引理 3.1 的证明，令

$$\sigma_{35} = (\mu v + \mu k - c)Q - g^s D$$

$$\sigma_{36} = (o - v)D + (\mu v + \mu k - c)Q$$

那么方程（A.6）可以被改写为

$$H_\varepsilon^s(\sigma) = \sigma - \frac{1}{\eta}\int_0^{D/Q}[\sigma - \sigma_{35} - (o - v + g^s)xQ]^+ \mathrm{d}F(x) - \frac{1}{\eta}\int_{D/Q}^{+\infty}(\sigma - \sigma_{36})^+ \mathrm{d}F(x)$$

因此，将 σ 分成三个区间讨论，有

$$\frac{\partial H_\varepsilon^s(\sigma)}{\partial \sigma} = \begin{cases} 1, & \sigma < \sigma_{35} \\ 1 - \dfrac{1}{\eta}F\left[\dfrac{\sigma - \sigma_{35}}{(o - v + g^s)Q}\right], & \sigma_{35} \leqslant \sigma < \sigma_{36} \\ 1 - \dfrac{1}{\eta}, & \sigma > \sigma_{36} \end{cases}$$

类似于引理3.1的证明，有 $H_\varepsilon^s(\sigma)$ 关于 σ 在点 $\sigma=\sigma_{36}$ 是连续的。

显然地，$\frac{\partial H_\varepsilon^s(\sigma)}{\partial\sigma}<0$ 对 $\sigma>\sigma_{36}$ 成立；$\frac{\partial H_\varepsilon^s(\sigma)}{\partial\sigma}=1>0$ 对 $\sigma\leqslant\sigma_{35}$ 成立。因而对 $\sigma_{35}\leqslant\sigma<\sigma_{36}$ ，存在一点

$$\sigma_{\varepsilon30}^*=(o-v+g^s)QF^{-1}(\eta)+\sigma_{35}$$

使得 $\left.\frac{\partial H_\varepsilon^s(\sigma)}{\sigma}\right|_{\sigma=\sigma_{\varepsilon30}^*}=0$ 且 $Q<D/F^{-1}(\eta)$ 。从而有

$$H_\varepsilon^s(\sigma_{\varepsilon30}^*)=(\mu v+\mu k-c)Q-g^sD+(o-v+g^s)\frac{\int_0^{F^{-1}(\eta)}x\mathrm{d}F(x)}{\eta}$$

假设 $\left.\frac{\partial H_\varepsilon^s(\sigma)}{\sigma}\right|_{\sigma\to[\sigma_{36}]^-}=1-\frac{1}{\eta}F\left(\frac{D}{Q}\right)\leqslant 0$。由于 $H_\varepsilon^s(\sigma_{\varepsilon30}^*)$ 关于 σ 的一阶导为 $\frac{\partial Y(\sigma_{\varepsilon30}^*)}{\partial Q}=\mu v+\mu k-c>0$。从而最优产量满足 $Q^*=D/F^{-1}(\eta)$ 。然而，这与 $Q<D/F^{-1}(\eta)$ 矛盾。于是对任意 $\sigma_{35}\leqslant\sigma<\sigma_{36}$ ，有 $\frac{\partial H_\varepsilon^s(\sigma)}{\partial\sigma}>0$。故 $\sigma_\varepsilon^*=\sigma_{36}$ ，并将其代入方程（A.6），有

$$H_\varepsilon^s=(o-v)D+(\mu v+\mu k-c)Q-(o-v+g^s)\frac{\int_0^{\frac{D}{Q}}(D-xQ)\mathrm{d}F(x)}{\eta}$$

A.6 定理3.3的证明

首先，考虑供应链协调问题。令 $Q_\varepsilon^*=Q_I^*$ ，从而有

$$\left.\begin{aligned}k^*=\frac{[\eta(p-v+g^r+g^s)-(o-v+g^s)](c-\mu v)}{\eta\mu(p-v+g^r+g^s)}\\ \eta>\frac{o-v+g^s}{p-v+g^r+g^s}\end{aligned}\right\}\tag{A.7}$$

其次，考虑Pareto改进问题，令

$$\left.\begin{aligned}\pi_\varepsilon^r(Q_I^*,k^*)\geqslant\pi_d^r(Q_d^*)\\ H_\varepsilon^r(Q_I^*,k^*)\geqslant H_d^r(Q_d^*)\end{aligned}\right\}\tag{A.8}$$

从而有 $o\in[o_{\min},o_{\max}]$ ，其中

$$o_{\min}=w+\frac{H_d^s(Q_d^*)-H_d^s(Q_I^*)-\mu k^*Q_I^*}{D-\frac{\int_0^{\frac{D}{Q_I^*}}(D-xQ_I^*)\mathrm{d}F(x)}{\eta}}$$

$$o_{\max}=w+\frac{\pi_d^r(Q_I^*)-\pi_d^r(Q_d^*)-\mu k^*Q_I^*}{S(Q_I^*)}$$

由于

$$\pi_d^r(Q_I^*)+H_d^s(Q_I^*)-\pi_d^r(Q_d^*)-H_d^s(Q_d^*)=$$

$$\pi_I(Q_I^*)-\pi_I(Q_d^*)+(1-\eta)(w-v+g^s)\left[\frac{\int_0^{\frac{D}{Q_d^*}}(D-xQ_d^*)\mathrm{d}F(x)}{\eta}-\right.$$

$$\left.\frac{\int_0^{\frac{D}{Q_I^*}}(D-xQ_I^*)\mathrm{d}F(x)}{\eta}\right]>(1-\eta)(w-v+g^s)\frac{\int_0^{\frac{D}{Q_I^*}}x(Q_I^*-Q_d^*)\mathrm{d}F(x)}{\eta}>0$$

因而

$$o_{\max}-o_{\min}=\frac{\pi_d^r(Q_I^*)-\pi_d^r(Q_d^*)-\mu k^*Q_I^*}{S(Q_I^*)}-\frac{H_d^s(Q_d^*)-H_d^s(Q_I^*)-\mu k^*Q_I^*}{D-\frac{\int_0^{\frac{D}{Q_I^*}}(D-xQ_I^*)\mathrm{d}F(x)}{\eta}}>0$$

因此，期权契约在式（A.7）和 $o\in[o_{\min},o_{\max}]$ 条件下是可行的。

A.7 补贴契约下供应商 CVaR 效用函数的存在性证明

根据 CVaR 的定义，补贴契约下供应商的 CVaR 效用函数满足

$$H_z^s(\sigma)=\mathrm{CVaR}_\eta\pi_z^s(\sigma)=\sigma+\frac{1}{\eta}E[\min\{\pi_z^s-\sigma,\ 0\}] \tag{A.9}$$

类似于引理 3.1 的证明，令

$$\sigma_{37}=(\mu v+\mu b-c)Q-g^sD$$

$$\sigma_{38}=(\mu v+\mu b-c)Q+(w_z-v-b)D$$

那么方程（A.9）可以被改写为

$$H_z^s(\sigma)=\sigma-\frac{1}{\eta}\int_0^{D/Q}[\sigma-\sigma_{37}-(w_z-v-b+g^s)xQ]^+\mathrm{d}F(x)-\frac{1}{\eta}\int_{D/Q}^{+\infty}(\sigma-\sigma_{38})^+\mathrm{d}F(x)$$

因此，将 σ 分成三个区间讨论，有

$$\frac{\partial H_z^s(\sigma)}{\partial\sigma}=\begin{cases}1, & \sigma<\sigma_{37}\\ 1-\dfrac{1}{\eta}F\left[\dfrac{\sigma-\sigma_{37}}{(w_z-v-b+g^s)Q}\right], & \sigma_{37}\leqslant\sigma<\sigma_{38}\\ 1-\dfrac{1}{\eta}, & \sigma>\sigma_{38}\end{cases}$$

类似于引理 3.1 的证明，有 $H_z^s(\sigma)$ 关于 σ 在点 $\sigma=\sigma_{38}$ 是连续的。

显然地，$\dfrac{\partial H_z^s(\sigma)}{\partial\sigma}<0$ 对 $\sigma>\sigma_{38}$ 成立；$\dfrac{\partial H_z^s(\sigma)}{\partial\sigma}=1>0$ 对 $\sigma\leqslant\sigma_{37}$ 成立。因而对 $\sigma_{37}\leqslant\sigma<\sigma_{38}$，存在一点

$$\sigma_{z30}^*=(w_z-v-b+g^s)QF^{-1}(\eta)+\sigma_{37}$$

使得 $\left.\dfrac{\partial H_z^s(\sigma)}{\sigma}\right|_{\sigma=\sigma_{z30}^*}=0$ 且 $Q<D/F^{-1}(\eta)$。从而有

$$H_z^s(\sigma_{z30}^*)=(\mu v+\mu b-c)Q-g^sD+(w_z-v-b+g^s)\frac{\int_0^{F^{-1}(\eta)}x\mathrm{d}F(x)}{\eta}$$

假设 $\left.\dfrac{\partial H_z^s(\sigma)}{\sigma}\right|_{\sigma\to[\sigma_{38}]^-}=1-\dfrac{1}{\eta}F\left(\dfrac{D}{Q}\right)\leqslant 0$。由于 $H_z^s(\sigma_{z30}^*)$ 关于 σ 的一阶导为 $\dfrac{\partial H_z^s(\sigma_{z30}^*)}{\partial Q}=\mu v+\mu b-c>0$。从而最优产量满足 $Q^*=D/F^{-1}(\eta)$。然而，这与 $Q<D/F^{-1}(\eta)$ 矛盾。于是对任意 $\sigma_{37}\leqslant\sigma<\sigma_{38}$，有 $\dfrac{\partial H_z^s(\sigma)}{\partial\sigma}>0$。

故 $\sigma_z^*=\sigma_{38}$，并将其代入方程（A.9），有

$$H_z^s=(w_z-v-b)D+(\mu v+\mu b-c)Q-(w_z-v+g^s)\frac{\int_0^{\frac{D}{Q}}(D-xQ)\mathrm{d}F(x)}{\eta}$$

A.8　定理 3.4 的证明

首先，考虑供应链协调问题。令 $Q_\varepsilon^*=Q_I^*$，从而有

$$\left.\begin{aligned}b^*&=\frac{[\eta(p-v+g^r+g^s)-(w_z-v+g^s)](c-\mu v)}{\eta\mu(p-v+g^r+g^s)-(c-\mu v)}\\ \eta&>\frac{w_z-v+g^s}{p-v+g^r+g^s}\end{aligned}\right\}\quad\text{(A.10)}$$

其次，考虑 Pareto 改进问题，令

$$\left.\begin{aligned}\pi_z^r(Q_I^*,\ b^*) \geqslant \pi_d^r(Q_d^*)\\ H_z^r(Q_I^*,\ b^*) \geqslant H_d^r(Q_d^*)\end{aligned}\right\} \tag{A. 11}$$

从而有 $w_z \in [w_{z,\max},\ w_{z,\min}]$，其中

$$w_{z,\min} = \frac{H_d^s(Q_d^*) - H_d^s(Q_I^*) - \mu b^* Q_I^*}{D - \dfrac{\int_0^{\frac{D}{Q_I^*}} (D - xQ_I^*) \mathrm{d}F(x)}{\eta}} + w - b^*$$

$$w_{z,\max} = \frac{\pi_d^r(Q_I^*) - \pi_d^r(Q_d^*) - \mu b^* Q_I^*}{S(Q_I^*)} + w - b^*$$

由于

$$\pi_d^r(Q_I^*) + H_d^s(Q_I^*) - \pi_d^r(Q_d^*) - H_d^s(Q_d^*) > 0$$

因而，$w_{z,\max} - w_{z,\min} > 0$。

因此，补贴契约在式（A. 10）和 $w_z \in [w_{z,\max},\ w_{z,\min}]$ 条件下是可行的。

A. 9 收入共享契约下供应商 CVaR 效用函数的存在性证明

根据 CVaR 的定义，收入共享契约下供应商的 CVaR 效用函数满足

$$H_\psi^s(\sigma) = \mathrm{CVaR}_\eta \pi_\psi^s(\sigma) = \sigma + \frac{1}{\eta} E[\min\{\pi_\psi^s - \sigma,\ 0\}] \tag{A. 12}$$

类似于引理 3. 1 的证明，令

$$\sigma_{39} = (\mu v - c)Q - g^s D$$

$$\sigma_{310} = (\phi p + w_\psi - v)D + (\mu v - c)Q$$

那么方程（A. 12）可以被改写为

$$H_\psi^s(\sigma) = \sigma - \frac{1}{\eta}\int_0^{D/Q} [\sigma - \sigma_{39} - (\phi p + w_\psi - v + g^s)xQ]^+ \mathrm{d}F(x) - \frac{1}{\eta}\int_{D/Q}^{+\infty} (\sigma - \sigma_{310})^+ \mathrm{d}F(x)$$

因此，将 σ 分成三个区间讨论，有

$$\frac{\partial H_\psi^s(\sigma)}{\partial \sigma} = \begin{cases} 1, & \sigma < \sigma_{39} \\ 1 - \dfrac{1}{\eta} F\left[\dfrac{\sigma - \sigma_{39}}{(\phi p + w_\psi - v + g^s)Q}\right], & \sigma_{39} \leqslant \sigma < \sigma_{310} \\ 1 - \dfrac{1}{\eta}, & \sigma > \sigma_{310} \end{cases}$$

类似于引理 3. 1 的证明，有 $H_\psi^s(\sigma)$ 关于 σ 在点 $\sigma = \sigma_{310}$ 是连续的。

显然地，$\frac{\partial \Pi_{\psi}^{s}(\sigma)}{\partial\sigma} < 0$ 对 $\sigma > \sigma_{310}$ 成立；$\frac{\partial H_{\psi}^{s}(\sigma)}{\partial\sigma} = 1 > 0$ 对 $\sigma \leqslant \sigma_{39}$ 成立。因而对 $\sigma_{39} \leqslant \sigma < \sigma_{310}$，存在一点

$$\sigma_{\psi 30}^{*} = (\phi p + w_{\psi} - v + g^{s}) QF^{-1}(\eta) + \sigma_{39}$$

使得 $\left.\frac{\partial H_{\psi}^{s}(\sigma)}{\sigma}\right|_{\sigma=\sigma_{\psi 30}^{*}} = 0$ 且 $Q < D/F^{-1}(\eta)$。从而有

$$H_{\psi}^{s}(\sigma_{\psi 30}^{*}) = (\mu v - c) Q - g^{s} D + (\phi p + w_{\psi} - v + g^{s}) \frac{\int_{0}^{F^{-1}(\eta)} x \mathrm{d}F(x)}{\eta}$$

假设 $\left.\frac{\partial H_{\psi}^{s}(\sigma)}{\sigma}\right|_{\sigma \to [\sigma_{310}]^{-}} = 1 - \frac{1}{\eta} F\left(\frac{D}{Q}\right) \leqslant 0$。由于 $H_{\psi}^{s}(\sigma_{\psi 30}^{*})$ 关于 σ 的一阶导为 $\frac{\partial H_{\psi}^{s}(\sigma_{\psi 30}^{*})}{\partial Q} = \mu v - c > 0$。从而最优产量满足 $Q^{*} = D/F^{-1}(\eta)$。然而，这与 $Q < D/F^{-1}(\eta)$ 矛盾。于是对任意 $\sigma_{39} \leqslant \sigma < \sigma_{310}$，有 $\frac{\partial H_{\psi}^{s}(\sigma)}{\partial\sigma} > 0$。

故 $\sigma_{\psi}^{*} = \sigma_{310}$，并将其代入方程（A.12），有

$$H_{\psi}^{s} = (\phi p + w_{\psi} - v) D + (\mu v - c) Q - (\phi p + w_{\psi} - v + g^{s}) \frac{\int_{0}^{\frac{D}{Q}} (D - xQ) \mathrm{d}F(x)}{\eta}$$

A.10 定理 3.5 的证明

首先，考虑供应链协调问题。令 $Q_{\psi}^{*} = Q_{I}^{*}$，从而有

$$\left.\begin{aligned} \phi^{*} &= \eta(p - v + g^{r} + g^{s}) - (w_{\psi} - v + g^{s}) \\ \eta &> \frac{w_{\psi} - v + g^{s}}{p - v + g^{r} + g^{s}} \end{aligned}\right\} \tag{A.13}$$

其次，考虑 Pareto 改进问题，令

$$\left.\begin{aligned} \pi_{z}^{r}(Q_{I}^{*}, \phi^{*}) &\geqslant \pi_{d}^{r}(Q_{d}^{*}) \\ H_{z}^{r}(Q_{I}^{*}, \phi^{*}) &\geqslant H_{d}^{r}(Q_{d}^{*}) \end{aligned}\right\} \tag{A.14}$$

从而有 $w_{\psi} \in [w_{\psi,\max}, w_{\psi,\min}]$，其中

$$w_{\psi,\min} = \frac{H_{d}^{s}(Q_{d}^{*}) - H_{d}^{s}(Q_{I}^{*})}{D - \frac{\int_{0}^{\frac{D}{Q_{I}^{*}}} (D - xQ_{I}^{*}) \mathrm{d}F(x)}{\eta}} + w - \phi^{*} p$$

$$w_{\psi,\max}=\frac{\pi_d^r(Q_I^*)-\pi_d^r(Q_d^*)}{S(Q_I^*)}+w-\phi^* p$$

由于

$$\pi_d^r(Q_I^*)+H_d^s(Q_I^*)-\pi_d^r(Q_d^*)-H_d^s(Q_d^*)>0$$

因而，$w_{\psi,\max}-w_{\psi,\min}>0.$

因此，收入共享契约在式（A.13）和 $w_\psi\in[w_{\psi,\max},\ w_{\psi,\min}]$ 条件下是可行的。

A.11　$T_{\max}\geqslant T_1>T_2\geqslant T_{\min}$ 的证明

假设

$$T_1=(1-\lambda^*)[(w\mu-c)Q_I^*-H_d^s(Q_I^*)]-\mu k^* Q_I^*-(o-w)\left[D-\frac{\int_0^{\frac{D}{Q_I^*}}(D-xQ_I^*)\mathrm{d}F(x)}{\eta}\right]$$

$$T_2=(1-\lambda^*)L_{30}(Q_I^*)-\mu k^* Q_I^*-(o-w)S(Q_I^*)$$

因而有

$$T_{\max}-T_1=H_d^s(Q_I^*)-H_d^s(Q_d^*)+\mu k^* Q_I^*+(o-w)\left[D-\frac{\int_0^{\frac{D}{Q_I^*}}(D-xQ_I^*)\mathrm{d}F(x)}{\eta}\right]$$

$$T_2-T_{\min}=\pi_d^r(Q_I^*)-\pi_d^r(Q_d^*)-\mu k^* Q_I^*-(o-w)S(Q_I^*)$$

$$T_1-T_2>(1-\lambda^*)[\pi_d^s(Q_I^*)-H_d^s(Q_I^*)]>0$$

根据不等式 $o\geqslant o_{\min}$，从而有 $T_{\max}\geqslant T_1$。根据不等式 $o\leqslant o_{\max}$，从而有 $T_2\geqslant T_{\min}$。

A.12　$T_{\max}\geqslant T_3>T_4\geqslant T_{\min}$ 的证明

假设

$$T_3=(1-\lambda^*)[(w\mu-c)Q_I^*-H_d^s(Q_I^*)]-\mu b^* Q_I^*-(w_z-w-b^*)\left[D-\frac{\int_0^{\frac{D}{Q_I^*}}(D-xQ_I^*)\mathrm{d}F(x)}{\eta}\right]$$

$$T_4=(1-\lambda^*)L_{30}(Q_I^*)-\mu b^* Q_I^*-(w_z-w-b^*)S(Q_I^*)$$

因而有

$$T_{\max} - T_3 = H_d^s(Q_I^*) - H_d^s(Q_d^*) + \mu b^* Q_I^* + (w_z - w - b^*)\left[D - \frac{\int_0^{\frac{D}{Q_I^*}}(D - xQ_I^*)\mathrm{d}F(x)}{\eta}\right]$$

$$T_4 - T_{\min} = \pi_d^r(Q_I^*) - \pi_d^r(Q_d^*) - \mu b^* Q_I^* - (w_z - w - b^*)S(Q_I^*)$$

$$T_3 - T_4 > (1 - \lambda^*)[\pi_d^s(Q_I^*) - H_d^s(Q_I^*)] > 0$$

根据不等式 $b \geqslant b_{\min}$，从而有 $T_{\max} \geqslant T_3$。根据不等式 $b \leqslant b_{\max}$，从而有 $T_4 \geqslant T_{\min}$。

A.13 $T_{\max} \geqslant T_5 > T_6 \geqslant T_{\min}$的证明

假设

$$T_5 = (1 - \lambda^*)[(w\mu - c)Q_I^* - H_d^s(Q_I^*)] - (\phi^* p + w_\psi - w)\left[D - \frac{\int_0^{\frac{D}{Q_I^*}}(D - xQ_I^*)\mathrm{d}F(x)}{\eta}\right]$$

$$T_6 = (1 - \lambda^*)L_{30}(Q_I^*) - (\phi^* p + w_\psi - w)S(Q_I^*)$$

因而有

$$T_{\max} - T_5 = H_d^s(Q_I^*) - H_d^s(Q_d^*) + (\phi^* p + w_\psi - w)\left[D - \frac{\int_0^{\frac{D}{Q_I^*}}(D - xQ_I^*)\mathrm{d}F(x)}{\eta}\right]$$

$$T_6 - T_{\min} = \pi_d^r(Q_I^*) - \pi_d^r(Q_d^*) - (\phi^* p + w_\psi - w)S(Q_I^*)$$

$$T_5 - T_6 > (1 - \lambda^*)[\pi_d^s(Q_I^*) - H_d^s(Q_I^*)] > 0.$$

根据不等式 $w \geqslant w_{\psi,\min}$，从而有 $T_{\max} \geqslant T_5$；根据不等式 $w \leqslant w_{\psi,\max}$，则有 $T_6 \geqslant T_{\min}$。

附录 B

第 4 章的证明

B.1 批发价契约下供应商 CVaR 效用函数的存在性证明

根据 CVaR 的定义，批发价契约下供应商的 CVaR 效用函数满足

$$\begin{aligned}\mathrm{CVaR}_{\eta}\pi_{dy}^{s} &= \sigma + \frac{1}{\eta}E[\min\{wS(Q) + v(xQ - D)^{+} + (w_1 - c_1)(D - xQ)^{+} - \\ &\quad cQ - \sigma,\ 0\}] = \sigma - \frac{1}{\eta}\int_0^{D/Q}\{\sigma - [(\mu v - c)Q + (w_1 - c_1)D] - \\ &\quad (w - v + w_1 - c_1)xQ\}^{+}\mathrm{d}F(x) - \frac{1}{\eta}\int_{D/Q}^{+\infty}\{\sigma - [(\mu v - c)Q + \\ &\quad (w - v)D]\}^{+}\mathrm{d}F(x) \end{aligned} \tag{B.1}$$

不妨令

$$\sigma_{41} = (\mu v - c)Q + (w_1 - c_1)D$$

$$\sigma_{42} = (\mu v - c)Q + (w - v)D$$

将 σ 按照三个区间进行讨论，有以下结果成立。

$$\frac{\partial \mathrm{CVaR}_{\eta}\pi_{dy}^{s}}{\partial \sigma} = \begin{cases} 1, & \sigma < \sigma_{41} \\ 1 - \dfrac{1}{\eta}F\left[\dfrac{\sigma - \sigma_{41}}{(w - v - w_1 + c_1)Q}\right], & \sigma_{41} \leqslant \sigma < \sigma_{42} \\ 1 - \dfrac{1}{\eta}, & \sigma > \sigma_{42} \end{cases}$$

余下的证明，类似于附录 A.1，即可证得 $\sigma_{dy}^{*} = (\mu v - c)Q + (w - v)D$，且供应商的最大化 CVaR 效用函数满足

$$H_{dy}^{s} = (w - v)D + (\mu v - c)Q - (w - v - w_1 + c_1)\frac{\int_0^{\frac{D}{Q}}(D - xQ)\mathrm{d}F(x)}{\eta}$$

B.2　风险分散契约下供应商 CVaR 效用函数的存在性证明

根据 CVaR 的定义，风险分散契约下供应商的 CVaR 效用函数满足

$$H_{ay}^{s}(\sigma)=\mathrm{CVaR}_{\eta}\pi_{ay}^{s}(\sigma)=\sigma+\frac{1}{\eta}E[\min\{\pi_{ay}^{s}-\sigma,\ 0\}] \tag{B.2}$$

类似于引理 3.1 的证明，令

$$\sigma_{43}=[(w\mu-c)-\lambda\mu(w\mu-v)]Q+\lambda(w_1-c_1)D-T$$

$$\sigma_{44}=(w\mu-c)Q-\lambda(w\mu-v)(\mu Q-D)-T$$

那么方程（B.2）可改写为

$$H_{ay}^{s}(\sigma)=\sigma-\frac{1}{\eta}\int_{0}^{D/Q}[\sigma-\sigma_{43}-\lambda(w\mu-v)xQ]^{+}\,\mathrm{d}F(x)-\frac{1}{\eta}\int_{D/Q}^{+\infty}(\sigma-\sigma_{44})^{+}\,\mathrm{d}F(x)$$

因此，将 σ 分成三个区间讨论，有

$$\frac{\partial H_{ay}^{s}(\sigma)}{\partial\sigma}=\begin{cases}1, & \sigma<\sigma_{43}\\ 1-\dfrac{1}{\eta}F\left[\dfrac{\sigma-\sigma_{43}}{\lambda(w\mu-v)Q}\right], & \sigma_{43}\leqslant\sigma<\sigma_{44}\\ 1-\dfrac{1}{\eta}, & \sigma>\sigma_{44}\end{cases}$$

余下的证明类似于附录 A.2，即可证得 $\sigma_{ay}^{*}=(w\mu-c)Q+\lambda(w\mu-v)(D-\mu Q)-T$，且供应商的最大化 CVaR 效用函数满足

$$H_{ay}^{s}=(w\mu-c)Q-\lambda(w\mu-v)(\mu Q-D)-T-[\lambda(w\mu-v)-(w_1-c_1)]\frac{\int_{0}^{\frac{D}{Q}}(D-xQ)\,\mathrm{d}F(x)}{\eta}$$

B.3　定理 4.1 的证明

令 $Q_{ay}^{*}=Q_{Iy}^{*}$，从而可以解得

$$\lambda_{y}^{*}=\frac{\eta(w\mu-c)(c-v)+(w_1-c_1)(\mu v-c_1)}{(w\mu-v)[\eta\mu(c-v)-c_1+\mu v]} \tag{B.3}$$

注意 $1>\lambda>\max\left\{\dfrac{w_1-c_1}{w\mu-v},\ \dfrac{w\mu-c}{\mu(w\mu-v)}\right\}$，从而有

$$\eta\geqslant\frac{(c_1-\mu v)(w\mu-v-w_1+c_1)}{[w\mu-c-\mu(w\mu-v)](c-v)} \tag{B.4}$$

于是，供应链若要达到协调，则必然满足条件（B.3）和（B.4）。

B.4 定理 4.2 的证明

如果风险分散契约下存在 Pareto 改进，那么风险分散契约能被接受，此时有

$$\left.\begin{aligned} H_{ay}^{s}(Q_{Iy}^{*},\ \lambda_{y}^{*}) \geqslant H_{dy}^{s}(Q_{dy}^{*}) \\ \pi_{ay}^{s}(Q_{Iy}^{*},\ \lambda_{y}^{*}) \geqslant \pi_{dy}^{s}(Q_{dy}^{*}) \end{aligned}\right\} \tag{B.5}$$

从而解得 $T \in [T_{\min,\ y},\ T_{\max,\ y}]$，其中

$$T_{\min,\ y} = \pi_{dy}^{r}(Q_{dy}^{*}) - \pi_{dy}^{r}(Q_{Iy}^{*}) + (1 - \lambda_{y}^{*})L_{40}(Q_{Iy}^{*})$$

$$T_{\max,\ y} = \lambda_{y}^{*} H_{dy}^{s}(Q_{Iy}^{*}) - H_{dy}^{s}(Q_{dy}^{*}) + (1 - \lambda_{y}^{*})(w\mu - c)Q_{Iy}^{*}$$

也就是说，只有 $T \in [T_{\min,\ y},\ T_{\max,\ y}]$ 时，风险分散契约才有 Pareto 改进。

B.5 期权契约下供应商 CVaR 效用函数的存在性证明

根据 CVaR 的定义，期权契约下供应商的 CVaR 效用函数满足

$$H_{\varepsilon y}^{s}(\sigma) = \mathrm{CVaR}_{\eta}\pi_{\varepsilon y}^{s}(\sigma) = \sigma + \frac{1}{\eta}E[\min\{\pi_{\varepsilon y}^{s} - \sigma,\ 0\}] \tag{B.6}$$

类似于引理 3.1 的证明，令

$$\sigma_{45} = (\mu v + \mu k - c)Q + (w_1 - c_1)D$$

$$\sigma_{46} = (o - v)D + (\mu v + \mu k - c)Q$$

那么方程（B.6）可以被改写为

$$H_{\varepsilon y}^{s}(\sigma) = \sigma - \frac{1}{\eta}\int_{0}^{D/Q}[\sigma - \sigma_{45} - (o - v - w_1 + c_1)xQ]^{+}\,\mathrm{d}F(x) - \frac{1}{\eta}\int_{D/Q}^{+\infty}(\sigma - \sigma_{46})^{+}\,\mathrm{d}F(x)$$

因此，将 σ 分成三个区间讨论，有

$$\frac{\partial H_{\varepsilon y}^{s}(\sigma)}{\partial \sigma} = \begin{cases} 1, & \sigma < \sigma_{45} \\ 1 - \dfrac{1}{\eta}F\left[\dfrac{\sigma - \sigma_{45}}{(o - v - w_1 + c_1)Q}\right], & \sigma_{45} \leqslant \sigma < \sigma_{46} \\ 1 - \dfrac{1}{\eta}, & \sigma > \sigma_{46} \end{cases}$$

类似于附录 A.5，当 $\sigma_{\varepsilon y}^{*} = \sigma_{46}$ 时，供应商的 CVaR 效用函数最大化，且满足

$$H^s_{\varepsilon y}=(o-v)D+(\mu v+\mu k-c)Q-(o-v-w_1+c_1)\frac{\int_0^{\frac{D}{Q}}(D-xQ)\mathrm{d}F(x)}{\eta}$$

B.6　定理 4.3 的证明

首先，考虑供应链协调问题。令 $Q^*_{\varepsilon y}=Q^*_{Iy}$ ，从而有

$$\left.\begin{aligned}k^*_y&=\frac{\eta(c-v)(c-\mu v)-(o-v-w_1+c_1)(c_1-\mu v)}{\eta\mu(c-v)}\\ \eta&>\frac{(o-v-w_1+c_1)(c_1-\mu v)}{(c-v)(c-\mu v)}\end{aligned}\right\}\tag{B.7}$$

其次，考虑 Pareto 改进问题，令

$$\left.\begin{aligned}\pi^r_{\varepsilon y}(Q^*_{Iy},\ k^*_y)\geqslant\pi^r_{dy}(Q^*_{dy})\\ H^r_{\varepsilon y}(Q^*_{Iy},\ k^*_y)\geqslant H^r_{dy}(Q^*_{dy})\end{aligned}\right\}\tag{B.8}$$

从而有 $o\in[o_{\min,\ y},\ o_{\max,\ y}]$，其中

$$o_{\min,\ y}=w+\frac{H^s_{dy}(Q^*_{dy})-H^s_{dy}(Q^*_{Iy})-\mu k^*_yQ^*_{Iy}}{D-\frac{\int_0^{\frac{D}{Q^*_{Iy}}}(D-xQ^*_{Iy})\mathrm{d}F(x)}{\eta}}$$

$$o_{\max,\ y}=w+\frac{\pi^r_{dy}(Q^*_{Iy})-\pi^r_{dy}(Q^*_{dy})-\mu k^*_yQ^*_{Iy}}{S(Q^*_{Iy})}$$

因此，期权契约在式（B.7）和 $o\in[o_{\min,\ y},\ o_{\max,\ y}]$ 条件下是可行的。

B.7　补贴契约下供应商 CVaR 效用函数的存在性证明

根据 CVaR 的定义，补贴契约下供应商的 CVaR 效用函数满足

$$H^s_{zy}(\sigma)=\mathrm{CVaR}_\eta\pi^s_{zy}(\sigma)=\sigma+\frac{1}{\eta}E[\min\{\pi^s_{zy}-\sigma,\ 0\}]\tag{B.9}$$

类似于引理 3.1 的证明，令

$$\sigma_{47}=(\mu v+\mu b-c)Q+(w_1-c_1)D$$

$$\sigma_{48}=(\mu v+\mu b-c)Q+(w_z-v-b)D$$

那么方程（B.9）可以被改写为

$$H^s_{zy}(\sigma)=\sigma-\frac{1}{\eta}\int_0^{D/Q}[\sigma-\sigma_{47}-(w_z-v-b-w_1+c_1)xQ]^+\mathrm{d}F(x)-\frac{1}{\eta}\int_{D/Q}^{+\infty}(\sigma-\sigma_{48})^+\mathrm{d}F(x)$$

因此，将 σ 分成三个区间讨论，有

$$\frac{\partial H_{zy}^{s}(\sigma)}{\partial\sigma}=\begin{cases}1, & \sigma<\sigma_{47}\\ 1-\dfrac{1}{\eta}F\left[\dfrac{\sigma-\sigma_{47}}{(w_z-v-b-w_1+c_1)Q}\right], & \sigma_{47}\leqslant\sigma<\sigma_{48}\\ 1-\dfrac{1}{\eta}, & \sigma>\sigma_{48}\end{cases}$$

余下的证明类似于附录 A. 7，当 $\sigma_{zy}^{*}=\sigma_{48}$ 时，供应商的 CVaR 效用函数最大化，且满足

$$H_{zy}^{s}=(w_z-v-b)D+(\mu v+\mu b-c)Q-(w_z-v-w_1+c_1)\frac{\int_0^{\frac{D}{Q}}(D-xQ)\mathrm{d}F(x)}{\eta}$$

B. 8 定理 4. 4 的证明

首先，考虑供应链协调问题。令 $Q_{zy}^{*}=Q_{Iy}^{*}$，从而有

$$\left.\begin{aligned}b_y^{*}&=\frac{\eta(c-v)(c-\mu v)-(w_z-v-w_1+c_1)(c_1-\mu v)}{\eta\mu(c-v)-(c_1-\mu v)}\\ \eta&>\max\left\{\frac{c_1-\mu v}{\mu(c-v)},\ \frac{(w_z-v-w_1+c_1)(c_1-\mu v)}{(c-v)(c-\mu v)}\right\}\end{aligned}\right\}\qquad(\text{B. }10)$$

其次，考虑 Pareto 改进问题，令

$$\left.\begin{aligned}\pi_{zy}^{r}(Q_{Iy}^{*},\ b_y^{*})&\geqslant\pi_{dy}^{r}(Q_{dy}^{*})\\ H_{zy}^{r}(Q_{Iy}^{*},\ b_y^{*})&\geqslant H_{dy}^{r}(Q_{dy}^{*})\end{aligned}\right\}\qquad(\text{B. }11)$$

从而有 $w_{z,\ y}\in[w_{z,\max,\ y},\ w_{z,\min,\ y}]$，其中

$$w_{z,\min,y}=\frac{H_{dy}^{s}(Q_{dy}^{*})-H_{dy}^{s}(Q_{Iy}^{*})-\mu b_y^{*}Q_{Iy}^{*}}{D-\dfrac{\int_0^{\frac{D}{Q_{Iy}^{*}}}(D-xQ_{Iy}^{*})\mathrm{d}F(x)}{\eta}}+w-b_y^{*}$$

$$w_{z,\max,y}=\frac{\pi_{dy}^{r}(Q_{Iy}^{*})-\pi_{dy}^{r}(Q_{dy}^{*})-\mu b_y^{*}Q_{Iy}^{*}}{S(Q_{Iy}^{*})}+w-b_y^{*}$$

因此，补贴契约在式（B. 10）和 $w_{z,\ y}\in[w_{z,\max,y},\ w_{z,\min,y}]$ 条件下是可行的。

B. 9 收入共享契约下供应商 CVaR 效用函数的存在性证明

根据 CVaR 的定义，收入共享契约下供应商的 CVaR 效用函数满足

$$H^s_{\psi y}(\sigma) = \mathrm{CVaR}_\eta \pi^s_{\psi y}(\sigma) = \sigma + \frac{1}{\eta}E[\min\{\pi^s_{\psi y} - \sigma,\ 0\}] \tag{B.12}$$

类似于引理 3.1 的证明，令

$$\sigma_{49} = (\mu v - c)Q + (w_1 - c_1)D$$

$$\sigma_{410} = (\phi p + w_\psi - v)D + (\mu v - c)Q$$

那么方程（B.12）可以被改写为

$$H^s_{\psi y}(\sigma) = \sigma - \frac{1}{\eta}\int_0^{D/Q} [\sigma - \sigma_{49} - (\phi p + w_\psi - v - w_1 + c_1)xQ]^+ \mathrm{d}F(x) - \frac{1}{\eta}\int_{D/Q}^{+\infty} (\sigma - \sigma_{410})^+ \mathrm{d}F(x)$$

因此，将 σ 分成三个区间讨论，有

$$\frac{\partial H^s_{\psi y}(\sigma)}{\partial \sigma} = \begin{cases} 1, & \sigma < \sigma_{49} \\ 1 - \dfrac{1}{\eta}F\left[\dfrac{\sigma - \sigma_{49}}{(\phi p + w_\psi - v - w_1 + c_1)Q}\right], & \sigma_{49} \leqslant \sigma < \sigma_{410} \\ 1 - \dfrac{1}{\eta}, & \sigma > \sigma_{410} \end{cases}$$

余下证明类似于附录 A.9，当 $\sigma^*_{\psi y} = \sigma_{410}$ 时，供应商的 CVaR 效用函数最大化，且满足

$$H^s_{\psi y} = (\phi p + w_\psi - v)D + (\mu v - c)Q - (\phi p + w_\psi - v - w_1 + c_1)\frac{\int_0^{\frac{D}{Q}} (D - xQ)\mathrm{d}F(x)}{\eta}$$

B.10　定理 4.5 的证明

考虑供应链协调问题。令 $Q^*_{\psi y} = Q^*_{Iy}$ ，从而有

$$\left.\begin{aligned} \phi^*_y &= \frac{\eta(c - \mu v)(c - v) - (w_\psi - v - w_1 + c_1)(c_1 - \mu v)}{p(c_1 - \mu v)} \\ \eta &> \frac{(c_1 - \mu v)(w_\psi - v - w_1 + c_1)}{(c - \mu v)(c - v)} \end{aligned}\right\} \tag{B.13}$$

值得注意的是，

$$\frac{(c_1-\mu v)(w_\psi-v-w_1+c_1)}{(c-\mu v)(c-v)}-1=$$
$$\frac{(c_1-\mu v)(w_\psi-v-w_1+c_1)-(c-\mu v)(c-v)}{(c-\mu v)(c-v)}>$$
$$\frac{(c-\mu v)(w_\psi-c-w_1+c_1)}{(c-\mu v)(c-v)}>0.$$

因而 $\eta>1$，也就是说，在补货情况下，收入共享契约无法协调供应链。

B.11 $T_{\max,y}\geqslant T_{41}>T_{42}\geqslant T_{\min,y}$ 的证明

假设

$$T_{41}=(1-\lambda_y^*)[(w\mu-c)Q_{Iy}^*-H_{dy}^s(Q_{Iy}^*)]-\mu k_y^*Q_{Iy}^*-$$
$$(o-w)\left[D-\frac{\int_0^{\frac{D}{Q_{Iy}^*}}(D-xQ_{Iy}^*)\mathrm{d}F(x)}{\eta}\right]$$
$$T_{42}=(1-\lambda_y^*)L_{40}(Q_{Iy}^*)-\mu k_y^*Q_{Iy}^*-(o-w)S(Q_{Iy}^*)$$

因而有

$$T_{\max,y}-T_{41}=H_{dy}^s(Q_{Iy}^*)-H_{dy}^s(Q_{dy}^*)+\mu k_y^*Q_{Iy}^*+$$
$$(o-w)\left[D-\frac{\int_0^{\frac{D}{Q_{Iy}^*}}(D-xQ_{Iy}^*)\mathrm{d}F(x)}{\eta}\right]$$
$$T_{42}-T_{\min,y}=\pi_{dy}^r(Q_{Iy}^*)-\pi_{dy}^r(Q_{dy}^*)-\mu k_y^*Q_{Iy}^*-(o-w)S(Q_{Iy}^*)$$
$$T_{41}-T_{42}>(1-\lambda_y^*)[\pi_{dy}^s(Q_{Iy}^*)-H_{dy}^s(Q_{Iy}^*)]>0$$

根据不等式 $o\geqslant o_{\min,y}$，从而有 $T_{\max,y}\geqslant T_{41}$。根据不等式 $o\leqslant o_{\max,y}$，从而有 $T_{42}\geqslant T_{\min,y}$。

B.12 $T_{\max,y}\geqslant T_{43}>T_{44}\geqslant T_{\min,y}$ 的证明

假设

$$T_{43}=(1-\lambda_y^*)[(w\mu-c)Q_{Iy}^*-H_{dy}^s(Q_{Iy}^*)]-\mu b_y^*Q_{Iy}^*-$$
$$(w_z-w-b_y^*)\left[D-\frac{\int_0^{\frac{D}{Q_{Iy}^*}}(D-xQ_{Iy}^*)\mathrm{d}F(x)}{\eta}\right]$$
$$T_{44}=(1-\lambda_y^*)L_{40}(Q_{Iy}^*)-\mu b_y^*Q_{Iy}^*-(w_z-w-b_y^*)S(Q_{Iy}^*)$$

因而有

$$T_{\max,y} - T_{43} = H^s_{dy}(Q^*_{Iy}) - H^s_{dy}(Q^*_{dy}) + \mu b^*_y Q^*_{Iy} +$$

$$(w_z - w - b^*_y)\left[D - \frac{\int_0^{\frac{D}{Q^*_{Iy}}}(D - xQ^*_{Iy})\mathrm{d}F(x)}{\eta}\right]$$

$$T_{44} - T_{\min,y} = \pi^r_{dy}(Q^*_{Iy}) - \pi^r_{dy}(Q^*_{dy}) - \mu b^*_y Q^*_{Iy} - (w_z - w - b^*_y)S(Q^*_{Iy})$$

$$T_{43} - T_{44} > (1 - \lambda^*_y)[\pi^s_{dy}(Q^*_{Iy}) - H^s_{dy}(Q^*_{Iy})] > 0$$

根据不等式 $b \geqslant b_{\min,y}$，从而有 $T_{\max,y} \geqslant T_{43}$。根据不等式 $b \leqslant b_{\max,y}$，从而有 $T_{44} \geqslant T_{\min,y}$。

B.13 $T_{\max,y} \geqslant T_{45} > T_{46} \geqslant T_{\min,y}$ 的证明

假设

$$T_{45} = (1 - \lambda^*_y)[(w\mu - c)Q^*_{Iy} - H^s_{dy}(Q^*_{Iy})] -$$

$$(\phi^*_y p + w_\psi - w)\left[D - \frac{\int_0^{\frac{D}{Q^*_{Iy}}}(D - xQ^*_{Iy})\mathrm{d}F(x)}{\eta}\right]$$

$$T_{46} = (1 - \lambda^*_y)L_{40}(Q^*_{Iy}) - (\phi^*_y p + w_\psi - w)S(Q^*_{Iy})$$

因而有

$$T_{\max,y} - T_{45} = H^s_{dy}(Q^*_{Iy}) - H^s_{dy}(Q^*_{dy}) +$$

$$(\phi^*_y p + w_\psi - w)\left[D - \frac{\int_0^{\frac{D}{Q^*_{Iy}}}(D - xQ^*_{Iy})\mathrm{d}F(x)}{\eta}\right]$$

$$T_{46} - T_{\min,y} = \pi^r_{dy}(Q^*_{Iy}) - \pi^r_{dy}(Q^*_{dy}) - (\phi^*_y p + w_\psi - w)S(Q^*_{Iy})$$

$$T_{45} - T_{46} > (1 - \lambda^*_y)[\pi^s_{dy}(Q^*_{Iy}) - H^s_{dy}(Q^*_{Iy})] > 0$$

根据不等式 $w \geqslant w_{\psi,\min,y}$，从而有 $T_{\max,y} \geqslant T_{45}$；根据不等式 $w \leqslant w_{\psi,\max,y}$，则有 $T_{46} \geqslant T_{\min,y}$。

附录 C

第 5 章的证明

C.1 集中式决策最优策略的存在性证明

由于 π_{Ii} 关于 Q 和 q 的二阶导数分别为

$$\frac{\partial^2 \pi_{Ii}}{\partial Q^2} = -\frac{(p - v + g^r + g^s)(q + D)^2}{Q^3} f\left(\frac{q + D}{Q}\right) < 0$$

$$\frac{\partial^2 \pi_{Ii}}{\partial q^2} = -2 - \frac{p - v + g^r + g^s}{Q} f\left(\frac{q + D}{Q}\right)$$

$$\frac{\partial^2 \pi_{Ii}}{\partial Q \partial q} = \frac{(p - v + g^r + g^s)(q + D)}{Q^2} f\left(\frac{q + D}{Q}\right)$$

$$\begin{vmatrix} \dfrac{\partial^2 \pi_{Ii}}{\partial Q^2} & \dfrac{\partial^2 \pi_{Ii}}{\partial Q \partial q} \\ \dfrac{\partial^2 \pi_{Ii}}{\partial Q \partial q} & \dfrac{\partial^2 \pi_{Ii}}{\partial q^2} \end{vmatrix} = \frac{2(p - v + g^r + g^s)(q + D)^2}{Q^3} f\left(\frac{q + D}{Q}\right) > 0$$

因而，π_{Ii} 关于 Q 和 q 的 Hessian 矩阵是负定的。于是，供应链的最优策略满足一阶导条件，即

$$\begin{cases} \displaystyle\int_0^{\frac{q_{Ii}^* + D}{Q_{Ii}^*}} x f(x)\,\mathrm{d}x = \frac{c - \mu v}{p - v + g^r + g^s} \\ 2q_{Ii}^* = p - v - (p - v + g^r + g^s) F\left(\dfrac{q_{Ii}^* + D}{Q_{Ii}^*}\right) \end{cases}$$

C.2 批发价契约下供应商 CVaR 效用函数的存在性证明

令

$$\sigma_{51} = (\mu v - c)Q - g^s(q + D) - q^2$$

$$\sigma_{52}=(\mu v-c)Q+(w-v)(q+D)-q^2$$

从而，批发价契约下供应商的 CVaR 效用函数满足

$$H_{di}^s=\sigma-\frac{1}{\eta}\int_0^{\frac{q+D}{Q}}\left[\sigma-\sigma_{51}-(w-v+g^s)xQ\right]^+\mathrm{d}F(x)-\frac{1}{\eta}\int_{\frac{q+D}{Q}}^{+\infty}(\sigma-\sigma_{52})^+\mathrm{d}F(x) \tag{C.1}$$

余下证明类似于附录 A.1，当 $\sigma_{di}^*=(\mu v-c)Q+(w-v)(q+D)-q^2$ 时，供应商的 CVaR 效用函数取极大，且满足

$$H_{di}^s=(w-v)(q+D)+(\mu v-c)Q-q^2-(w-v+g^s)\frac{\int_0^{\frac{q+D}{Q}}(q+D-xQ)f(x)\mathrm{d}x}{\eta}$$

C.3　批发价契约下供应商最优策略的存在性证明

由于 H_{di}^s 关于 Q 和 q 的二阶导数满足

$$\frac{\partial^2H_{di}^s}{\partial Q^2}=-\frac{(w-v+g^s)(q+D)^2}{\eta Q^3}f\left(\frac{q+D}{Q}\right)<0$$

$$\frac{\partial^2H_{di}^s}{\partial q^2}=-2-\frac{w-v+g^s}{\eta Q}f\left(\frac{q+D}{Q}\right)$$

$$\frac{\partial^2H_{di}^s}{\partial Q\partial q}=\frac{(w-v+g^s)(q+D)}{\eta Q^2}f\left(\frac{q+D}{Q}\right)$$

$$\begin{vmatrix}\dfrac{\partial^2H_{di}^s}{\partial Q^2} & \dfrac{\partial^2H_{di}^s}{\partial Q\partial q}\\ \dfrac{\partial^2H_{di}^s}{\partial Q\partial q} & \dfrac{\partial^2H_{di}^s}{\partial q^2}\end{vmatrix}=\frac{2(w-v+g^s)(q+D)^2}{\eta Q^3}f\left(\frac{q+D}{Q}\right)>0$$

因而，H_{di}^s 关于 Q 和 q 的 Hessian 矩阵是负定的。于是，批发价契约下最优策略满足一阶导条件，即

$$\begin{cases}\displaystyle\int_0^{\frac{q_{di}^*+D}{Q_{di}^*}}xf(x)\mathrm{d}x=\frac{\eta(c-\mu v)}{w-v+g^s}\\[2ex] 2q_{di}^*=w-v-\dfrac{w-v+g^s}{\eta}F\left(\dfrac{q_{di}^*+D}{Q_{di}^*}\right)\end{cases}$$

C.4 风险分散与质量成本分担契约下供应商 CVaR 效用函数的存在性证明

令

$$\sigma_{53} = [(w\mu - c) - \lambda\mu(w\mu - v)]Q - \lambda g^s(q + D) - \theta q^2 - T$$

$$\sigma_{54} = (w\mu - c)Q - \lambda(w\mu - v)(\mu Q - q - D) - \theta q^2 - T$$

那么风险分散与质量成本分担契约下供应商的 CVaR 效用函数满足

$$H_{ai}^s = \sigma - \frac{1}{\eta}\int_0^{\frac{q+D}{Q}} [\sigma - \sigma_{53} - \lambda(w\mu - v + g^s)xQ]^+ \mathrm{d}F(x) - \frac{1}{\eta}\int_{\frac{q+D}{Q}}^{+\infty} (\sigma - \sigma_{54})^+ \mathrm{d}F(x) \tag{C.2}$$

余下证明类似于附录 A.2，当 $\sigma_{ai}^* = \sigma_{54}$ 时，供应商的 CVaR 效用函数取极大，且满足

$$H_{ai}^s = (w\mu - c)Q - \lambda(w\mu - v)(\mu Q - q - D) - T - \theta q^2 - \lambda(w\mu - v + g^s)\frac{\int_0^{\frac{q+D}{Q}}(q + D - xQ)f(x)\mathrm{d}x}{\eta}$$

C.5 风险分散与质量成本分担契约下供应商最优策略的存在性证明

由于 H_{ai}^s 关于 Q 和 q 的二阶导数满足

$$\frac{\partial^2 H_{ai}^s}{\partial Q^2} = -\frac{\lambda(w\mu - v + g^s)(q + D)^2}{\eta Q^3} f\left(\frac{q + D}{Q}\right) < 0$$

$$\frac{\partial^2 H_{ai}^s}{\partial q^2} = -2\theta - \frac{\lambda(w - v + g^s)}{\eta Q} f\left(\frac{q + D}{Q}\right)$$

$$\frac{\partial^2 H_{ai}^s}{\partial Q \partial q} = \frac{\lambda(w - v + g^s)(q + D)}{\eta Q^2} f\left(\frac{q + D}{Q}\right)$$

$$\begin{vmatrix} \dfrac{\partial^2 H_{ai}^s}{\partial Q^2} & \dfrac{\partial^2 H_{ai}^s}{\partial Q \partial q} \\ \dfrac{\partial^2 H_{ai}^s}{\partial Q \partial q} & \dfrac{\partial^2 H_{ai}^s}{\partial q^2} \end{vmatrix} = \frac{2\theta\lambda(w\mu - v + g^s)(q + D)^2}{\eta Q^3} f\left(\frac{q + D}{Q}\right) > 0$$

因而，H_{ai}^s 关于 Q 和 q 的 Hessian 矩阵是负定的。于是，风险分散与质量成本分担契约下最优策略满足一阶导条件，即

$$\begin{cases} \int_0^{\frac{q_{ai}^*+D}{Q_{ai}^*}} xf(x)\,\mathrm{d}x = \dfrac{\eta[c - w\mu + \lambda(w\mu - v)\mu]}{\lambda(w\mu - v + g^s)} \\ 2\theta q_{ai}^* = \lambda(w\mu - v) - \lambda(w\mu - v + g^s)\dfrac{F\left(\dfrac{q_{ai}^* + D}{Q_{ai}^*}\right)}{\eta} \end{cases}$$

C.6　定理 5.1 的证明

首先，考虑供应链协调问题。令 $\begin{cases} Q_{ai}^* = Q_{Ii}^*, \\ q_{ai}^* = q_{Ii}^*, \end{cases}$ 从而可以解得

$$\left.\begin{aligned} \lambda_i^* &= \frac{\eta(w\mu - c)(p - v + g^r + g^s)}{\eta\mu(w\mu - v)(p - v + g^r + g^s) - (c - \mu v)(w\mu - v + g^s)} \\ \theta_a^* &= \frac{\lambda_i^*(w\mu - v) - \dfrac{\lambda_i^*(w\mu - v + g^s)}{\eta}F\left(\dfrac{q_{Ii}^* + D}{Q_{Ii}^*}\right)}{p - v - (p - v + g^r + g^s)F\left(\dfrac{q_{Ii}^* + D}{Q_{Ii}^*}\right)} \end{aligned}\right\} \tag{C.3}$$

其次，考虑 Pareto 改进。令

$$\left.\begin{aligned} H_{ai}^s(Q_{Ii}^*, q_{Ii}^*, \lambda_i^*) \geqslant H_{di}^s(Q_{di}^*, q_{di}^*) \\ \pi_{ai}^s(Q_{Ii}^*, q_{Ii}^*, \lambda_i^*) \geqslant \pi_{di}^s(Q_{di}^*, q_{di}^*) \end{aligned}\right\} \tag{C.4}$$

从而有 $T \in [T_{\min,\ i},\ T_{\max,\ i}]$，其中

$$T_{\min,i} = \pi_{di}^r(Q_{di}^*, q_{di}^*) - \pi_{di}^r(Q_{Ii}^*, q_{Ii}^*) + (1-\lambda_i^*)L_{50}(Q_{Ii}^*, q_{Ii}^*) + (1-\theta_a^*)(q_{Ii}^*)^2$$

$$T_{\max,i} = \lambda_i^* H_{di}^s(Q_{Ii}^*, q_{Ii}^*) - H_{di}^s(Q_{di}^*, q_{di}^*) + (1-\lambda_i^*)(w\mu - c)Q_{Ii}^* + (1-\theta_a^*)(q_{Ii}^*)^2$$

也就是说，在式（C.3）和 $T \in [T_{\min,\ i},\ T_{\max,\ i}]$ 条件下，风险分散与质量成本分担契约是可行的。

C.7　期权与质量成本分担契约下供应商 CVaR 效用函数的存在性证明

令

$$\sigma_{55} = (\mu v + \mu k - c)Q - g^s(q + D) - \theta q^2$$

$$\sigma_{56} = (o - v)(q + D) + (\mu v + \mu k - c)Q - \theta q^2$$

那么期权与质量成本分担契约下供应商的 CVaR 效用函数满足

$$H_{\varepsilon i}^{s} = \sigma - \frac{1}{\eta}\int_{0}^{\frac{q+D}{Q}}\left[\sigma - \sigma_{55} - (o - v + g^{s})xQ\right]^{+}\mathrm{d}F(x) - \frac{1}{\eta}\int_{\frac{q+D}{Q}}^{+\infty}(\sigma - \sigma_{56})^{+}\mathrm{d}F(x) \tag{C.5}$$

类似于附录 A.5，当 $\sigma_{\varepsilon i}^{*} = \sigma_{56}$ 时，供应商的 CVaR 效用函数取极大，且满足

$$H_{\varepsilon i}^{s} = (o - v)(q + D) + (\mu v + \mu k - c)Q - \theta q^{2} - (o - v + g^{s})\frac{\int_{0}^{\frac{q+D}{Q}}(q + D - xQ)f(x)\mathrm{d}x}{\eta}$$

C.8 期权与质量成本分担契约下供应商最优策略的存在性证明

由于 $H_{\varepsilon i}^{s}$ 关于 Q 和 q 的二阶导数满足

$$\frac{\partial^{2}H_{\varepsilon i}^{s}}{\partial Q^{2}} = -\frac{(o - v + g^{s})(q + D)^{2}}{\eta Q^{3}}f\left(\frac{q + D}{Q}\right) < 0$$

$$\frac{\partial^{2}H_{\varepsilon i}^{s}}{\partial q^{2}} = -2\theta - \frac{o - v + g^{s}}{\eta Q}f\left(\frac{q + D}{Q}\right)$$

$$\frac{\partial^{2}H_{\varepsilon i}^{s}}{\partial Q\partial q} - \frac{(o - v + g^{s})(q + D)}{\eta Q^{2}}f\left(\frac{q + D}{Q}\right)$$

$$\begin{vmatrix} \frac{\partial^{2}H_{\varepsilon i}^{s}}{\partial Q^{2}} & \frac{\partial^{2}H_{\varepsilon i}^{s}}{\partial Q\partial q} \\ \frac{\partial^{2}H_{\varepsilon i}^{s}}{\partial Q\partial q} & \frac{\partial^{2}H_{\varepsilon i}^{s}}{\partial q^{2}} \end{vmatrix} = \frac{2\theta(o - v + g^{s})(q + D)^{2}}{\eta Q^{3}}f\left(\frac{q + D}{Q}\right) > 0$$

因而，$H_{\varepsilon i}^{s}$ 关于 Q 和 q 的 Hessian 矩阵是负定的。于是，期权与质量成本分担契约下最优策略满足一阶导条件，即

$$\begin{cases} \int_{0}^{\frac{q_{\varepsilon i}^{*}+D}{Q_{\varepsilon i}^{*}}} xf(x)\mathrm{d}x = \frac{\eta(c - \mu v - \mu k)}{o - v + g^{s}} \\ 2\theta q_{\varepsilon i}^{*} = o - v - \frac{o - v + g^{s}}{\eta}F\left(\frac{q_{\varepsilon i}^{*} + D}{Q_{\varepsilon i}^{*}}\right) \end{cases}$$

C.9 定理 5.2 的证明

首先，考虑供应链协调问题。令 $\begin{cases} Q_{\varepsilon i}^{*} = Q_{Ii}^{*}, \\ q_{\varepsilon i}^{*} = q_{Ii}^{*}, \end{cases}$ 从而有

$$\left.\begin{aligned} k_i^* &= \frac{[\eta(p - v + g^r + g^s) - (o - v + g^s)](c - \mu v)}{\eta\mu(p - v + g^r + g^s)} \\ \theta_\varepsilon^* &= \frac{o - v - (o - v + g^s)\dfrac{F\left(\dfrac{q_{Ii}^* + D}{Q_{Ii}^*}\right)}{\eta}}{p - v - (p - v + g^r + g^s)F\left(\dfrac{q_{Ii}^* + D}{Q_{Ii}^*}\right)} \end{aligned}\right\} \tag{C.6}$$

其次，考虑 Pareto 改进问题，令

$$\left.\begin{aligned} \pi_{\varepsilon i}^r(Q_{Ii}^*, q_{Ii}^*, k_i^*) \geqslant \pi_{di}^r(Q_{di}^*, q_{di}^*) \\ H_{\varepsilon i}^r(Q_{Ii}^*, q_{Ii}^*, k_i^*) \geqslant H_{di}^r(Q_{di}^*, q_{di}^*) \end{aligned}\right\} \tag{C.7}$$

从而有 $o \in [o_{\min, i}, o_{\max, i}]$，其中

$$o_{\min, i} = w + \frac{H_{di}^s(Q_{di}^*, q_{di}^*) - H_{di}^s(Q_{Ii}^*, q_{Ii}^*) - (1 - \theta_\varepsilon^*)(q_{Ii}^*)^2 - \mu k_i^* Q_{Ii}^*}{q_{Ii}^* + D - \dfrac{\int_0^{\frac{q_{Ii}^* + D}{Q_{Ii}^*}}(q_{Ii}^* + D - xQ_{Ii}^*)f(x)\mathrm{d}x}{\eta}}$$

$$o_{\max, i} = w + \frac{\pi_{di}^r(Q_{Ii}^*, q_{Ii}^*) - \pi_{di}^r(Q_{di}^*, q_{di}^*) - (1 - \theta_\varepsilon^*)(q_{Ii}^*)^2 - \mu k_i^* Q_{Ii}^*}{S(Q_{Ii}^*, q_{Ii}^*)}$$

因此，期权与质量成本分担契约在式（C.6）和 $o \in [o_{\min}, o_{\max}]$ 条件下是可行的。

C.10　补贴与质量成本分担契约下供应商 CVaR 效用函数的存在性证明

令

$$\sigma_{56} = (\mu v + \mu b - c)Q - g^s(q + D) - \theta q^2$$

$$\sigma_{58} = (\mu v + \mu b - c)Q + (w_z - v - b)(q + D) - \theta q^2$$

那么补贴与质量成本分担契约下供应商的 CVaR 效用函数满足

$$H_{zi}^s = \sigma - \frac{1}{\eta}\int_0^{\frac{q+D}{Q}}[\sigma - \sigma_{57} - (w_z - v - b + g^s)xQ]^+ \mathrm{d}F(x) - \frac{1}{\eta}\int_{\frac{q+D}{Q}}^{+\infty}(\sigma - \sigma_{58})^+ \mathrm{d}F(x) \tag{C.8}$$

余下证明类似于附录 A. 7，当 $\sigma_{zi}^* = \sigma_{58}$ 时，供应商的 CVaR 效用函数取极大，且满足

$$H_{zi}^s = (w_z - v - b)(q + D) + (\mu v + \mu b - c)Q - \theta q^2 - (w_z - v + g^s)\frac{\int_0^{\frac{q+D}{Q}}(q + D - xQ)f(x)\mathrm{d}(x)}{\eta}$$

C. 11 补贴与质量成本分担契约下供应商最优策略的存在性证明

由于 H_{zi}^s 关于 Q 和 q 的二阶导数满足

$$\frac{\partial^2 H_{zi}^s}{\partial Q^2} = -\frac{(w_z - v - b + g^s)(q + D)^2}{\eta Q^3} f\left(\frac{q + D}{Q}\right) < 0$$

$$\frac{\partial^2 H_{zi}^s}{\partial q^2} = -2\theta - \frac{w_z - v - b + g^s}{\eta Q} f\left(\frac{q + D}{Q}\right)$$

$$\frac{\partial^2 H_{zi}^s}{\partial Q \partial q} = \frac{(w_z - v - b + g^s)(q + D)}{\eta Q^2} f\left(\frac{q + D}{Q}\right)$$

$$\begin{vmatrix} \frac{\partial^2 H_{zi}^s}{\partial Q^2} & \frac{\partial^2 H_{zi}^s}{\partial Q \partial q} \\ \frac{\partial^2 H_{zi}^s}{\partial Q \partial q} & \frac{\partial^2 H_{zi}^s}{\partial q^2} \end{vmatrix} = \frac{2\theta(w_z - v - b + g^s)(q + D)^2}{\eta Q^3} f\left(\frac{q + D}{Q}\right) > 0$$

因而，H_{zi}^s 关于 Q 和 q 的 Hessian 矩阵是负定的。于是，补贴与质量成本分担契约下最优策略满足一阶导条件，即

$$\begin{cases} \int_0^{\frac{q_{zi}^* + D}{Q_{zi}^*}} xf(x)\mathrm{d}x = \frac{\eta(c - \mu v - \mu b)}{w_z - v - b + g^s} \\ 2\theta q_{zi}^* = w_z - v - b - (w_z - v - b + g^s)\frac{F\left(\frac{q_{zi}^* + D}{Q_{zi}^*}\right)}{\eta} \end{cases}$$

C. 12 定理 5. 3 的证明

首先，考虑供应链协调问题。令 $\begin{cases} Q_{zi}^* = Q_{Ii}^*, \\ q_{zi}^* = q_{Ii}^*, \end{cases}$ 从而有

$$\left.\begin{aligned}b_i^* &= \frac{[\eta(p-v+g^r+g^s)-(w_z-v+g^s)](c-\mu v)}{\eta\mu(p-v+g^r+g^s)-(c-\mu v)}\\ \theta_z^* &= \frac{w_z-v-b_i^*-(w_z-v-b_i^*+g^s)\dfrac{F\left(\dfrac{q_{Ii}^*+D}{Q_{Ii}^*}\right)}{\eta}}{p-v-(p-v+g^r+g^s)F\left(\dfrac{q_{Ii}^*+D}{Q_{Ii}^*}\right)}\end{aligned}\right\} \quad (C.9)$$

其次，考虑 Pareto 改进问题。令

$$\left.\begin{aligned}\pi_{zi}^r(Q_{Ii}^*, q_{Ii}^*, b_i^*) &\geq \pi_{di}^r(Q_{di}^*, q_{di}^*)\\ H_{zi}^r(Q_{Ii}^*, q_{Ii}^*, b_i^*) &\geq H_{di}^r(Q_{di}^*, q_{di}^*)\end{aligned}\right\} \quad (C.10)$$

从而有 $w_z \in [w_{z,\max,i}, w_{z,\min,i}]$，其中

$$w_{z,\min,i} = \frac{H_{di}^s(Q_{di}^*, q_{di}^*) - H_{di}^s(Q_{Ii}^*, q_{Ii}^*) - (1-\theta_z^*)(q_{Ii}^*)^2 - \mu b_i^* Q_{Ii}^*}{q_{Ii}^* + D - \dfrac{\int_0^{\frac{q_{Ii}^*+D}{Q_{Ii}^*}}(q_{Ii}^* + D - xQ_{Ii}^*)f(x)\mathrm{d}x}{\eta}} + w - b_i^*$$

$$w_{z,\max,i} = \frac{\pi_{di}^r(Q_{Ii}^*, q_{Ii}^*) - \pi_{di}^r(Q_{di}^*, q_{di}^*) - (1-\theta_z^*)(q_{Ii}^*)^2 - \mu b_i^* Q_{Ii}^*}{S(Q_{Ii}^*, q_{Ii}^*)} + w - b_i^*$$

因此，补贴与质量成本分担契约在式（C.10）和 $w_z \in [w_{z,\max,i}, w_{z,\min,i}]$ 条件下是可行的。

C.13 收入共享与质量成本分担契约下供应商 CVaR 效用函数的存在性证明

令

$$\sigma_{59} = (\mu v - c)Q - g^s(q+D) - \theta q^2$$

$$\sigma_{510} = (\phi p + w_\psi - v)(q+D) + (\mu v - c)Q - \theta q^2$$

那么收入共享与质量成本分担契约下供应商的 CVaR 效用函数满足

$$H_{\psi i}^s = \sigma - \frac{1}{\eta}\int_0^{\frac{q+D}{Q}}[\sigma - \sigma_{59} - (\phi p + w_\psi - v + g^s)xQ]^+ \mathrm{d}F(x) - \frac{1}{\eta}\int_{\frac{q+D}{Q}}^{+\infty}(\sigma - \sigma_{510})^+ \mathrm{d}F(x) \quad (C.11)$$

余下证明类似于附录 A.9，当 $\sigma_{\psi i}^* = \sigma_{510}$ 时，供应商的 CVaR 效用函数取极大，且满足

$$H_{\psi i}^s = (\phi p + w_\psi - v)(q+D) + (\mu v - c)Q - \theta q^2 -$$

$$(\phi p + w_{\psi} - v + g^s)\frac{\int_0^{\frac{q+D}{Q}}(q + D - xQ)f(x)\,\mathrm{d}x}{\eta}$$

C.14 收入共享与质量成本分担契约下供应商最优策略的存在性证明

由于 $H^s_{\psi i}$ 关于 Q 和 q 的二阶导数满足

$$\frac{\partial^2 H^s_{\psi i}}{\partial Q^2} = -\frac{(\phi p + w_{\psi} - v + g^s)(q + D)^2}{\eta Q^3}f\left(\frac{q + D}{Q}\right) < 0$$

$$\frac{\partial^2 H^s_{\psi i}}{\partial q^2} = -2\theta - \frac{\phi p + w_{\psi} - v + g^s}{\eta Q}f\left(\frac{q + D}{Q}\right)$$

$$\frac{\partial^2 H^s_{\psi i}}{\partial Q \partial q} = \frac{(\phi p + w_{\psi} - v + g^s)(q + D)}{\eta Q^2}f\left(\frac{q + D}{Q}\right)$$

$$\begin{vmatrix} \frac{\partial^2 H^s_{\psi i}}{\partial Q^2} & \frac{\partial^2 H^s_{\psi i}}{\partial Q \partial q} \\ \frac{\partial^2 H^s_{\psi i}}{\partial Q \partial q} & \frac{\partial^2 H^s_{\psi i}}{\partial q^2} \end{vmatrix} = \frac{2\theta(\phi p + w_{\psi} - v + g^s)(q + D)^2}{\eta Q^3}f\left(\frac{q + D}{Q}\right) > 0$$

因而，$H^s_{\psi i}$ 关于 Q 和 q 的 Hessian 矩阵是负定的。于是，收入共享与质量成本分担契约下最优策略满足一阶导条件，即

$$\begin{cases} \int_0^{\frac{q^*_{zi} + D}{Q^*_{zi}}} xf(x)\,\mathrm{d}x = \frac{\eta(c - \mu v - \mu b)}{w_z - v - b + g^s} \\ 2\theta q^*_{\psi i} = \phi p + w_{\psi} - v - \frac{\phi p + w_{\psi} - v + g^s}{\eta}F\left(\frac{q^*_{\psi i} + D}{Q^*_{\psi i}}\right) \end{cases}$$

C.15 定理 5.4 的证明

首先，考虑供应链协调问题。令 $\begin{cases} Q^*_{\psi i} = Q^*_{Ii}, \\ q^*_{\psi i} = q^*_{Ii}, \end{cases}$ 从而有

$$\left.\begin{aligned}&\phi_i^* = \eta(p - v + g^r + g^s) - (w_\psi - v + g^s)\\&\theta_\psi^* = \frac{\phi_i^* p + w_\psi - v - \dfrac{\phi_i^* p + w_\psi - v + g^s}{\eta} F\left(\dfrac{q_{Ii}^* + D}{Q_{Ii}^*}\right)}{p - v - (p - v + g^r + g^s) F\left(\dfrac{q_{Ii}^* + D}{Q_{Ii}^*}\right)}\end{aligned}\right\} \quad (C.12)$$

其次，考虑 Pareto 改进问题。令

$$\left.\begin{aligned}\pi_{\psi i}^r(Q_{Ii}^*, q_{Ii}^*, \phi_i^*) \geqslant \pi_{di}^r(Q_{di}^*, q_{di}^*)\\H_{\psi i}^r(Q_{Ii}^*, q_{Ii}^*, \phi_i^*) \geqslant H_{di}^r(Q_{di}^*, q_{di}^*)\end{aligned}\right\} \quad (C.13)$$

从而有 $w_\psi \in [w_{\psi,\max,i}, w_{\psi,\min,i}]$，其中

$$w_{\psi,\min,i} = \frac{H_{di}^s(Q_{di}^*, q_{di}^*) - H_{di}^s(Q_{Ii}^*, q_{Ii}^*) - (1 - \theta_\psi^*)(q_{Ii}^*)^2}{q_{Ii}^* + D - \dfrac{\int_0^{\frac{q_{Ii}^* + D}{Q_{Ii}^*}} (q_{Ii}^* + D - xQ_{Ii}^*) f(x) \mathrm{d}x}{\eta}} + w - \phi_i^* p$$

$$w_{\psi,\max,i} = \frac{\pi_{di}^r(Q_{Ii}^*, q_{Ii}^*) - \pi_{di}^r(Q_{di}^*, q_{di}^*) - (1 - \theta_\psi^*)(q_{Ii}^*)^2}{S(Q_{Ii}^*, q_{Ii}^*)} + w - \phi_i^*$$

因此，收入共享与质量成本分担契约在式（C.13）和 $w_\psi \in [w_{\psi,\max,i}, w_{\psi,\min,i}]$ 条件下可行。

C.16　$T_{\max,i} \geqslant T_{51} > T_{52} \geqslant T_{\min,i}$ 的证明

假设

$$T_{51} = (1 - \lambda_i^*)[(w\mu - c)Q_{Ii}^* - H_{di}^s(Q_{Ii}^*, q_{Ii}^*)] + (\theta_\varepsilon^* - \theta_a^*)(q_{Ii}^*)^2 - \mu k_i^* Q_{Ii}^* - (o - w)\left[q_{Ii}^* + D - \frac{\int_0^{\frac{q_{Ii}^* + D}{Q_{Ii}^*}} (q_{Ii}^* + D - xQ_{Ii}^*) f(x) \mathrm{d}x}{\eta}\right]$$

$$T_{52} = (1 - \lambda_i^*) L_{50}(Q_{Ii}^*, q_{Ii}^*) + (\theta_\varepsilon^* - \theta_a^*)(q_{Ii}^*)^2 - \mu k_i^* Q_{Ii}^* - (o - w) S(Q_{Ii}^*, q_{Ii}^*)$$

因而有

$$T_{\max,i} - T_{51} = H_{di}^s(Q_{Ii}^*, q_{Ii}^*) - H_{di}^s(Q_{di}^*, q_{di}^*) + \mu k_i^* Q_{Ii}^* + (1 - \theta_\varepsilon^*)(q_{Ii}^*)^2 + (o - w)\left[q_{Ii}^* + D - \frac{\int_0^{\frac{q_{Ii}^* + D}{Q_{Ii}^*}} (q_{Ii}^* + D - xQ_{Ii}^*) f(x) \mathrm{d}x}{\eta}\right]$$

$$T_{52} - T_{\min,i} = \pi_{di}^r(Q_{Ii}^*, q_{Ii}^*) - \pi_{di}^r(Q_{di}^*, q_{di}^*) - \mu k_i^* Q_{Ii}^* + (1 - \theta_\varepsilon^*)(q_{Ii}^*)^2 - (o - w) S(Q_{Ii}^*, q_{Ii}^*)$$

$$T_{51} - T_{52} > (1 - \lambda_i^*)[\pi_{di}^s(Q_{Ii}^*, q_{Ii}^*) - H_{di}^s(Q_{Ii}^*, q_{Ii}^*)] > 0$$

根据不等式 $o \geqslant o_{\min,i}$，从而有 $T_{\max,i} \geqslant T_{51}$。根据不等式 $o \leqslant o_{\max,i}$，从而有 $T_{52} \geqslant T_{\min,i}$。

C.17 $T_{\max,i} \geqslant T_{53} > T_{54} \geqslant T_{\min,i}$的证明

假设

$$T_{53} = (1 - \lambda_i^*)[(w\mu - c)Q_{Ii}^* - H_{di}^s(Q_{Ii}^*, q_{Ii}^*)] + (\theta_z^* - \theta_a^*)(q_{Ii}^*)^2 - \mu b_i^* Q_{Ii}^* - (w_z - w - b_i^*)\left[q_{Ii}^* + D - \frac{\int_0^{\frac{q_{Ii}^*+D}{Q_{Ii}^*}}(q_{Ii}^* + D - xQ_{Ii}^*)f(x)\mathrm{d}x}{\eta}\right]$$

$$T_{54} = (1 - \lambda_i^*)L_{50}(Q_{Ii}^*, q_{Ii}^*) + (\theta_z^* - \theta_a^*)(q_{Ii}^*)^2 - \mu b_i^* Q_{Ii}^* - (w_z - w - b_i^*)S(Q_{Ii}^*, q_{Ii}^*)$$

因而有

$$T_{\max,i} - T_{53} = H_{di}^s(Q_{Ii}^*, q_{Ii}^*) - H_{di}^s(Q_{di}^*, q_{di}^*) + (1 - \theta_z^*)(q_{Ii}^*)^2 + \mu b_i^* Q_{Ii}^* + (w_z - w - b_i^*)\left[q_{Ii}^* + D - \frac{\int_0^{\frac{q_{Ii}^*+D}{Q_{Ii}^*}}(q_{Ii}^* + D - xQ_{Ii}^*)f(x)\mathrm{d}x}{\eta}\right]$$

$$T_{54} - T_{\min,i} = \pi_{di}^r(Q_{Ii}^*, q_{Ii}^*) - \pi_{di}^r(Q_{di}^*, q_{di}^*) + (1 - \theta_z^*)(q_{Ii}^*)^2 - \mu b_i^* Q_{Ii}^* - (w_z - w - b_i^*)S(Q_{Ii}^*, q_{Ii}^*)$$

$$T_{53} - T_{54} > (1 - \lambda_i^*)[\pi_{di}^s(Q_{Ii}^*, q_{Ii}^*) - H_{di}^s(Q_{Ii}^*, q_{Ii}^*)] > 0$$

根据不等式 $b \geqslant b_{\min,i}$，从而有 $T_{\max,i} \geqslant T_{53}$。根据不等式 $b \leqslant b_{\max,i}$，从而有 $T_{54} \geqslant T_{\min,i}$。

C.18 $T_{\max,i} \geqslant T_{55} > T_{56} \geqslant T_{\min,i}$的证明

假设

$$T_{55} = (1 - \lambda_i^*)[(w\mu - c)Q_{Ii}^* - H_{di}^s(Q_{Ii}^*, q_{Ii}^*)] + (\theta_\psi^* - \theta_a^*)(q_{Ii}^*)^2 - (\phi_i^* p + w_\psi - w)\left[q_{Ii}^* + D - \frac{\int_0^{\frac{q_{Ii}^*+D}{Q_{Ii}^*}}(q_{Ii}^* + D - xQ_{Ii}^*)f(x)\mathrm{d}x}{\eta}\right]$$

$$T_{56} = (1 - \lambda_i^*)L_{50}(Q_{Ii}^*, q_{Ii}^*) + (\theta_\psi^* - \theta_a^*)(q_{Ii}^*)^2 - (\phi_i^* p + w_\psi - w)S(Q_{Ii}^*, q_{Ii}^*)$$

因而有

$$T_{\max,i} - T_{55} = H^s_{di}(Q^*_{Ii}, q^*_{Ii}) - H^s_{di}(Q^*_{di}, q^*_{di}) + (1-\theta^*_\psi)(q^*_{Ii})^2 + (\phi^*_i p + w_\psi - w)\left[q^*_{Ii} + D - \frac{\int_0^{\frac{q^*_{Ii}+D}{Q^*_{Ii}}}(q^*_{Ii} + D - xQ^*_{Ii})f(x)\mathrm{d}x}{\eta}\right]$$

$$T_{56} - T_{\min,i} = \pi^r_{di}(Q^*_{Ii}, q^*_{Ii}) - \pi^r_{di}(Q^*_{di}, q^*_{di}) + (1-\theta^*_\psi)(q^*_{Ii})^2 - (\phi^*_i p + w_\psi - w)S(Q^*_{Ii}, q^*_{Ii})$$

$$T_{55} - T_{56} > (1-\lambda^*_i)[\pi^s_{di}(Q^*_{Ii}, q^*_{Ii}) - H^s_{di}(Q^*_{Ii}, q^*_{Ii})] > 0$$

根据不等式 $w \geqslant w_{\psi,\min,i}$，从而有 $T_{\max,i} \geqslant T_{55}$；根据不等式 $w \leqslant w_{\psi,\max,i}$，则有 $T_{56} \geqslant T_{\min,i}$。

附录 D

第 6 章的证明

D.1 集中式决策最优策略的存在性证明

由于 π_{Iiy} 关于 Q 和 q 的二阶导数分别为

$$\frac{\partial^2 \pi_{Iiy}}{\partial Q^2} = -\frac{(p - v - w_1 + c_1)(q + D)^2}{Q^3} f\left(\frac{q + D}{Q}\right) < 0$$

$$\frac{\partial^2 \pi_{Iiy}}{\partial q^2} = -2 - \frac{p - v - w_1 + c_1}{Q} f\left(\frac{q + D}{Q}\right)$$

$$\frac{\partial^2 \pi_{Iiy}}{\partial Q \partial q} = \frac{(p - v - w_1 + c_1)(q + D)}{Q^2} f\left(\frac{q + D}{Q}\right)$$

$$\begin{vmatrix} \dfrac{\partial^2 \pi_{Iiy}}{\partial Q^2} & \dfrac{\partial^2 \pi_{Iiy}}{\partial Q \partial q} \\ \dfrac{\partial^2 \pi_{Iiy}}{\partial Q \partial q} & \dfrac{\partial^2 \pi_{Iiy}}{\partial q^2} \end{vmatrix} = \frac{2(p - v - w_1 + c_1)(q + D)^2}{Q^3} f\left(\frac{q + D}{Q}\right) > 0$$

因而，π_{Iiy} 关于 Q 和 q 的 Hessian 矩阵是负定的。于是，供应链的最优策略满足一阶导条件，即

$$\begin{cases} \displaystyle\int_0^{\frac{q_{Iiy}^* + D}{Q_{Iiy}^*}} x f(x)\,\mathrm{d}x = \frac{c_1 - \mu v}{c - v} \\ 2q_{Iiy}^* = p - v - (p - v - w_1 + c_1) F\left(\dfrac{q_{Iiy}^* + D}{Q_{Iiy}^*}\right) \end{cases}$$

D.2 批发价契约下供应商 CVaR 效用函数的存在性证明

令

$$\sigma_{61} = (\mu v - c)Q + (w_1 - c_1)(q + D) - q^2$$

$$\sigma_{62} = (\mu v - c)Q + (w - v)(q + D) - q^2$$

从而，批发价契约下供应商的 CVaR 效用函数满足

$$H_{diy}^s = \sigma - \frac{1}{\eta}\int_0^{\frac{q+D}{Q}} \{\sigma - \sigma_{61} - (w - v - w_1 + c_1)xQ\}^+ \mathrm{d}F(x) - \frac{1}{\eta}\int_{\frac{q+D}{Q}}^{+\infty} \{\sigma - \sigma_{62}\}^+ \mathrm{d}F(x) \tag{D.1}$$

余下证明类似于附录 A.1，当 $\sigma_{diy}^* = (\mu v - c)Q + (w - v)(q + D) - q^2$ 时，供应商的 CVaR 效用函数取极大，且满足

$$H_{diy}^s = (w - v)(q + D) + (\mu v - c)Q - q^2 - (w - v - w_1 + c_1)\frac{\int_0^{\frac{q+D}{Q}}(q + D - xQ)f(x)\mathrm{d}x}{\eta}$$

D.3　批发价契约下供应商最优策略的存在性证明

由于 H_{diy}^s 关于 Q 和 q 的二阶导数满足

$$\frac{\partial^2 H_{diy}^s}{\partial Q^2} = -\frac{(w - v - w_1 + c_1)(q + D)^2}{\eta Q^3} f\left(\frac{q + D}{Q}\right) < 0$$

$$\frac{\partial^2 H_{diy}^s}{\partial q^2} = -2 - \frac{w - v - w_1 + c_1}{\eta Q} f\left(\frac{q + D}{Q}\right)$$

$$\frac{\partial^2 H_{diy}^s}{\partial Q \partial q} = \frac{(w - v - w_1 + c_1)(q + D)}{\eta Q^2} f\left(\frac{q + D}{Q}\right)$$

$$\begin{vmatrix} \dfrac{\partial^2 H_{diy}^s}{\partial Q^2} & \dfrac{\partial^2 H_{diy}^s}{\partial Q \partial q} \\ \dfrac{\partial^2 H_{diy}^s}{\partial Q \partial q} & \dfrac{\partial^2 H_{diy}^s}{\partial q^2} \end{vmatrix} = \frac{2(w - v - w_1 + c_1)(q + D)^2}{\eta Q^3} f\left(\frac{q + D}{Q}\right) > 0$$

因而，H_{diy}^s 关于 Q 和 q 的 Hessian 矩阵是负定的。于是，批发价契约下最优策略满足一阶导条件，即

$$\begin{cases} \displaystyle\int_0^{\frac{q_{diy}^* + D}{Q_{diy}^*}} xf(x)\mathrm{d}x = \frac{\eta(c - \mu v)}{w - v - w_1 + c_1} \\ 2q_{diy}^* = w - v - (w - v - w_1 + c_1)\dfrac{F\left(\dfrac{q_{diy}^* + D}{Q_{diy}^*}\right)}{\eta} \end{cases}$$

D.4 风险分散与质量成本分担契约下供应商 CVaR 效用函数的存在性证明

令

$$\sigma_{63} = [(w\mu - c) - \lambda\mu(w\mu - v)]Q + \lambda(w_1 - c_1)(q + D) - \theta q^2 - T$$

$$\sigma_{64} = (w\mu - c)Q - \lambda(w\mu - v)(\mu Q - q - D) - \theta q^2 - T$$

那么风险分散与质量成本分担契约下供应商的 CVaR 效用函数满足

$$H_{aiy}^s = \sigma - \frac{1}{\eta}\int_0^{\frac{q+D}{Q}} [\sigma - \sigma_{63} - \lambda(w\mu - v - w_1 + c_1)xQ]^+ \mathrm{d}F(x) - \frac{1}{\eta}\int_{\frac{q+D}{Q}}^{+\infty} (\sigma - \sigma_{64})^+ \mathrm{d}F(x) \tag{D.2}$$

余下证明类似于附录 A. 2，当 $\sigma_{aiy}^* = \sigma_{64}$ 时，供应商的 CVaR 效用函数取极大，且满足

$$H_{aiy}^s = (w\mu - c)Q - \lambda(w\mu - v)(\mu Q - q - D) - T - \theta q^2 - \lambda(w\mu - v - w_1 + c_1)\frac{\int_0^{\frac{q+D}{Q}}(q + D - xQ)f(x)\mathrm{d}x}{\eta}$$

D.5 风险分散与质量成本分担契约下供应商最优策略的存在性证明

由于 H_{aiy}^s 关于 Q 和 q 的二阶导数满足

$$\frac{\partial^2 H_{aiy}^s}{\partial Q^2} = -\frac{\lambda(w\mu - v - w_1 + c_1)(q + D)^2}{\eta Q^3} f\left(\frac{q + D}{Q}\right) < 0$$

$$\frac{\partial^2 H_{aiy}^s}{\partial q^2} = -2\theta - \frac{\lambda(w\mu - v - w_1 + c_1)}{\eta Q} f\left(\frac{q + D}{Q}\right)$$

$$\frac{\partial^2 H_{aiy}^s}{\partial Q \partial q} = \frac{\lambda(w\mu - v - w_1 + c_1)(q + D)}{\eta Q^2} f\left(\frac{q + D}{Q}\right)$$

$$\begin{vmatrix} \dfrac{\partial^2 H_{aiy}^s}{\partial Q^2} & \dfrac{\partial^2 H_{aiy}^s}{\partial Q \partial q} \\ \dfrac{\partial^2 H_{aiy}^s}{\partial Q \partial q} & \dfrac{\partial^2 H_{aiy}^s}{\partial q^2} \end{vmatrix} = \frac{2\theta\lambda(w\mu - v - w_1 + c_1)(q + D)^2}{\eta Q^3} f\left(\frac{q + D}{Q}\right) > 0$$

因而，H_{aiy}^s 关于 Q 和 q 的 Hessian 矩阵是负定的。于是，风险分散与质量成本分担契约下最优策略满足一阶导条件，即

$$\begin{cases} \int_0^{\frac{q_{aiy}^*+D}{Q_{aiy}^*}} xf(x)\,\mathrm{d}x = \dfrac{\eta[c - w\mu + \lambda(w\mu - v)\mu]}{\lambda(w\mu - v - w_1 + c_1)} \\ 2\theta q_{aiy}^* = \lambda(w\mu - v) - \lambda(w\mu - v - w_1 + c_1)\dfrac{F\left(\dfrac{q_{aiy}^* + D}{Q_{aiy}^*}\right)}{\eta} \end{cases}$$

D.6 定理 6.1 的证明

首先，考虑供应链协调问题。令 $\begin{cases} Q_{aiy}^* = Q_{Iiy}^*, \\ q_{aiy}^* = q_{Iiy}^*, \end{cases}$ 从而可以解得

$$\left.\begin{aligned} \lambda_{iy}^* &= \frac{\eta(w\mu - c)(c - v) + (w_1 - c_1)(\mu v - c_1)}{(w\mu - v)[\eta\mu(c - v) - c_1 + v]} \\ \theta_{ay}^* &= \frac{\lambda_{iy}^*(w\mu - v) - \lambda_{iy}^*(w\mu - v - w_1 + c_1)\dfrac{F\left(\dfrac{q_{Iiy}^* + D}{Q_{Iiy}^*}\right)}{\eta}}{p - v - (c_1 - v)F\left(\dfrac{q_{Iiy}^* + D}{Q_{Iiy}^*}\right)} \end{aligned}\right\} \tag{D.3}$$

其次，考虑 Pareto 改进。令

$$\left.\begin{aligned} H_{aiy}^s(Q_{Iiy}^*,\ q_{Iiy}^*,\ \lambda_{iy}^*) &\geqslant H_{diy}^s(Q_{diy}^*,\ q_{diy}^*) \\ \pi_{aiy}^s(Q_{Iiy}^*,\ q_{Iiy}^*,\ \lambda_{iy}^*) &\geqslant \pi_{diy}^s(Q_{diy}^*,\ q_{diy}^*) \end{aligned}\right\} \tag{D.4}$$

从而有 $T \in [T_{\min,iy},\ T_{\max,iy}]$，其中

$$T_{\min,iy} = \pi_{diy}^r(Q_{diy}^*,\ q_{diy}^*) - \pi_{diy}^r(Q_{Iiy}^*,\ q_{Iiy}^*) + (1 - \lambda_{iy}^*)L_{60}(Q_{Iiy}^*,\ q_{Iiy}^*) + (1 - \theta_{ay}^*)(q_{Iiy}^*)^2$$

$$T_{\max,iy} = \lambda_{iy}^* H_{diy}^s(Q_{Iiy}^*,\ q_{Iiy}^*) - H_{diy}^s(Q_{diy}^*,\ q_{diy}^*) + (1 - \lambda_{iy}^*)(w\mu - c)Q_{Iiy}^* + (1 - \theta_{ay}^*)(q_{Iiy}^*)^2$$

也就是说，在式（D.3）和 $T \in [T_{\min,iy},\ T_{\max,iy}]$ 条件下，风险分散与质量成本分担契约是可行的。

D.7 期权与质量成本分担契约下供应商 CVaR 效用函数的存在性证明

令

$$\sigma_{65} = (\mu v + \mu k - c)Q + (w_1 - c_1)(q + D) - \theta q^2$$

$$\sigma_{66} = (o - v)(q + D) + (\mu v + \mu k - c)Q - \theta q^2$$

那么期权与质量成本分担契约下供应商的 CVaR 效用函数满足

$$H^s_{\varepsilon iy} = \sigma - \frac{1}{\eta}\int_0^{\frac{q+D}{Q}} (\sigma - \sigma_{65} - (o - v - w_1 + c_1)xQ)^+ \mathrm{d}F(x) - \frac{1}{\eta}\int_{\frac{q+D}{Q}}^{+\infty} (\sigma - \sigma_{66})^+ \mathrm{d}F(x) \tag{D.5}$$

余下证明类似于附录 A.5，当 $\sigma^*_{\varepsilon iy} = \sigma_{66}$ 时，供应商的 CVaR 效用函数取极大，有

$$H^s_{\varepsilon iy} = (o - v)(q + D) + (\mu v + \mu k - c)Q - \theta q^2 - (o - v - w_1 + c_1)\frac{\int_0^{\frac{q+D}{Q}} (q + D - xQ)f(x)\mathrm{d}x}{\eta}$$

D.8 期权与质量成本分担契约下供应商最优策略的存在性证明

由于 $H^s_{\varepsilon iy}$ 关于 Q 和 q 的二阶导数满足

$$\frac{\partial^2 H^s_{\varepsilon iy}}{\partial Q^2} = -\frac{(o - v - w_1 + c_1)(q + D)^2}{\eta Q^3} f\left(\frac{q + D}{Q}\right) < 0$$

$$\frac{\partial^2 H^s_{\varepsilon iy}}{\partial q^2} = -2\theta - \frac{o - v - w_1 + c_1}{\eta Q} f\left(\frac{q + D}{Q}\right)$$

$$\frac{\partial^2 H^s_{\varepsilon iy}}{\partial Q \partial q} = \frac{(o - v - w_1 + c_1)(q + D)}{\eta Q^2} f\left(\frac{q + D}{Q}\right)$$

$$\begin{vmatrix} \dfrac{\partial^2 H^s_{\varepsilon iy}}{\partial Q^2} & \dfrac{\partial^2 H^s_{\varepsilon iy}}{\partial Q \partial q} \\ \dfrac{\partial^2 H^s_{\varepsilon iy}}{\partial Q \partial q} & \dfrac{\partial^2 H^s_{\varepsilon iy}}{\partial q^2} \end{vmatrix} = \frac{2\theta(o - v - w_1 + c_1)(q + D)^2}{\eta Q^3} f\left(\frac{q + D}{Q}\right) > 0$$

因而，$H^s_{\varepsilon iy}$ 关于 Q 和 q 的 Hessian 矩阵是负定的。于是，期权与质量成本分担契约下最优策略满足一阶导条件，即

$$\begin{cases} \displaystyle\int_0^{\frac{q^*_{\varepsilon iy} + D}{Q^*_{\varepsilon iy}}} xf(x)\mathrm{d}x = \frac{\eta(c - \mu v - \mu k)}{o - v - w_1 + c_1} \\ 2\theta q^*_{\varepsilon iy} = o - v - (o - v - w_1 + c_1)\dfrac{F\left(\dfrac{q^*_{\varepsilon iy} + D}{Q^*_{\varepsilon iy}}\right)}{\eta} \end{cases}$$

D.9 定理 6.2 的证明

首先，考虑供应链协调问题。令 $\begin{cases} Q_{\varepsilon iy}^* = Q_{Iiy}^*, \\ q_{\varepsilon iy}^* = q_{Iiy}^*, \end{cases}$ 从而有

$$\left.\begin{aligned} k_{iy}^* &= \frac{\eta(c-v)(c-\mu v)-(o-v-w_1+c_1)(c_1-\mu v)}{\eta\mu(c-v)} \\ \theta_{\varepsilon y}^* &= \frac{o-v-(o-v-w_1+c_1)\dfrac{F\left(\dfrac{q_{Iiy}^*+D}{Q_{Iiy}^*}\right)}{\eta}}{p-v-(c_1-v)F\left(\dfrac{q_{Iiy}^*+D}{Q_{Iiy}^*}\right)} \end{aligned}\right\} \tag{D.6}$$

其次，考虑 Pareto 改进问题。令

$$\left.\begin{aligned} \pi_{\varepsilon iy}^r(Q_{Iiy}^*, q_{Iiy}^*, k_{iy}^*) &\geqslant \pi_{diy}^r(Q_{diy}^*, q_{diy}^*) \\ H_{\varepsilon iy}^r(Q_{Iiy}^*, q_{Iiy}^*, k_{iy}^*) &\geqslant H_{diy}^r(Q_{diy}^*, q_{diy}^*) \end{aligned}\right\} \tag{D.7}$$

从而有 $o \in [o_{\min,\ iy}, o_{\max,\ iy}]$，其中

$$o_{\min,\ iy} = w + \frac{H_{diy}^s(Q_{diy}^*, q_{diy}^*) - H_{diy}^s(Q_{Iiy}^*, q_{Iiy}^*) - (1-\theta_{\varepsilon y}^*)(q_{Iiy}^*)^2 - \mu k_{iy}^* Q_{Iiy}^*}{q_{Iiy}^* + D - \dfrac{\int_0^{\frac{q_{Iiy}^*+D}{Q_{Iiy}^*}} (q_{Iiy}^* + D - xQ_{Iiy}^*)f(x)\mathrm{d}x}{\eta}}$$

$$o_{\max,\ iy} = w + \frac{\pi_{diy}^r(Q_{Iiy}^*, q_{Iiy}^*) - \pi_{diy}^r(Q_{diy}^*, q_{diy}^*) - (1-\theta_{\varepsilon y}^*)(q_{Iiy}^*)^2 - \mu k_{iy}^* Q_{Iiy}^*}{S(Q_{Iiy}^*)}$$

因此，期权与质量成本分担契约在式（D.6）和 $o \in [o_{\min,\ iy}, o_{\max,\ iy}]$ 条件下是可行的。

D.10 补贴与质量成本分担契约下供应商 CVaR 效用函数的存在性证明

令

$$\sigma_{66} = (\mu v + \mu b - c)Q + (w_1 - c_1)(q + D) - \theta q^2$$

$$\sigma_{68} = (\mu v + \mu b - c)Q + (w_z - v - b)(q + D) - \theta q^2$$

那么补贴与质量成本分担契约下供应商的 CVaR 效用函数满足

$$H_{ziy}^{s}=\sigma-\frac{1}{\eta}\int_{0}^{\frac{q+D}{Q}}\left[\sigma-\sigma_{67}-(w_z-v-b-w_1+c_1)xQ\right]^{+}\mathrm{d}F(x)-\frac{1}{\eta}\int_{\frac{q+D}{Q}}^{+\infty}(\sigma-\sigma_{68})^{+}\mathrm{d}F(x) \tag{D.8}$$

余下证明类似于附录 A.7，当 $\sigma_{ziy}^{*}=\sigma_{68}$ 时，供应商的 CVaR 效用函数取极大，且满足

$$H_{ziy}^{s}=(w_z-v-b)(q+D)+(\mu v+\mu b-c)Q-\theta q^2-(w_z-v-w_1+c_1)\frac{\int_{0}^{\frac{q+D}{Q}}(q+D-xQ)f(x)\mathrm{d}x}{\eta}$$

D.11 补贴与质量成本分担契约下供应商最优策略的存在性证明

由于 H_{ziy}^{s} 关于 Q 和 q 的二阶导数满足

$$\frac{\partial^2 H_{ziy}^{s}}{\partial Q^2}=-\frac{(w_z-v-b-w_1+c_1)(q+D)^2}{\eta Q^3}f\left(\frac{q+D}{Q}\right)<0$$

$$\frac{\partial^2 H_{ziy}^{s}}{\partial q^2}=-2\theta-\frac{w_z-v-b-w_1+c_1}{\eta Q}f\left(\frac{q+D}{Q}\right)$$

$$\frac{\partial^2 H_{ziy}^{s}}{\partial Q\partial q}=\frac{(w_z-v-b-w_1+c_1)(q+D)}{\eta Q^2}f\left(\frac{q+D}{Q}\right)$$

$$\begin{vmatrix}\dfrac{\partial^2 H_{ziy}^{s}}{\partial Q^2} & \dfrac{\partial^2 H_{ziy}^{s}}{\partial Q\partial q}\\ \dfrac{\partial^2 H_{ziy}^{s}}{\partial Q\partial q} & \dfrac{\partial^2 H_{ziy}^{s}}{\partial q^2}\end{vmatrix}=\frac{2\theta(w_z-v-b-w_1+c_1)(q+D)^2}{\eta Q^3}f\left(\frac{q+D}{Q}\right)>0$$

因而，H_{ziy}^{s} 关于 Q 和 q 的 Hessian 矩阵是负定的。于是，补贴与质量成本分担契约下最优策略满足一阶导条件，即

$$\begin{cases}\displaystyle\int_{0}^{\frac{q_{ziy}^{*}+D}{Q_{ziy}^{*}}}xf(x)\mathrm{d}x=\frac{\eta(c-\mu v-\mu b)}{w_z-v-b-w_1+c_1}\\ 2\theta q_{ziy}^{*}=w_z-v-b-\dfrac{w_z-v-b-w_1+c_1}{\eta}F\left(\dfrac{q_{ziy}^{*}+D}{Q_{ziy}^{*}}\right)\end{cases}$$

D.12 定理 6.3 的证明

首先，考虑供应链协调问题。令 $\begin{cases}Q_{ziy}^{*}=Q_{Iiy}^{*},\\ q_{ziy}^{*}=q_{Iiy}^{*},\end{cases}$ 从而有

$$\left.\begin{aligned}b_{iy}^{*} &= \frac{\eta(c-v)(c-\mu v)-(w_z-v-w_1+c_1)(c_1-\mu v)}{\eta\mu(c-v)-(c_1-\mu v)}\\ \theta_{zy}^{*} &= \frac{w_z-v-b_{iy}^{*}-(w_z-v-b_{iy}^{*}-w_1+c_1)\dfrac{F\left(\dfrac{q_{Iiy}^{*}+D}{Q_{Iiy}^{*}}\right)}{\eta}}{p-v-(c_1-v)F\left(\dfrac{q_{Iiy}^{*}+D}{Q_{Iiy}^{*}}\right)}\end{aligned}\right\} \tag{D.9}$$

其次，考虑 Pareto 改进问题。令

$$\left.\begin{aligned}\pi_{ziy}^{r}(Q_{Iiy}^{*},\ q_{Iiy}^{*},\ b_{iy}^{*}) &\geqslant \pi_{diy}^{r}(Q_{diy}^{*},\ q_{diy}^{*})\\ H_{ziy}^{r}(Q_{Iiy}^{*},\ q_{Iiy}^{*},\ b_{iy}^{*}) &\geqslant H_{diy}^{r}(Q_{diy}^{*},\ q_{diy}^{*})\end{aligned}\right\} \tag{D.10}$$

从而有 $w_z \in [w_{z,\max,iy},\ w_{z,\min,iy}]$，其中

$$w_{z,\ \min,iy} = \frac{H_{diy}^{s}(Q_{diy}^{*},\ q_{diy}^{*})-H_{diy}^{s}(Q_{Iiy}^{*},\ q_{Iiy}^{*})-(1-\theta_{zy}^{*})(q_{Iiy}^{*})^2-\mu b_{iy}^{*}Q_{Iiy}^{*}}{q_{Iiy}^{*}+D-\dfrac{\int_0^{\frac{q_{Iiy}^{*}+D}{Q_{Iiy}^{*}}}(q_{Iiy}^{*}+D-xQ_{Iiy}^{*})f(x)\mathrm{d}x}{\eta}}+w-b_{iy}^{*}$$

$$w_{z,\ \max,iy} = \frac{\pi_{diy}^{r}(Q_{Iiy}^{*},\ q_{Iiy}^{*})-\pi_{diy}^{r}(Q_{diy}^{*},\ q_{diy}^{*})-(1-\theta_{zy}^{*})(q_{Iiy}^{*})^2-\mu b_{iy}^{*}Q_{Iiy}^{*}}{S(Q_{Iiy}^{*},\ q_{Iiy}^{*})}+w-b_{iy}^{*}$$

因此，补贴与质量成本分担契约在式（C.10）和 $w_z \in [w_{z,\max,i},\ w_{z,\min,i}]$ 条件下是可行的。

D.13 收入共享与质量成本分担契约下供应商 CVaR 效用函数的存在性证明

令

$$\sigma_{69} = (\mu v-c)Q+(w_1-c_1)(q+D)-\theta q^2$$

$$\sigma_{610} = (\phi p+w_{\psi}-v)(q+D)+(\mu v-c)Q-\theta q^2$$

那么收入共享与质量成本分担契约下供应商的 CVaR 效用函数满足

$$H_{\psi iy}^{s} = \sigma-\frac{1}{\eta}\int_0^{\frac{q+D}{Q}}[\sigma-\sigma_{69}-(\phi p+w_{\psi}-v-w_1+c_1)xQ]^{+}\,\mathrm{d}F(x)-\frac{1}{\eta}\int_{\frac{q+D}{Q}}^{+\infty}(\sigma-\sigma_{610})^{+}\,\mathrm{d}F(x) \tag{D.11}$$

余下证明类似于附录 A. 9，当 $\sigma_{\psi iy}^{*}=\sigma_{610}$ 时，供应商的 CVaR 效用函数取极大，且满足

$$H_{\psi iy}^{s}=(\phi p+w_{\psi}-v)(q+D)+(\mu v-c)Q-\theta q^{2}-(\phi p+w_{\psi}-v-w_{1}+c_{1})\frac{\int_{0}^{\frac{q+D}{Q}}(q+D-xQ)f(x)\mathrm{d}x}{\eta}$$

D. 14 收入共享与质量成本分担契约下供应商最优策略的存在性证明

由于 $H_{\psi iy}^{s}$ 关于 Q 和 q 的二阶导数满足

$$\frac{\partial^{2}H_{\psi iy}^{s}}{\partial Q^{2}}=-\frac{(\phi p+w_{\psi}-v-w_{1}+c_{1})(q+D)^{2}}{\eta Q^{3}}f\left(\frac{q+D}{Q}\right)<0$$

$$\frac{\partial^{2}H_{\psi iy}^{s}}{\partial q^{2}}=-2\theta-\frac{\phi p+w_{\psi}-v-w_{1}+c_{1}}{\eta Q}f\left(\frac{q+D}{Q}\right)$$

$$\frac{\partial^{2}H_{\psi iy}^{s}}{\partial Q\partial q}=\frac{(\phi p+w_{\psi}-v-w_{1}+c_{1})(q+D)}{\eta Q^{2}}f\left(\frac{q+D}{Q}\right)$$

$$\begin{vmatrix}\frac{\partial^{2}H_{\psi iy}^{s}}{\partial Q^{2}} & \frac{\partial^{2}H_{\psi iy}^{s}}{\partial Q\partial q}\\ \frac{\partial^{2}H_{\psi iy}^{s}}{\partial Q\partial q} & \frac{\partial^{2}H_{\psi iy}^{s}}{\partial q^{2}}\end{vmatrix}=\frac{2\theta(\phi p+w_{\psi}-v-w_{1}+c_{1})(q+D)^{2}}{\eta Q^{3}}f\left(\frac{q+D}{Q}\right)>0$$

因而，$H_{\psi iy}^{s}$ 关于 Q 和 q 的 Hessian 矩阵是负定的。于是，收入共享与质量成本分担契约下最优策略满足一阶导条件，即

$$\begin{cases}\int_{0}^{\frac{q_{ziy}^{*}+D}{Q_{ziy}^{*}}}xf(x)\mathrm{d}x=\dfrac{\eta(c-\mu v-\mu b)}{w_{z}-v-b-w_{1}+c_{1}}\\ 2\theta q_{\psi iy}^{*}=\phi p+w_{\psi}-v-\dfrac{\phi p+w_{\psi}-v-w_{1}+c_{1}}{\eta}F\left(\dfrac{q_{\psi iy}^{*}+D}{Q_{\psi iy}^{*}}\right)\end{cases}$$

D. 15 定理 6. 4 的证明

考虑供应链协调问题。令 $\begin{cases}Q_{\psi iy}^{*}=Q_{Iiy}^{*},\\ q_{\psi iy}^{*}=q_{Iiy}^{*},\end{cases}$ 从而有

$$\left.\begin{aligned}\phi_{iy}^{*} &= \frac{\eta(c-\mu v)(c-v)-(w_{\psi}-v-w_{1}+c_{1})(c_{1}-\mu v)}{p(c_{1}-\mu v)}\\ \theta_{\psi y}^{*} &= \frac{\phi_{iy}^{*}p+w_{\psi}-v-(\phi_{iy}^{*}p+w_{\psi}-v-w_{1}+c_{1})\dfrac{F\left(\dfrac{q_{Iiy}^{*}+D}{Q_{Iiy}^{*}}\right)}{\eta}}{p-v-(c_{1}-v)F\left(\dfrac{q_{Iiy}^{*}+D}{Q_{Iiy}^{*}}\right)}\end{aligned}\right\} \tag{D.12}$$

由于 $\phi>0$，从而 $\eta>\dfrac{(c_{1}-\mu v)(w_{\psi}-v-w_{1}+c_{1})}{(c-\mu v)(c-v)}$。

值得注意的是，

$$\frac{(c_{1}-\mu v)(w_{\psi}-v-w_{1}+c_{1})}{(c-\mu v)(c-v)}-1=$$

$$\frac{(c_{1}-\mu v)(w_{\psi}-v-w_{1}+c_{1})-(c-\mu v)(c-v)}{(c-\mu v)(c-v)}>$$

$$\frac{(c-\mu v)(w_{\psi}-c-w_{1}+c_{1})}{(c-\mu v)(c-v)}>0.$$

因而 $\eta>1$，也就是说，在补货情况下，收入共享与质量成本分担契约无法协调供应链。

D.16　$T_{\max,iy}\geqslant T_{61}>T_{62}\geqslant T_{\min,iy}$ 的证明

假设

$$T_{61}=(1-\lambda_{iy}^{*})[(w\mu-c)Q_{Iiy}^{*}-H_{diy}^{s}(Q_{Iiy}^{*},q_{Iiy}^{*})]+(\theta_{\varepsilon y}^{*}-\theta_{ay}^{*})(q_{Iiy}^{*})^{2}-\mu k_{iy}^{*}Q_{Iiy}^{*}-(o-w)\left[q_{Iiy}^{*}+D-\frac{\int_{0}^{\frac{q_{Iiy}^{*}+D}{Q_{Iiy}^{*}}}(q_{Iiy}^{*}+D-xQ_{Iiy}^{*})f(x)\,\mathrm{d}x}{\eta}\right]$$

$$T_{62}=(1-\lambda_{iy}^{*})L_{60}(Q_{Iiy}^{*},q_{Iiy}^{*})+(\theta_{\varepsilon y}^{*}-\theta_{ay}^{*})(q_{Iiy}^{*})^{2}-\mu k_{iy}^{*}Q_{Iiy}^{*}-(o-w)S(Q_{Iiy}^{*},q_{Iiy}^{*})$$

因而有

$$T_{\max,iy}-T_{61}=H_{diy}^{s}(Q_{Iiy}^{*},q_{Iiy}^{*})-H_{diy}^{s}(Q_{diy}^{*},q_{diy}^{*})+\mu k_{iy}^{*}Q_{Iiy}^{*}+(1-\theta_{\varepsilon y}^{*})(q_{Iiy}^{*})^{2}+(o-w)\left[q_{Iiy}^{*}+D-\frac{\int_{0}^{\frac{q_{Iiy}^{*}+D}{Q_{Iiy}^{*}}}(q_{Iiy}^{*}+D-xQ_{Iiy}^{*})f(x)\,\mathrm{d}x}{\eta}\right]$$

$$T_{62}-T_{\min,iy}=\pi^{r}_{diy}(Q^{*}_{Iiy},\ q^{*}_{Iiy})-\pi^{r}_{diy}(Q^{*}_{diy},\ q^{*}_{diy})-\mu k^{*}_{iy}Q^{*}_{Iiy}+(1-\theta^{*}_{\varepsilon y})(q^{*}_{Iiy})^{2}-(o-w)S(Q^{*}_{Iiy},\ q^{*}_{Iiy})$$

$$T_{61}-T_{62}>(1-\lambda^{*}_{iy})[\pi^{s}_{diy}(Q^{*}_{Iiy},\ q^{*}_{Iiy})-H^{s}_{diy}(Q^{*}_{Iiy},\ q^{*}_{Iiy})]>0$$

根据不等式 $o\geqslant o_{\min,iy}$，从而有 $T_{\max,iy}\geqslant T_{61}$。根据不等式 $o\leqslant o_{\max,iy}$，从而有 $T_{62}\geqslant T_{\min,iy}$。

D.17 $T_{\max,iy}\geqslant T_{63}>T_{64}\geqslant T_{\min,iy}$的证明

假设

$$T_{63}=(1-\lambda^{*}_{iy})[(w\mu-c)Q^{*}_{Iiy}-H^{s}_{diy}(Q^{*}_{Iiy},\ q^{*}_{Iiy})]+(\theta^{*}_{zy}-\theta^{*}_{ay})(q^{*}_{Iiy})^{2}-\mu b^{*}_{iy}Q^{*}_{Iiy}-(w_{z}-w-b^{*}_{iy})\left[q^{*}_{Iiy}+D-\frac{\int_{0}^{\frac{q^{*}_{Iiy}+D}{Q^{*}_{Iiy}}}(q^{*}_{Iiy}+D-xQ^{*}_{Iiy})f(x)\mathrm{d}x}{\eta}\right]$$

$$T_{64}=(1-\lambda^{*}_{iy})L_{60}(Q^{*}_{Iiy},\ q^{*}_{Iiy})+(\theta^{*}_{zy}-\theta^{*}_{ay})(q^{*}_{Iiy})^{2}-\mu b^{*}_{iy}Q^{*}_{Iiy}-(w_{z}-w-b^{*}_{iy})S(Q^{*}_{Iiy},\ q^{*}_{Iiy}).$$

因而有

$$T_{\max,iy}-T_{63}=H^{s}_{diy}(Q^{*}_{Iiy},\ q^{*}_{Iiy})-H^{s}_{diy}(Q^{*}_{diy},\ q^{*}_{diy})+(1-\theta^{*}_{zy})(q^{*}_{Iiy})^{2}+\mu b^{*}_{iy}Q^{*}_{Iiy}+(w_{z}-w-b^{*}_{iy})\left[q^{*}_{Iiy}+D-\frac{\int_{0}^{\frac{q^{*}_{Iiy}+D}{Q^{*}_{Iiy}}}(q^{*}_{Iiy}+D-xQ^{*}_{Iiy})f(x)\mathrm{d}x}{\eta}\right]$$

$$T_{64}-T_{\min,iy}=\pi^{r}_{diy}(Q^{*}_{Iiy},\ q^{*}_{Iiy})-\pi^{r}_{diy}(Q^{*}_{diy},\ q^{*}_{diy})+(1-\theta^{*}_{zy})(q^{*}_{Iiy})^{2}-\mu b^{*}_{iy}Q^{*}_{Iiy}-(w_{z}-w-b^{*}_{iy})S(Q^{*}_{Iiy},\ q^{*}_{Iiy})$$

$$T_{63}-T_{64}>(1-\lambda^{*}_{iy})[\pi^{s}_{diy}(Q^{*}_{Iiy},\ q^{*}_{Iiy})-H^{s}_{diy}(Q^{*}_{Iiy},\ q^{*}_{Iiy})]>0$$

根据不等式 $b\geqslant b_{\min,iy}$，从而有 $T_{\max,iy}\geqslant T_{63}$。根据不等式 $b\leqslant b_{\max,iy}$，从而有 $T_{64}\geqslant T_{\min,iy}$。

附录 E

第 7 章的证明

E.1 集中式决策最优策略的存在性证明

由于 π_{Iij} 关于 Q、q 和 e 的二阶导数分别为

$$\frac{\partial^2 \pi_{Iij}}{\partial Q^2} = -\frac{(p - v + g^r + g^s)(q + e + D)^2}{Q^3} f\left(\frac{q + e + D}{Q}\right) < 0$$

$$\frac{\partial^2 \pi_{Iij}}{\partial q^2} = \frac{\partial^2 \pi_{Iij}}{\partial e^2} - 2 - \frac{p - v + g^r + g^s}{Q} f\left(\frac{q + e + D}{Q}\right)$$

$$\frac{\partial^2 \pi_{Iij}}{\partial Q \partial q} = \frac{\partial^2 \pi_{Iij}}{\partial Q \partial e} = \frac{(p - v + g^r + g^s)(q + e + D)}{Q^2} f\left(\frac{q + e + D}{Q}\right)$$

$$\frac{\partial^2 \pi_{Iij}}{\partial e \partial q} = -\frac{p - v + g^r + g^s}{Q} f\left(\frac{q + e + D}{Q}\right)$$

$$D_2 = \begin{vmatrix} \dfrac{\partial^2 \pi_{Iij}}{\partial Q^2} & \dfrac{\partial^2 \pi_{Iij}}{\partial Q \partial q} \\ \dfrac{\partial^2 \pi_{Iij}}{\partial Q \partial q} & \dfrac{\partial^2 \pi_{Iij}}{\partial q^2} \end{vmatrix} = \frac{2(p - v + g^r + g^s)(q + e + D)^2}{Q^3} f\left(\frac{q + e + D}{Q}\right) > 0$$

$$D_3 = \begin{vmatrix} \dfrac{\partial \pi_{Iij}}{\partial Q^2} & \dfrac{\partial^2 \pi_{Iij}}{\partial Q \partial q} & \dfrac{\partial^2 \pi_{Iij}}{\partial Q \partial e} \\ \dfrac{\partial^2 \pi_{Iij}}{\partial Q \partial q} & \dfrac{\partial^2 \pi_{Iij}}{\partial q^2} & \dfrac{\partial^2 \pi_{Iij}}{\partial q \partial e} \\ \dfrac{\partial^2 \pi_{Iij}}{\partial Q \partial e} & \dfrac{\partial^2 \pi_{Iij}}{\partial q \partial e} & \dfrac{\partial^2 \pi_{Iij}}{\partial e^2} \end{vmatrix} = -\frac{AB^2}{Q^7} f\left(\frac{B}{Q}\right) \left\{ \left[2Q + Af\left(\frac{B}{Q}\right)\right]^2 - \left[Af\left(\frac{B}{Q}\right) + Q\right]^2 B^2 + B^2 Q^2 \right\}$$

其中，$A = p - v + g^r + g^s$，$B = q + e + D$。

又由于 $2Q + Af\left(\frac{B}{Q}\right) > Q + Af\left(\frac{B}{Q}\right) > Q$，从而

$$\left[2Q + Af\left(\frac{B}{Q}\right)\right]^2 - \left[Af\left(\frac{B}{Q}\right) + Q\right]^2 B^2 + B^2Q^2 >$$

$$\left[Q + Af\left(\frac{B}{Q}\right)\right]^2 (Q^2 - B^2) + B^2Q^2 > Q^2(Q^2 - B^2 + B^2) = Q^4 > 0$$

于是 $D_3 < 0$。因而，π_{Iij} 关于 Q、q 和 e 的 Hessian 矩阵是负定的。于是，供应链的最优策略满足一阶导条件，即

$$\begin{cases} \int_0^{\frac{q_{Iij}^* + e_{Iij}^* + D}{Q_{Iij}^*}} xf(x)\,\mathrm{d}x = \dfrac{c - \mu v}{p - v + g^r + g^s} \\ 2q_{Iij}^* = p - v - (p - v + g^r + g^s) F\left(\dfrac{q_{Iij}^* + e_{Iij}^* + D}{Q_{Iij}^*}\right) \\ 2e_{Iij}^* = p - v - (p - v + g^r + g^s) F\left(\dfrac{q_{Iij}^* + e_{Iij}^* + D}{Q_{Iij}^*}\right) \end{cases}$$

E.2 批发价契约下供应商 CVaR 效用函数的存在性证明

令

$$\sigma_{71} = (\mu v - c)Q - g^s(q + e + D) - q^2$$

$$\sigma_{72} = (\mu v - c)Q + (w - v)(q + e + D) - q^2$$

从而，批发价契约下供应商的 CVaR 效用函数满足

$$H_{dij}^s = \sigma - \frac{1}{\eta}\int_0^{\frac{q+e+D}{Q}} [\sigma - \sigma_{71} - (w - v + g^s)xQ]^+ \,\mathrm{d}F(x) - \frac{1}{\eta}\int_{\frac{q+e+D}{Q}}^{+\infty} (\sigma - \sigma_{72})^+ \,\mathrm{d}F(x) \tag{E.1}$$

余下证明类似于附录 A.1，当 $\sigma_{dij}^* = (\mu v - c)Q + (w - v)(q + e + D) - q^2$ 时，供应商的 CVaR 效用函数取极大，且满足

$$H_{dij}^s = (w - v)(q + e + D) + (\mu v - c)Q - q^2 - (w - v + g^s)\frac{\int_0^{\frac{q+e+D}{Q}} (q + e + D - xQ)f(x)\,\mathrm{d}x}{\eta}$$

E.3 批发价契约下最优策略的存在性证明

由于 H_{dij}^s 关于 Q 和 q 的二阶导数满足

$$\frac{\partial^2 H_{dij}^s}{\partial Q^2} = -\frac{(w - v + g^s)(q + e + D)^2}{\eta Q^3} f\left(\frac{q + e + D}{Q}\right) < 0$$

$$\frac{\partial^2 H^s_{dij}}{\partial q^2}=-2-\frac{w-v+g^s}{\eta Q}f\left(\frac{q+e+D}{Q}\right)$$

$$\frac{\partial^2 H^s_{dij}}{\partial Q\partial q}=\frac{(w-v+g^s)(q+e+D)}{\eta Q^2}f\left(\frac{q+e+D}{Q}\right)$$

$$\begin{vmatrix}\frac{\partial^2 H^s_{dij}}{\partial Q^2} & \frac{\partial^2 H^s_{dij}}{\partial Q\partial q}\\ \frac{\partial^2 H^s_{dij}}{\partial Q\partial q} & \frac{\partial^2 H^s_{dij}}{\partial q^2}\end{vmatrix}=\frac{2(w-v+g^s)(q+e+D)^2}{\eta Q^3}f\left(\frac{q+e+D}{Q}\right)>0$$

因而，H^s_{dij} 关于 Q 和 q 的 Hessian 矩阵是负定的。于是，批发价契约下供应商最优策略满足一阶导条件，即

$$\begin{cases}\int_0^{\frac{q^*_{dij}+e+D}{Q^*_{dij}}}xf(x)\,\mathrm{d}x=\frac{\eta(c-\mu v)}{w-v+g^s}\\ 2q^*_{dij}=w-v-\frac{w-v+g^s}{\eta}F\left(\frac{q^*_{dij}+e+D}{Q^*_{dij}}\right)\end{cases}$$

此时，给定 Q^*_{dij} 和 q^*_{dij}，批发价契约下零售商的最优策略满足一阶导条件，即

$$2e^*_{dij}=p-w-(p-w+g^r)F\left(\frac{q^*_{dij}+e^*_{dij}+D}{Q^*_{dij}}\right)$$

E.4　改进风险分散契约下供应商 CVaR 效用函数的存在性证明

令

$$\sigma_{73}=[(w\mu-c)-\lambda\mu(w\mu-v)]Q-\lambda g^s(q+e+D)-\theta q^2-(1-\alpha)e^2-T$$

$$\sigma_{74}=(w\mu-c)Q-\lambda(w\mu-v)(\mu Q-q-e-D)-\theta q^2-(1-\alpha)e^2-T$$

那么改进风险分散契约下供应商的 CVaR 效用函数满足

$$H^s_{aij}=\sigma-\frac{1}{\eta}\int_0^{\frac{q+e+D}{Q}}[\sigma-\sigma_{73}-\lambda(w\mu-v+g^s)xQ]^+\,\mathrm{d}F(x)-\frac{1}{\eta}\int_{\frac{q+e+D}{Q}}^{+\infty}(\sigma-\sigma_{74})^+\,\mathrm{d}F(x)\tag{E.2}$$

余下证明类似于附录 A.2，当 $\sigma^*_{aij}=\sigma_{74}$ 时，供应商的 CVaR 效用函数取极大，且满足

$$H^s_{aij}=(w\mu-c)Q-\lambda(w\mu-v)(\mu Q-q-D)-T-\theta q^2-(1-\alpha)e^2-\lambda(w\mu-v+g^s)\frac{\int_0^{\frac{q+e+D}{Q}}(q+e+D-xQ)f(x)\,\mathrm{d}x}{\eta}$$

E.5 改进风险分散契约下最优策略的存在性证明

由于 H_{aij}^s 关于 Q 和 q 的二阶导数满足

$$\frac{\partial^2 H_{aij}^s}{\partial Q^2}=-\frac{\lambda(w\mu-v+g^s)(q+e+D)^2}{\eta Q^3}f\left(\frac{q+e+D}{Q}\right)<0$$

$$\frac{\partial^2 H_{aij}^s}{\partial q^2}=-2\theta-\frac{\lambda(w-v+g^s)}{\eta Q}f\left(\frac{q+e+D}{Q}\right)$$

$$\frac{\partial^2 H_{aij}^s}{\partial Q\partial q}=\frac{\lambda(w-v+g^s)(q+e+D)}{\eta Q^2}f\left(\frac{q+e+D}{Q}\right)$$

$$\begin{vmatrix}\dfrac{\partial^2 H_{aij}^s}{\partial Q^2} & \dfrac{\partial^2 H_{aij}^s}{\partial Q\partial q}\\ \dfrac{\partial^2 H_{aij}^s}{\partial Q\partial q} & \dfrac{\partial^2 H_{aij}^s}{\partial q^2}\end{vmatrix}=\frac{2\theta\lambda(w\mu-v+g^s)(q+e+D)^2}{\eta Q^3}f\left(\frac{q+e+D}{Q}\right)>0$$

因而，H_{aij}^s 关于 Q 和 q 的 Hessian 矩阵是负定的。于是，风险分散与质量成本分担契约下最优策略满足一阶导条件，即

$$\begin{cases}\displaystyle\int_0^{\frac{q_{aij}^*+e+D}{Q_{aij}^*}}xf(x)\,\mathrm{d}x=\frac{\eta[c-w\mu+\lambda(w\mu-v)\mu]}{\lambda(w\mu-v+g^s)}\\ 2\theta q_{aij}^*=\lambda(w\mu-v)-\dfrac{\lambda(w\mu-v+g^s)}{\eta}F\left(\dfrac{q_{aij}^*+e+D}{Q_{aij}^*}\right)\end{cases}$$

此时，给定 Q_{aij}^* 和 q_{aij}^*，改进风险分散契约下零售商的最优策略满足一阶导条件，即

$$2\alpha e_{aij}^*=p-w+(1-\lambda)(w\mu-v)-[p-w+g^r+(1-\lambda)(w\mu-v+g^s)]F\left(\frac{q_{aij}^*+e_{aij}^*+D}{Q_{aij}^*}\right)$$

E.6 定理 7.1 的证明

首先，考虑供应链协调问题。令 $\begin{cases}Q_{aij}^*=Q_{Iij}^*,\\ q_{aij}^*=q_{Iij}^*,\\ e_{aij}^*=e_{Iij}^*,\end{cases}$ 从而可以解得

$$\left.\begin{aligned}
\theta_{aj}^{*} &= \frac{\lambda_{ij}^{*}(w\mu - v) - \dfrac{\lambda_{ij}^{*}(w\mu - v + g^{s})}{\eta}F\left(\dfrac{q_{Iij}^{*} + e_{Iij}^{*} + D}{Q_{Iij}^{*}}\right)}{p - v - (p - v + g^{r} + g^{s})F\left(\dfrac{q_{Iij}^{*} + e_{Iij}^{*} + D}{Q_{Iij}^{*}}\right)} \\
\lambda_{ij}^{*} &= \frac{\eta(w\mu - c)(p - v + g^{r} + g^{s})}{\eta\mu(w\mu - v)(p - v + g^{r} + g^{s}) - (c - \mu v)(w\mu - v + g^{s})} \\
\alpha_{a}^{*} &= \frac{p - w + (1 - \lambda_{ij}^{*})(w\mu - v) - [p - w + g^{r} + (1 - \lambda_{ij}^{*})(w\mu - v + g^{s})]F\left(\dfrac{q_{Iij}^{*} + e_{Iij}^{*} + D}{Q_{Iij}^{*}}\right)}{p - v - (p - v + g^{r} + g^{s})F\left(\dfrac{q_{Iij}^{*} + e_{Iij}^{*} + D}{Q_{Iij}^{*}}\right)}
\end{aligned}\right\} \tag{E.3}$$

其次，考虑 Pareto 改进。令

$$\left.\begin{aligned}
H_{aij}^{s}(Q_{Ii}^{*},\ q_{Iij}^{*},\ e_{Iij}^{*},\ \lambda_{ij}^{*}) &\geqslant H_{dij}^{s}(Q_{dij}^{*},\ q_{dij}^{*},\ e_{dij}^{*}) \\
\pi_{aij}^{s}(Q_{Iij}^{*},\ q_{Iij}^{*},\ e_{Iij}^{*},\ \lambda_{ij}^{*}) &\geqslant \pi_{dij}^{s}(Q_{dij}^{*},\ q_{dij}^{*},\ e_{dij}^{*})
\end{aligned}\right\} \tag{E.4}$$

从而有 $T \in [T_{\min,\ ij},\ T_{\max,\ ij}]$，其中

$$\begin{aligned}
T_{\min,\ ij} = {} & \pi_{dij}^{r}(Q_{dij}^{*},\ q_{dij}^{*},\ e_{dij}^{*}) - \pi_{dij}^{r}(Q_{Iij}^{*},\ q_{Iij}^{*},\ e_{Iij}^{*}) + (1 - \lambda_{ij}^{*})L_{70}(Q_{Iij}^{*},\ q_{Iij}^{*},\ e_{Iij}^{*}) + \\
& (1 - \theta_{aj}^{*})(q_{Iij}^{*})^{2} - (1 - \alpha_{a}^{*})(e_{Iij}^{*})^{2}
\end{aligned}$$

$$\begin{aligned}
T_{\max,\ ij} = {} & \lambda_{ij}^{*} H_{dij}^{s}(Q_{Iij}^{*},\ q_{Iij}^{*},\ e_{Iij}^{*}) - H_{dij}^{s}(Q_{dij}^{*},\ q_{dij}^{*},\ e_{dij}^{*}) + (1 - \lambda_{ij}^{*})(w\mu - c)Q_{Iij}^{*} + \\
& (1 - \theta_{aj}^{*})(q_{Iij}^{*})^{2} - (1 - \alpha_{a}^{*})(e_{Iij}^{*})^{2}
\end{aligned}$$

也就是说，在式（E.3）和 $T \in [T_{\min,ij},\ T_{\max,ij}]$ 条件下，风险分散与质量成本分担契约是可行的。

E.7　改进期权契约下供应商 CVaR 效用函数的存在性证明

令

$$\sigma_{75} = (\mu v + \mu k - c)Q - g^{s}(q + e + D) - \theta q^{2} - (1 - \alpha)e^{2}$$

$$\sigma_{76} = (o - v)(q + e + D) + (\mu v + \mu k - c)Q - \theta q^{2} - (1 - \alpha)e^{2}$$

那么改进期权契约下供应商的 CVaR 效用函数满足

$$\begin{aligned}
H_{\varepsilon ij}^{s} = {} & \sigma - \frac{1}{\eta}\int_{0}^{\frac{q+e+D}{Q}} [\sigma - \sigma_{75} - (o - v + g^{s})xQ]^{+}\,\mathrm{d}F(x) - \\
& \frac{1}{\eta}\int_{\frac{q+e+D}{Q}}^{+\infty} (\sigma - \sigma_{76})^{+}\,\mathrm{d}F(x)
\end{aligned} \tag{E.5}$$

余下证明类似于附录 A.5，当 $\sigma_{\varepsilon ij}^{*} = \sigma_{76}$ 时，供应商的 CVaR 效用函数取极

大，且满足

$$H^s_{\varepsilon ij}=(o-v)(q+e+D)+(\mu v+\mu k-c)Q-\theta q^2-(1-\alpha)e^2-(o-v+g^s)\frac{\int_0^{\frac{q+e+D}{Q}}(q+e+D-xQ)f(x)\mathrm{d}x}{\eta}$$

E.8 改进期权契约下最优策略的存在性证明

由于 $H^s_{\varepsilon ij}$ 关于 Q 和 q 的二阶导数满足

$$\frac{\partial^2 H^s_{\varepsilon ij}}{\partial Q^2}=-\frac{(o-v+g^s)(q+e+D)^2}{\eta Q^3}f\left(\frac{q+e+D}{Q}\right)<0$$

$$\frac{\partial^2 H^s_{\varepsilon ij}}{\partial q^2}=-2\theta-\frac{o-v+g^s}{\eta Q}f\left(\frac{q+e+D}{Q}\right)$$

$$\frac{\partial^2 H^s_{\varepsilon ij}}{\partial Q\partial q}=\frac{(o-v+g^s)(q+e+D)}{\eta Q^2}f\left(\frac{q+e+D}{Q}\right)$$

$$\begin{vmatrix}\frac{\partial^2 H^s_{\varepsilon ij}}{\partial Q^2} & \frac{\partial^2 H^s_{\varepsilon ij}}{\partial Q\partial q}\\ \frac{\partial^2 H^s_{\varepsilon ij}}{\partial Q\partial q} & \frac{\partial^2 H^s_{\varepsilon ij}}{\partial q^2}\end{vmatrix}=\frac{2\theta(o-v+g^s)(q+e+D)^2}{\eta Q^3}f\left(\frac{q+e+D}{Q}\right)>0$$

因而，$H^s_{\varepsilon ij}$ 关于 Q 和 q 的 Hessian 矩阵是负定的。于是，改进期权契约下最优策略满足一阶导条件，即

$$\begin{cases}\int_0^{\frac{q^*_{\varepsilon ij}+e+D}{Q^*_{\varepsilon ij}}}xf(x)\mathrm{d}x=\frac{\eta(c-\mu v-\mu k)}{o-v+g^s}\\ 2\theta q^*_{\varepsilon ij}=o-v-\frac{o-v+g^s}{\eta}F\left(\frac{q^*_{\varepsilon ij}+e+D}{Q^*_{\varepsilon ij}}\right)\end{cases}$$

进而，在给定 $Q^*_{\varepsilon ij}$ 和 $q^*_{\varepsilon ij}$ 的情况下，改进期权契约下零售商的最优策略满足一阶导条件，即

$$2\alpha e^*_{\varepsilon ij}=p-o-(p-o+g^r)F\left(\frac{q^*_{\varepsilon ij}+e^*_{\varepsilon ij}+D}{Q^*_{\varepsilon ij}}\right)$$

E.9 定理 7.2 的证明

首先，考虑供应链协调问题。令 $\begin{cases}Q^*_{\varepsilon ij}=Q^*_{Iij},\\ q^*_{\varepsilon ij}=q^*_{Iij},\\ e^*_{\varepsilon ij}=e^*_{Iij},\end{cases}$ 从而有

$$\left.\begin{aligned}
\theta_{\varepsilon j}^{*} &= \frac{o-v-\dfrac{o-v+g^{s}}{\eta}F\left(\dfrac{q_{Iij}^{*}+e_{Iij}^{*}+D}{Q_{Iij}^{*}}\right)}{p-v-(p-v+g^{r}+g^{s})F\left(\dfrac{q_{Iij}^{*}+e_{Iij}^{*}+D}{Q_{Iij}^{*}}\right)} \\
k_{ij}^{*} &= \frac{[\eta(p-v+g^{r}+g^{s})-(o-v+g^{s})](c-\mu v)}{\eta\mu(p-v+g^{r}+g^{s})} \\
\alpha_{\varepsilon}^{*} &= \frac{p-o-(p-o+g^{r})F\left(\dfrac{q_{Iij}^{*}+e_{Iij}^{*}+D}{Q_{Iij}^{*}}\right)}{p-v-(p-v+g^{r}+g^{s})F\left(\dfrac{q_{Iij}^{*}+e_{Iij}^{*}+D}{Q_{Iij}^{*}}\right)}
\end{aligned}\right\} \tag{E.6}$$

其次，考虑 Pareto 改进问题。令

$$\left.\begin{aligned}
\pi_{\varepsilon ij}^{r}(Q_{Iij}^{*},\ q_{Iij}^{*},\ e_{Iij}^{*},\ k_{ij}^{*}) \geqslant \pi_{dij}^{r}(Q_{dij}^{*},\ q_{dij}^{*},\ e_{dij}^{*}) \\
H_{\varepsilon ij}^{r}(Q_{Iij}^{*},\ q_{Iij}^{*},\ e_{Iij}^{*},\ k_{ij}^{*}) \geqslant H_{dij}^{r}(Q_{dij}^{*},\ q_{dij}^{*},\ e_{dij}^{*})
\end{aligned}\right\} \tag{E.7}$$

从而有 $o \in [o_{\min,\ ij},\ o_{\max,\ ij}]$，其中

$$o_{\min,\ ij} = w + \frac{H_{dij}^{s}(Q_{dij}^{*},\ q_{dij}^{*},\ e_{dij}^{*}) - H_{dij}^{s}(Q_{Iij}^{*},\ q_{Iij}^{*},\ e_{Iij}^{*}) - (1-\theta_{\varepsilon j}^{*})(q_{Iij}^{*})^{2} - (1-\alpha_{\varepsilon}^{*})(e_{Iij}^{*})^{2} - \mu k_{ij}^{*}Q_{Iij}^{*}}{q_{Iij}^{*}+e_{Iij}^{*}+D-\dfrac{\int_{0}^{\frac{q_{Iij}^{*}+e_{Iij}^{*}+D}{Q_{Iij}^{*}}}(q_{Iij}^{*}+e_{Iij}^{*}+D-xQ_{Iij}^{*})f(x)\mathrm{d}x}{\eta}}$$

$$o_{\max,\ ij} = w + \frac{\pi_{dij}^{r}(Q_{Iij}^{*},\ q_{Iij}^{*},\ e_{Iij}^{*}) - \pi_{dij}^{r}(Q_{dij}^{*},\ q_{dij}^{*},\ e_{dij}^{*}) - (1-\theta_{\varepsilon j}^{*})(q_{Iij}^{*})^{2} - (1-\alpha_{\varepsilon}^{*})(e_{Iij}^{*})^{2} - \mu k_{ij}^{*}Q_{Iij}^{*}}{S(Q_{Iij}^{*},\ q_{Iij}^{*},\ e_{Iij}^{*})}$$

因此，改进期权契约在式（E.6）和 $o \in [o_{\min,\ ij},\ o_{\max,\ ij}]$ 条件下是可行的。

E.10　改进补贴契约下供应商 CVaR 效用函数的存在性证明

令

$$\sigma_{76} = (\mu v + \mu b - c)Q - g^{s}(q+e+D) - \theta q^{2} - (1-\alpha)e^{2}$$

$$\sigma_{78} = (\mu v + \mu b - c)Q + (w_{z} - v - b)(q+e+D) - \theta q^{2} - (1-\alpha)e^{2}$$

那么改进补贴契约下供应商的 CVaR 效用函数满足

$$H_{zij}^{s} = \sigma - \frac{1}{\eta}\int_{0}^{\frac{q+e+D}{Q}} [\sigma - \sigma_{77} - (w_{z} - v - b + g^{s})xQ]^{+}\,\mathrm{d}F(x) -$$

$$\frac{1}{\eta}\int_{\frac{q+e+D}{Q}}^{+\infty}(\sigma-\sigma_{78})^{+}\mathrm{d}F(x) \tag{E.8}$$

余下证明类似于附录 A.7，当 $\sigma_{zij}^{*}=\sigma_{78}$ 时，供应商的 CVaR 效用函数取极大，且有

$$H_{zij}^{s}=(w_z-v-b)(q+e+D)+(\mu v+\mu b-c)Q-\theta q^2-(1-\alpha)e^2-(w_z-v+g^s)\frac{\int_0^{\frac{q+e+D}{Q}}(q+e+D-xQ)f(x)\mathrm{d}x}{\eta}$$

E.11 改进补贴契约下最优策略的存在性证明

由于 H_{zij}^{s} 关于 Q 和 q 的二阶导数满足

$$\frac{\partial^2 H_{zij}^{s}}{\partial Q^2}=-\frac{(w_z-v-b+g^s)(q+e+D)^2}{\eta Q^3}f\left(\frac{q+e+D}{Q}\right)<0$$

$$\frac{\partial^2 H_{zij}^{s}}{\partial q^2}=-2\theta-\frac{w_z-v-b+g^s}{\eta Q}f\left(\frac{q+e+D}{Q}\right)$$

$$\frac{\partial^2 H_{zij}^{s}}{\partial Q\partial q}=\frac{(w_z-v-b+g^s)(q+e+D)}{\eta Q^2}f\left(\frac{q+e+D}{Q}\right)$$

$$\begin{vmatrix}\frac{\partial^2 H_{zij}^{s}}{\partial Q^2} & \frac{\partial^2 H_{zij}^{s}}{\partial Q\partial q}\\ \frac{\partial^2 H_{zij}^{s}}{\partial Q\partial q} & \frac{\partial^2 H_{zij}^{s}}{\partial q^2}\end{vmatrix}=\frac{2\theta(w_z-v-b+g^s)(q+e+D)^2}{\eta Q^3}f\left(\frac{q+e+D}{Q}\right)>0$$

因而，H_{zij}^{s} 关于 Q 和 q 的 Hessian 矩阵是负定的。于是，改进补贴契约下最优策略满足一阶导条件，即

$$\begin{cases}\int_0^{\frac{q_{zij}^{*}+e+D}{Q_{zij}^{*}}}xf(x)\mathrm{d}x=\dfrac{\eta(c-\mu v-\mu b)}{w_z-v-b+g^s}\\ 2\theta q_{zij}^{*}=w_z-v-b-\dfrac{w_z-v-b+g^s}{\eta}F\left(\dfrac{q_{zij}^{*}+e+D}{Q_{zij}^{*}}\right)\end{cases}$$

进而，在给定 Q_{zij}^{*} 和 q_{zij}^{*} 的情况下，改进补贴契约下零售商的最优策略满足一阶导条件，即

$$2\alpha e_{zij}^{*}=p-w_z+b-(p-w_z+b+g^r)F\left(\frac{q_{zij}^{*}+e_{zij}^{*}+D}{Q_{zij}^{*}}\right)$$

E. 12 定理 7. 3 的证明

首先，考虑供应链协调问题。令

$$\begin{cases} Q_{zij}^* = Q_{Iij}^* \\ q_{zij}^* = q_{Iij}^* \\ e_{zij}^* = e_{Iij}^* \end{cases}$$

从而有

$$\left.\begin{aligned} \theta_{zj}^* &= \frac{w_z - v - b_{ij}^* - \dfrac{w_z - v - b_{ij}^* + g^s}{\eta} F\left(\dfrac{q_{Iij}^* + e_{Iij}^* + D}{Q_{Iij}^*}\right)}{p - v - (p - v + g^r + g^s) F\left(\dfrac{q_{Iij}^* + e_{Iij}^* + D}{Q_{Iij}^*}\right)} \\ b_{ij}^* &= \frac{[\eta(p - v + g^r + g^s) - (w_z - v + g^s)](c - \mu v)}{\eta\mu(p - v + g^r + g^s) - (c - \mu v)} \\ \alpha_z^* &= \frac{p - w_z + b - (p - w_z + b + g^r) F\left(\dfrac{q_{zij}^* + e_{zij}^* + D}{Q_{zij}^*}\right)}{p - v - (p - v + g^r + g^s) F\left(\dfrac{q_{Iij}^* + e_{Iij}^* + D}{Q_{Iij}^*}\right)} \end{aligned}\right\} \quad (E.9)$$

其次，考虑 Pareto 改进问题。令

$$\left.\begin{aligned} \pi_{zij}^r(Q_{Iij}^*, q_{Iij}^*, e_{Iij}^*, b_{ij}^*) &\geqslant \pi_{dij}^r(Q_{dij}^*, q_{dij}^*, e_{dij}^*) \\ H_{zij}^r(Q_{Iij}^*, q_{Iij}^*, e_{Iij}^*, b_{ij}^*) &\geqslant H_{dij}^r(Q_{dij}^*, q_{dij}^*, e_{dij}^*) \end{aligned}\right\} \quad (E.10)$$

从而有 $w_z \in [w_{z,\max,ij}, w_{z,\min,ij}]$，其中

$$w_{z,\min,ij} = \frac{H_{dij}^s(Q_{dij}^*, q_{dij}^*, e_{dij}^*) - H_{dij}^s(Q_{Iij}^*, q_{Iij}^*, e_{Iij}^*) - (1-\theta_{zj}^*)(q_{Iij}^*)^2 - (1-\alpha_z^*)(e_{Iij}^*)^2 - \mu b_{ij}^* Q_{Iij}^*}{q_{Iij}^* + e_{Iij}^* + D - \dfrac{\int_0^{\frac{q_{Iij}^* + e_{Iij}^* + D}{Q_{Iij}^*}} (q_{Iij}^* + e_{Iij}^* + D - xQ_{Iij}^*) f(x) \mathrm{d}x}{\eta}} + w - b_{ij}^*$$

$$w_{z,\max,ij} = \frac{\pi_{dij}^r(Q_{Iij}^*, q_{Iij}^*, e_{Iij}^*) - \pi_{dij}^r(Q_{dij}^*, q_{dij}^*, e_{dij}^*) - (1-\theta_{zj}^*)(q_{Iij}^*)^2 - (1-\alpha_z^*)(e_{Iij}^*)^2 - \mu b_{ij}^* Q_{Iij}^*}{S(Q_{Iij}^*, q_{Iij}^*, e_{Iij}^*)} + w - b_{ij}^*$$

因此，改进补贴契约在式（E. 10）和 $w_z \in [w_{z,\max,ij}, w_{z,\min,ij}]$ 条件下是可行的。

E. 13 改进收入共享契约下供应商 CVaR 效用函数的存在性证明

令

$$\sigma_{79}=(\mu v-c)Q-g^s(q+e+D)-\theta q^2-(1-\alpha)e^2$$

$$\sigma_{710}=(\phi p+w_\psi-v)(q+e+D)+(\mu v-c)Q-\theta q^2-(1-\alpha)e^2$$

那么改进收入共享契约下供应商的 CVaR 效用函数满足

$$H^s_{\psi ij}=\sigma-\frac{1}{\eta}\int_0^{\frac{q+e+D}{Q}}[\sigma-\sigma_{79}-(\phi p+w_\psi-v+g^s)xQ]^+\mathrm{d}F(x)-\frac{1}{\eta}\int_{\frac{q+e+D}{Q}}^{+\infty}(\sigma-\sigma_{710})^+\mathrm{d}F(x) \tag{E. 11}$$

余下证明类似于附录 A. 9，当 $\sigma^*_{\psi ij}=\sigma_{710}$ 时，供应商的 CVaR 效用函数取极大，且满足

$$H^s_{\psi ij}=(\phi p+w_\psi-v)(q+e+D)+(\mu v-c)Q-\theta q^2-(1-\alpha)e^2-(\phi p+w_\psi-v+g^s)\frac{\int_0^{\frac{q+e+D}{Q}}(q+e+D-xQ)f(x)\mathrm{d}x}{\eta}$$

E. 14 改进收入共享契约下最优策略的存在性证明

由于 $H^s_{\psi ij}$ 关于 Q 和 q 的二阶导数满足

$$\frac{\partial^2 H^s_{\psi ij}}{\partial Q^2}=-\frac{(\phi p+w_\psi-v+g^s)(q+e+D)^2}{\eta Q^3}f\left(\frac{q+e+D}{Q}\right)<0$$

$$\frac{\partial^2 H^s_{\psi ij}}{\partial q^2}=-2\theta-\frac{\phi p+w_\psi-v+g^s}{\eta Q}f\left(\frac{q+e+D}{Q}\right)$$

$$\frac{\partial^2 H^s_{\psi ij}}{\partial Q\partial q}=\frac{(\phi p+w_\psi-v+g^s)(q+e+D)}{\eta Q^2}f\left(\frac{q+e+D}{Q}\right)$$

$$\begin{vmatrix}\frac{\partial^2 H^s_{\psi ij}}{\partial Q^2} & \frac{\partial^2 H^s_{\psi ij}}{\partial Q\partial q}\\ \frac{\partial^2 H^s_{\psi ij}}{\partial Q\partial q} & \frac{\partial^2 H^s_{\psi ij}}{\partial q^2}\end{vmatrix}=\frac{2\theta(\phi p+w_\psi-v+g^s)(q+e+D)^2}{\eta Q^3}f\left(\frac{q+e+D}{Q}\right)>0$$

因而，$H^s_{\psi ij}$ 关于 Q 和 q 的 Hessian 矩阵是负定的。于是，改进收入共享契约下最优策略满足一阶导条件，即

$$\begin{cases}\int_0^{\frac{q^*_{\psi ij}+e+D}{Q^*_{\psi ij}}}xf(x)\mathrm{d}x=\frac{\eta(c-\mu v)}{\phi p+w_\psi-v+g^s}\\ 2\theta q^*_{\psi ij}=\phi p+w_\psi-v-\frac{\phi p+w_\psi-v+g^s}{\eta}F\left(\frac{q^*_{\psi ij}+e+D}{Q^*_{\psi ij}}\right)\end{cases}$$

进而，在给定 $Q_{\psi ij}^*$ 和 $q_{\psi ij}^*$，改进收入共享契约下零售商的最优策略满足一阶导条件，即

$$2\alpha e_{\psi ij}^* = (1-\phi)p - w_\psi - [(1-\phi)p - w_\psi + g^r]F\left(\frac{q_{\psi ij}^* + e_{\psi ij}^* + D}{Q_{\psi ij}^*}\right)$$

E.15 定理 7.4 的证明

首先，考虑供应链协调问题。令

$$\begin{cases} Q_{\psi ij}^* = Q_{Iij}^* \\ q_{\psi ij}^* = q_{Iij}^* \\ e_{\psi ij}^* = e_{Iij}^* \end{cases}$$

从而有

$$\left.\begin{aligned} \theta_{\psi j}^* &= \frac{\phi_{ij}^* p + w_\psi - v - \dfrac{\phi_{ij}^* p + w_\psi - v + g^s}{\eta} F\left(\dfrac{q_{Iij}^* + e_{Iij}^* + D}{Q_{Ii}^*}\right)}{p - v - (p - v + g^r + g^s) F\left(\dfrac{q_{Ii}^* + D}{Q_{Iij}^*}\right)} \\ \phi_{ij}^* &= \eta(p - v + g^r + g^s) - (w_\psi - v + g^s) \\ \alpha_\psi^* &= \frac{(1-\phi)p - w_\psi - [(1-\phi)p - w_\psi + g^r] F\left(\dfrac{q_{\psi ij}^* + e_{\psi ij}^* + D}{Q_{\psi ij}^*}\right)}{p - v - (p - v + g^r + g^s) F\left(\dfrac{q_{Iij}^* + e_{Iij}^* + D}{Q_{Iij}^*}\right)} \end{aligned}\right\} \tag{E.12}$$

其次，考虑 Pareto 改进问题。令

$$\left.\begin{aligned} \pi_{\psi ij}^r(Q_{Ii}^*, q_{Iij}^*, e_{Iij}^*, \phi_{ij}^*) &\geqslant \pi_{dij}^r(Q_{dij}^*, q_{dij}^*, e_{dij}^*) \\ H_{\psi ij}^r(Q_{Iij}^*, q_{Iij}^*, e_{Iij}^*, \phi_{ij}^*) &\geqslant H_{dij}^r(Q_{dij}^*, q_{dij}^*, e_{dij}^*) \end{aligned}\right\} \tag{E.13}$$

从而有 $w_\psi \in [w_{\psi,\max,ij}, w_{\psi,\min,ij}]$，其中

$$w_{\psi,\min,ij} = \frac{H_{dij}^s(Q_{dij}^*, q_{dij}^*, e_{dij}^*) - H_{dij}^s(Q_{Iij}^*, q_{Iij}^*, e_{Iij}^*) - (1-\theta_{\psi j}^*)(q_{Iij}^*)^2 - (1-\alpha_\psi^*)(e_{Iij}^*)^2}{q_{Iij}^* + e_{Iij}^* + D - \dfrac{\int_0^{\frac{q_{Iij}^* + e_{Iij}^* + D}{Q_{Iij}^*}} (q_{Iij}^* + e_{Iij}^* + D - xQ_{Iij}^*) f(x)\mathrm{d}x}{\eta}} + w - \phi_{ij}^* p$$

$$w_{\psi,\max,ij} = \frac{\pi_{dij}^r(Q_{Iij}^*, q_{Iij}^*, e_{Iij}^*) - \pi_{dij}^r(Q_{dij}^*, q_{dij}^*, e_{dij}^*) - (1-\theta_{\psi j}^*)(q_{Iij}^*)^2 - (1-\alpha_\psi^*)(e_{Iij}^*)^2}{S(Q_{Iij}^*, q_{Iij}^*, e_{Iij}^*)} + w - \phi_{ij}^*$$

因此，改进收入共享契约在式（E. 13）和 $w_{\psi} \in [w_{\psi,\max,ij}, w_{\psi,\min,ij}]$ 条件下是可行的。

E. 16 $T_{\max,ij} \geqslant T_{71} > T_{72} \geqslant T_{\min,ij}$ 的证明

假设

$$T_{71} = (1-\lambda_{ij}^*)[(w\mu - c)Q_{Iij}^* - H_{dij}^s(Q_{Iij}^*, q_{Iij}^*)] + (\theta_{\varepsilon j}^* - \theta_{aj}^*)(q_{Iij}^*)^2 + (\alpha_{\varepsilon}^* - \alpha_a^*)(e_{Iij}^*)^2 - \mu k_{ij}^* Q_{Iij}^* - (o-w)\left[q_{Iij}^* + e_{Iij}^* + D - \frac{\int_0^{\frac{q_{Iij}^*+e_{Iij}^*+D}{Q_{Iij}^*}} (q_{Iij}^* + e_{Iij}^* + D - xQ_{Iij}^*)f(x)\mathrm{d}x}{\eta}\right]$$

$$T_{72} = (1-\lambda_{ij}^*)L_{70}(Q_{Iij}^*, q_{Iij}^*) + (\theta_{\varepsilon j}^* - \theta_{aj}^*)(q_{Iij}^*)^2 + (\alpha_{\varepsilon}^* - \alpha_a^*)(e_{Iij}^*)^2 - \mu k_{ij}^* Q_{Iij}^* - (o-w)S(Q_{Iij}^*, q_{Iij}^*, e_{Iij}^*).$$

因而有

$$T_{\max,ij} - T_{71} = H_{dij}^s(Q_{Iij}^*, q_{Iij}^*, e_{Iij}^*) - H_{dij}^s(Q_{dij}^*, q_{dij}^*, e_{dij}^*) + \mu k_{ij}^* Q_{Iij}^* + (1-\theta_{\varepsilon j}^*)(q_{Iij}^*)^2 + (1-\alpha_{\varepsilon}^*)(e_{Iij}^*)^2 + (o-w)\left[q_{Iij}^* + e_{Iij}^* + D - \frac{\int_0^{\frac{q_{Iij}^*+e_{Iij}^*+D}{Q_{Iij}^*}} (q_{Iij}^* + e_{Iij}^* + D - xQ_{Iij}^*)f(x)\mathrm{d}x}{\eta}\right]$$

$$T_{72} - T_{\min,ij} = \pi_{dij}^r(Q_{Iij}^*, q_{Iij}^*, e_{Iij}^*) - \pi_{dij}^r(Q_{dij}^*, q_{dij}^*, e_{dij}^*) - \mu k_{ij}^* Q_{Iij}^* + (1-\theta_{\varepsilon j}^*)(q_{Iij}^*)^2 + (1-\alpha_{\varepsilon}^*)(q_{Iij}^*)^2 - (o-w)S(Q_{Iij}^*, q_{Iij}^*, e_{Iij}^*)$$

$$T_{71} - T_{72} > (1-\lambda_{ij}^*)[\pi_{dij}^s(Q_{Iij}^*, q_{Iij}^*, e_{Iij}^*) - H_{dij}^s(Q_{Iij}^*, q_{Iij}^*, e_{Iij}^*)] > 0$$

根据不等式 $o \geqslant o_{\min,ij}$，从而有 $T_{\max,ij} \geqslant T_{71}$。根据不等式 $o \leqslant o_{\max,ij}$，从而有 $T_{72} \geqslant T_{\min,ij}$。

E. 17 $T_{\max,ij} \geqslant T_{73} > T_{74} \geqslant T_{\min,ij}$ 的证明

假设

$$T_{73} = (1-\lambda_{ij}^*)[(w\mu - c)Q_{Iij}^* - H_{dij}^s(Q_{Iij}^*, q_{Iij}^*, e_{Iij}^*)] + (\theta_{zj}^* - \theta_{aj}^*)(q_{Iij}^*)^2 - \mu b_{ij}^* Q_{Iij}^* + (\alpha_z^* - \alpha_a^*)(e_{Iij}^*)^2 - (w_z - w - b_{ij}^*)\left[q_{Iij}^* + e_{Iij}^* + D - \frac{\int_0^{\frac{q_{Iij}^*+e_{Iij}^*+D}{Q_{Iij}^*}} (q_{Iij}^* + e_{Iij}^* + D - xQ_{Iij}^*)f(x)\mathrm{d}x}{\eta}\right]$$

$$T_{74} = (1-\lambda_{ij}^*)L_{70}(Q_{Iij}^*, q_{Iij}^*, e_{Iij}^*) + (\theta_{zj}^* - \theta_{aj}^*)(q_{Iij}^*)^2 + (\alpha_z^* - \alpha_a^*)(e_{Iij}^*)^2 - \mu b_{ij}^* Q_{Iij}^* - (w_z - w - b_{ij}^*)S(Q_{Iij}^*, q_{Iij}^*, e_{Iij}^*)$$

因而有

$$T_{\max,ij} - T_{73} = H_{dij}^s(Q_{Iij}^*, q_{Iij}^*, e_{Iij}^*) - H_{dij}^s(Q_{dij}^*, q_{dij}^*, e_{dij}^*) +$$

$$(1-\theta_{zj}^*)(q_{Iij}^*)^2+\mu b_{ij}^* Q_{Iij}^*+(1-\alpha_z^*)(e_{Iij}^*)^2+(w_z-w-b_{ij}^*)\cdot\left[q_{Iij}^*+e_{Iij}^*+D-\frac{\int_0^{\frac{q_{Iij}^*+e_{Iij}^*+D}{Q_{Iij}^*}}(q_{Iij}^*+e_{Iij}^*+D-xQ_{Iij}^*)f(x)\mathrm{d}x}{\eta}\right]$$

$$T_{74}-T_{\min,ij}=\pi_{dij}^r(Q_{Iij}^*,\ q_{Iij}^*,\ e_{Iij}^*)-\pi_{dij}^r(Q_{dij}^*,\ q_{dij}^*,\ e_{dij}^*)+(1-\theta_{zj}^*)(q_{Iij}^*)^2+(1-\alpha_z^*)(e_{Iij}^*)^2-\mu b_{ij}^* Q_{Iij}^*-(w_z-w-b_{ij}^*)S(Q_{Iij}^*,\ q_{Iij}^*,\ e_{Iij}^*)$$

$$T_{73}-T_{74}>(1-\lambda_{ij}^*)[\pi_{dij}^s(Q_{Iij}^*,\ q_{Iij}^*,\ e_{Iij}^*)-H_{dij}^s(Q_{Iij}^*,\ q_{Iij}^*,\ e_{Iij}^*)]>0$$

根据不等式 $b\geqslant b_{\min,i}$，从而有 $T_{\max,i}\geqslant T_{53}$。根据不等式 $b\leqslant b_{\max,i}$，从而有 $T_{54}\geqslant T_{\min,i}$。

E.18 $T_{\max,ij}\geqslant T_{75}>T_{76}\geqslant T_{\min,ij}$的证明

假设

$$T_{75}=(1-\lambda_{ij}^*)[(w\mu-c)Q_{Iij}^*-H_{dij}^s(Q_{Iij}^*,\ q_{Iij}^*,\ e_{Iij}^*)]+(\theta_{\psi j}^*-\theta_{aj}^*)(q_{Iij}^*)^2+(\alpha_\psi^*-\alpha_a^*)(e_{Iij}^*)^2-(\phi_{ij}^* p+w_\psi-w)\left[q_{Iij}^*+e_{Iij}^*+D-\frac{\int_0^{\frac{q_{Iij}^*+e_{Iij}^*+D}{Q_{Iij}^*}}(q_{Iij}^*+e_{Iij}^*+D-xQ_{Iij}^*)f(x)\mathrm{d}x}{\eta}\right]$$

$$T_{76}=(1-\lambda_{ij}^*)L_{70}(Q_{Iij}^*,\ q_{Iij}^*,\ e_{Iij}^*)+(\theta_{\psi j}^*-\theta_{aj}^*)(q_{Iij}^*)^2+(\alpha_\psi^*-\alpha_a^*)(e_{Iij}^*)^2-(\phi_{ij}^* p+w_\psi-w)S(Q_{Iij}^*,\ q_{Iij}^*,\ e_{Iij}^*)$$

因而有

$$T_{\max,ij}-T_{75}=H_{dij}^s(Q_{Iij}^*,\ q_{Iij}^*,\ e_{Iij}^*)-H_{dij}^s(Q_{dij}^*,\ q_{dij}^*,\ e_{dij}^*)+(1-\theta_{\psi j}^*)(q_{Iij}^*)^2+(1-\alpha_\psi^*)(e_{Iij}^*)^2+(\phi_{ij}^* p+w_\psi-w)\left[q_{Iij}^*+D-\frac{\int_0^{\frac{q_{Iij}^*+e_{Iij}^*+D}{Q_{Iij}^*}}(q_{Iij}^*+e_{Iij}^*+D-xQ_{Iij}^*)f(x)\mathrm{d}x}{\eta}\right]$$

$$T_{76}-T_{\min,ij}=\pi_{dij}^r(Q_{Iij}^*,\ q_{Iij}^*,\ e_{Iij}^*)-\pi_{dij}^r(Q_{dij}^*,\ q_{dij}^*,\ e_{dij}^*)+(1-\theta_{\psi j}^*)(q_{Iij}^*)^2+(1-\alpha_\psi^*)(e_{Iij}^*)^2-(\phi_{ij}^* p+w_\psi-w)S(Q_{Iij}^*,\ q_{Iij}^*,\ e_{Iij}^*)$$

$$T_{75}-T_{76}>(1-\lambda_{ij}^*)[\pi_{dij}^s(Q_{Iij}^*,\ q_{Iij}^*,\ e_{Iij}^*)-H_{dij}^s(Q_{Iij}^*,\ q_{Iij}^*,\ e_{Iij}^*)]>0$$

根据不等式 $w\geqslant w_{\psi,\min,ij}$，从而有 $T_{\max,ij}\geqslant T_{75}$；根据不等式 $w\leqslant w_{\psi,\max,ij}$，则有 $T_{76}\geqslant T_{\min,ij}$。

附录 F

第 8 章的证明

F.1 集中式决策最优策略的存在性证明

由于 π_{Iijy} 关于 Q 、q 和 e 的二阶导数分别为

$$\frac{\partial^2\pi_{Iijy}}{\partial Q^2}=-\frac{(c_1-v)(q+e+D)^2}{Q^3}f\left(\frac{q+e+D}{Q}\right)<0$$

$$\frac{\partial^2\pi_{Iijy}}{\partial q^2}=\frac{\partial^2\pi_{Iijy}}{\partial e^2}-2-\frac{c_1-v}{Q}f\left(\frac{q+e+D}{Q}\right)$$

$$\frac{\partial^2\pi_{Iijy}}{\partial Q\partial q}=\frac{\partial^2\pi_{Iijy}}{\partial Q\partial e}=\frac{(c_1-v)(q+e+D)}{Q^2}f\left(\frac{q+e+D}{Q}\right)$$

$$\frac{\partial^2\pi_{Iijy}}{\partial e\partial q}=-\frac{c_1-v}{Q}f\left(\frac{q+e+D}{Q}\right)$$

$$D_2=\begin{vmatrix}\frac{\partial^2\pi_{Iijy}}{\partial Q^2} & \frac{\partial^2\pi_{Iijy}}{\partial Q\partial q}\\ \frac{\partial^2\pi_{Iijy}}{\partial Q\partial q} & \frac{\partial^2\pi_{Iijy}}{\partial q^2}\end{vmatrix}=\frac{2(c_1-v)(q+e+D)^2}{Q^3}f\left(\frac{q+e+D}{Q}\right)>0$$

$$D_3=\begin{vmatrix}\frac{\partial^2\pi_{Iijy}}{\partial Q^2} & \frac{\partial^2\pi_{Iijy}}{\partial Q\partial q} & \frac{\partial^2\pi_{Iijy}}{\partial Q\partial e}\\ \frac{\partial^2\pi_{Iijy}}{\partial Q\partial q} & \frac{\partial^2\pi_{Iijy}}{\partial q^2} & \frac{\partial^2\pi_{Iijy}}{\partial q\partial e}\\ \frac{\partial^2\pi_{Iijy}}{\partial Q\partial e} & \frac{\partial^2\pi_{Iijy}}{\partial q\partial e} & \frac{\partial^2\pi_{Iijy}}{\partial e^2}\end{vmatrix}=-\frac{2A_1B^2}{Q^3}f\left(\frac{B}{Q}\right)\left[2+\frac{A_1}{Q}f\left(\frac{B}{Q}\right)+\frac{2A_1^2}{Q^2}f^2\left(\frac{B}{Q}\right)\right]<0$$

其中，$A_1=c_1-v$ ，$B=q+e+D$ 。因而，π_{Iijy} 关于 Q 、q 和 e 的 Hessian 矩阵是负定的。于是，供应链的最优策略满足一阶导条件，即

$$\begin{cases}\int_0^{\frac{q_{Iijy}^*+e_{Iijy}^*+D}{Q_{Iijy}^*}} xf(x)\mathrm{d}x = \dfrac{c_1 - \mu v}{c - v} \\ 2q_{Iijy}^* = p - v - (c_1 - v)F\left(\dfrac{q_{Iijy}^* + e_{Iijy}^* + D}{Q_{Iijy}^*}\right) \\ 2e_{Iijy}^* = p - v - (c_1 - v)F\left(\dfrac{q_{Iijy}^* + e_{Iijy}^* + D}{Q_{Iijy}^*}\right)\end{cases}$$

F.2　批发价契约下供应商 CVaR 效用函数的存在性证明

令

$$\sigma_{81} = (\mu v - c)Q + (w_1 - c_1)(q + e + D) - q^2$$

$$\sigma_{82} = (\mu v - c)Q + (w - v)(q + e + D) - q^2$$

从而，批发价契约下供应商的 CVaR 效用函数满足

$$H_{dijy}^s = \sigma - \frac{1}{\eta}\int_0^{\frac{q+e+D}{Q}} [\sigma - \sigma_{81} - (w - v - w_1 + c_1)xQ]^+ \mathrm{d}F(x) - \frac{1}{\eta}\int_{\frac{q+e+D}{Q}}^{+\infty}(\sigma - \sigma_{82})^+ \mathrm{d}F(x) \tag{F.1}$$

余下证明类似于附录 A.1，当 $\sigma_{diy}^* = (\mu v - c)Q + (w - v)(q + D) - q^2$ 时，供应商的 CVaR 效用函数取极大，且满足

$$H_{dijy}^s = (w - v)(q + e + D) + (\mu v - c)Q - q^2 - (w - v - w_1 + c_1)\frac{\int_0^{\frac{q+e+D}{Q}}(q + e + D - xQ)f(x)\mathrm{d}x}{\eta}$$

F.3　批发价契约下最优策略的存在性证明

由于 H_{dijy}^s 关于 Q 和 q 的二阶导数满足

$$\frac{\partial^2 H_{dijy}^s}{\partial Q^2} = -\frac{(w - v - w_1 + c_1)(q + e + D)^2}{\eta Q^3} f\left(\frac{q + e + D}{Q}\right) < 0$$

$$\frac{\partial^2 H_{dijy}^s}{\partial q^2} = -2 - \frac{w - v - w_1 + c_1}{\eta Q} f\left(\frac{q + e + D}{Q}\right)$$

$$\frac{\partial^2 H_{dijy}^s}{\partial Q \partial q} = \frac{(w - v - w_1 + c_1)(q + e + D)}{\eta Q^2} f\left(\frac{q + e + D}{Q}\right)$$

$$\begin{vmatrix} \dfrac{\partial^2 H^s_{dijy}}{\partial Q^2} & \dfrac{\partial^2 H^s_{dijy}}{\partial Q \partial q} \\ \dfrac{\partial^2 H^s_{dijy}}{\partial Q \partial q} & \dfrac{\partial^2 H^s_{dijy}}{\partial q^2} \end{vmatrix} = \frac{2(w - v - w_1 + c_1)(q + e + D)^2}{\eta Q^3} f\left(\frac{q + e + D}{Q}\right) > 0$$

因而，H^s_{dijy} 关于 Q 和 q 的 Hessian 矩阵是负定的。于是，批发价契约下供应商最优策略满足一阶导条件，即

$$\begin{cases} \displaystyle\int_0^{\frac{q^*_{dijy}+e+D}{Q^*_{dijy}}} xf(x)\,\mathrm{d}x = \frac{\eta(c - \mu v)}{w - v - w_1 + c_1} \\ 2q^*_{diy} = w - v - \dfrac{w - v - w_1 + c_1}{\eta} F\left(\dfrac{q^*_{dijy} + e + D}{Q^*_{dijy}}\right) \end{cases}$$

此时，给定 Q^*_{dijy} 和 q^*_{dijy}，批发价契约下零售商的最优策略满足一阶导条件，即

$$2e^*_{dijy} = p - w - (w_1 - w) F\left(\frac{q^*_{dijy} + e^*_{dijy} + D}{Q^*_{dijy}}\right)$$

F.4 改进风险分散契约下供应商 CVaR 效用函数的存在性证明

令

$$\sigma_{83} = [(w\mu - c) - \lambda\mu(w\mu - v)]Q + \lambda(w_1 - c_1)(q + e + D) - \theta q^2 - (1 - \alpha)e^2 - T$$

$$\sigma_{84} = (w\mu - c)Q - \lambda(w\mu - v)(\mu Q - q - e - D) - \theta q^2 - (1 - \alpha)e^2 - T$$

那么改进风险分散契约下供应商的 CVaR 效用函数满足

$$H^s_{aijy} = \sigma - \frac{1}{\eta}\int_0^{\frac{q+e+D}{Q}} [\sigma - \sigma_{83} - \lambda(w\mu - v - w_1 + c_1)xQ]^+ \,\mathrm{d}F(x) - \frac{1}{\eta}\int_{\frac{q+e+D}{Q}}^{+\infty} (\sigma - \sigma_{84})^+ \,\mathrm{d}F(x) \tag{F.2}$$

余下证明类似于附录 A.2，当 $\sigma^*_{aijy} = \sigma_{84}$ 时，供应商的 CVaR 效用函数取极大，且满足

$$H^s_{aijy} = (w\mu - c)Q - \lambda(w\mu - v)(\mu Q - e - q - D) - T - \theta q^2 - (1 - \alpha)e^2 - \lambda(w\mu - v - w_1 + c_1)\frac{\displaystyle\int_0^{\frac{q+e+D}{Q}} (q + e + D - xQ)f(x)\,\mathrm{d}x}{\eta}$$

F.5 改进风险分散契约下最优策略的存在性证明

由于 H^s_{aijy} 关于 Q 和 q 的二阶导数满足

$$\frac{\partial^2 H_{aijy}^s}{\partial Q^2} = -\frac{\lambda(w\mu - v - w_1 + c_1)(q + e + D)^2}{\eta Q^3} f\left(\frac{q + e + D}{Q}\right) < 0$$

$$\frac{\partial^2 H_{aijy}^s}{\partial q^2} = -2\theta - \frac{\lambda(w\mu - v - w_1 + c_1)}{\eta Q} f\left(\frac{q + e + D}{Q}\right)$$

$$\frac{\partial^2 H_{aijy}^s}{\partial Q \partial q} = \frac{\lambda(w\mu - v - w_1 + c_1)(q + e + D)}{\eta Q^2} f\left(\frac{q + e + D}{Q}\right)$$

$$\begin{vmatrix} \dfrac{\partial^2 H_{aijy}^s}{\partial Q^2} & \dfrac{\partial^2 H_{aijy}^s}{\partial Q \partial q} \\ \dfrac{\partial^2 H_{aijy}^s}{\partial Q \partial q} & \dfrac{\partial^2 H_{aijy}^s}{\partial q^2} \end{vmatrix} = \frac{2\theta\lambda(w\mu - v - w_1 + c_1)(q + e + D)^2}{\eta Q^3} f\left(\frac{q + e + D}{Q}\right) > 0$$

因而，H_{aijy}^s 关于 Q 和 q 的 Hessian 矩阵是负定的。于是，改进风险分散契约下供应商的最优策略满足一阶导条件，即

$$\begin{cases} \displaystyle\int_0^{\frac{q_{\varepsilon ijy}^* + e + D}{Q_{\varepsilon ijy}^*}} x f(x)\,\mathrm{d}x = \dfrac{\eta(c - \mu v - \mu k)}{o - v - w_1 + c_1} \\ 2\theta q_{\varepsilon ijy}^* = o - v - \dfrac{o - v - w_1 + c_1}{\eta} F\left(\dfrac{q_{\varepsilon ijy}^* + e + D}{Q_{\varepsilon ijy}^*}\right) \end{cases}$$

进而，在给定 $Q_{\varepsilon ijy}^*$ 和 $q_{\varepsilon ijy}^*$，改进风险分散契约下零售商的最优策略满足一阶导条件，即

$$2\alpha e_{\varepsilon ijy}^* = p - o - (w_1 - o) F\left(\frac{q_{\varepsilon ijy}^* + e_{\varepsilon ijy}^* + D}{Q_{\varepsilon ijy}^*}\right)$$

F.6　定理8.1的证明

首先，考虑供应链协调问题。令

$$\begin{cases} Q_{aijy}^* = Q_{Iijy}^* \\ q_{aijy}^* = q_{Iijy}^* \\ e_{aijy}^* = e_{Iijy}^* \end{cases}$$

从而可以解得

$$\left.\begin{aligned}\theta_{ajy}^{*}&=\frac{\lambda_{ijy}^{*}(w\mu-v)-\dfrac{\lambda_{ijy}^{*}(w\mu-v-w_1+c_1)}{\eta}F\left(\dfrac{q_{Iijy}^{*}+e_{Iijy}^{*}+D}{Q_{Iijy}^{*}}\right)}{p-v-(c_1-v)F\left(\dfrac{q_{Iijy}^{*}+e_{Iijy}^{*}+D}{Q_{Iijy}^{*}}\right)}\\ \lambda_{ijy}^{*}&=\frac{\eta(w\mu-c)(c-v)+(w_1-c_1)(\mu v-c_1)}{(w\mu-v)[\eta\mu(c-v)-c_1+v]}\\ \alpha_{ay}^{*}&=\frac{p-w+(1-\lambda_{ijy}^{*})(w\mu-v)-[w_1-w+(1-\lambda_{ijy}^{*})(w\mu-v)]F\left(\dfrac{q_{Iijy}^{*}+e_{Iijy}^{*}+D}{Q_{Iijy}^{*}}\right)}{p-v-(c_1-v)F\left(\dfrac{q_{Iijy}^{*}+e_{Iijy}^{*}+D}{Q_{Iijy}^{*}}\right)}\end{aligned}\right\}\tag{F.3}$$

其次，考虑 Pareto 改进。令

$$\left.\begin{aligned}H_{aijy}^{s}(Q_{Iijy}^{*},\ q_{Iijy}^{*},\ e_{Iijy}^{*},\ \lambda_{ijy}^{*})\geqslant H_{dijy}^{s}(Q_{dijy}^{*},\ q_{dijy}^{*},\ e_{dijy}^{*})\\ \pi_{aijy}^{s}(Q_{Iijy}^{*},\ q_{Iijy}^{*},\ e_{Iijy}^{*},\ \lambda_{ijy}^{*})\geqslant \pi_{dijy}^{s}(Q_{dijy}^{*},\ q_{dijy}^{*},\ e_{dijy}^{*})\end{aligned}\right\}\tag{F.4}$$

从而有 $T\in[T_{\min,ijy},\ T_{\max,ijy}]$，其中

$$\begin{aligned}T_{\min,ijy}=\ &\pi_{dijy}^{r}(Q_{dijy}^{*},\ q_{dijy}^{*},\ e_{dijy}^{*})-\pi_{dijy}^{r}(Q_{Iijy}^{*},\ q_{Iijy}^{*},\ e_{Iijy}^{*})+\\ &(1-\theta_{ajy}^{*})(q_{Iiy}^{*})^2+(1-\alpha_{ay}^{*})(e_{Iijy}^{*})^2+(1-\lambda_{ijy}^{*})L_{80}(Q_{Iijy}^{*},\ q_{Iijy}^{*},\ e_{Iijy}^{*})\end{aligned}$$

$$\begin{aligned}T_{\max,ijy}=\ &\lambda_{ijy}^{*}H_{dijy}^{s}(Q_{Iijy}^{*},\ q_{Iijy}^{*},\ e_{Iijy}^{*})-H_{dijy}^{s}(Q_{dijy}^{*},\ q_{dijy}^{*},\ e_{dijy}^{*})+\\ &(1-\lambda_{ijy}^{*})(w\mu-c)Q_{Iijy}^{*}+(1-\theta_{ajy}^{*})(q_{Iijy}^{*})^2+(1-\alpha_{ay}^{*})(e_{Iijy}^{*})^2\end{aligned}$$

也就是说，在式（F.3）和 $T\in[T_{\min,ijy},\ T_{\max,ijy}]$ 条件下，改进风险分散契约是可行的。

F.7 改进期权契约下供应商 CVaR 效用函数的存在性证明

令

$$\sigma_{85}=(\mu v+\mu k-c)Q+(w_1-c_1)(q+e+D)-\theta q^2-(1-\alpha)e^2$$

$$\sigma_{86}=(o-v)(q+e+D)+(\mu v+\mu k-c)Q-\theta q^2-(1-\alpha)e^2$$

那么改进期权契约下供应商的 CVaR 效用函数满足

$$\begin{aligned}H_{\varepsilon ijy}^{s}=\sigma-\frac{1}{\eta}\int_0^{\frac{q+e+D}{Q}}[\sigma-\sigma_{85}-(o-v-w_1+c_1)xQ]^{+}\,\mathrm{d}F(x)-\\ \frac{1}{\eta}\int_{\frac{q+e+D}{Q}}^{+\infty}(\sigma-\sigma_{86})^{+}\,\mathrm{d}F(x)\end{aligned}\tag{F.5}$$

余下证明类似于附录 A.5，当 $\sigma^*_{\varepsilon ijy}=\upsilon_{86}$ 时，供应商的 CVaR 效用函数取极大，且满足

$$H^s_{\varepsilon ijy}=(o-v)(q+e+D)+(\mu v+\mu k-c)Q-\theta q^2-(1-\alpha)e^2-(o-v-w_1+c_1)\frac{\int_0^{\frac{q+e+D}{Q}}(q+e+D-xQ)f(x)\mathrm{d}x}{\eta}$$

F.8　改进期权契约下最优策略的存在性证明

由于 $H^s_{\varepsilon ijy}$ 关于 Q 和 q 的二阶导数满足

$$\frac{\partial^2 H^s_{\varepsilon ijy}}{\partial Q^2}=-\frac{(o-v-w_1+c_1)\,(q+e+D)^2}{\eta Q^3}f\left(\frac{q+e+D}{Q}\right)<0$$

$$\frac{\partial^2 H^s_{\varepsilon ijy}}{\partial q^2}=-2\theta-\frac{o-v-w_1+c_1}{\eta Q}f\left(\frac{q+e+D}{Q}\right)$$

$$\frac{\partial^2 H^s_{\varepsilon ijy}}{\partial Q\partial q}=\frac{(o-v-w_1+c_1)(q+e+D)}{\eta Q^2}f\left(\frac{q+e+D}{Q}\right)$$

$$\begin{vmatrix}\dfrac{\partial^2 H^s_{\varepsilon ijy}}{\partial Q^2} & \dfrac{\partial^2 H^s_{\varepsilon ijy}}{\partial Q\partial q}\\[2ex] \dfrac{\partial^2 H^s_{\varepsilon ijy}}{\partial Q\partial q} & \dfrac{\partial^2 H^s_{\varepsilon ijy}}{\partial q^2}\end{vmatrix}=\frac{2\theta(o-v-w_1+c_1)\,(q+e+D)^2}{\eta Q^3}f\left(\frac{q+e+D}{Q}\right)>0$$

因而，$H^s_{\varepsilon ijy}$ 关于 Q 和 q 的 Hessian 矩阵是负定的。于是，改进期权契约下供应商的最优策略满足一阶导条件，即

$$\begin{cases}\int_0^{\frac{q^*_{\varepsilon ijy}+e+D}{Q^*_{\varepsilon ijy}}}xf(x)\mathrm{d}x=\dfrac{\eta(c-\mu v-\mu k)}{o-v-w_1+c_1}\\[2ex] 2\theta q^*_{\varepsilon ijy}=o-v-\dfrac{o-v-w_1+c_1}{\eta}F\left(\dfrac{q^*_{\varepsilon ijy}+e+D}{Q^*_{\varepsilon ijy}}\right)\end{cases}$$

进而，在给定 $Q^*_{\varepsilon ijy}$ 和 $q^*_{\varepsilon ijy}$ 的情况下，改进期权契约下零售商的最优策略满足一阶导条件，即

$$2\alpha e^*_{\varepsilon ijy}=p-o-(w_1-o)F\left(\frac{q^*_{\varepsilon ijy}+e^*_{\varepsilon ijy}+D}{Q^*_{\varepsilon ijy}}\right)$$

F.9　定理 8.2 的证明

首先，考虑供应链协调问题。令

$$\begin{cases} Q_{\varepsilon ijy}^{*} = Q_{Iijy}^{*} \\ q_{\varepsilon ijy}^{*} = q_{Iijy}^{*} \\ e_{\varepsilon ijy}^{*} = e_{Iijy}^{*} \end{cases}$$

从而有

$$\left.\begin{aligned} \theta_{\varepsilon jy}^{*} &= \frac{o - v - \dfrac{o - v - w_1 + c_1}{\eta} F\left(\dfrac{q_{Iijy}^{*} + e_{Iijy}^{*} + D}{Q_{Iijy}^{*}}\right)}{p - v - (c_1 - v) F\left(\dfrac{q_{Iijy}^{*} + e_{Iijy}^{*} + D}{Q_{Iijy}^{*}}\right)} \\ k_{ijy}^{*} &= \frac{\eta(c - v)(c - \mu v) - (o - v - w_1 + c_1)(c_1 - \mu v)}{\eta\mu(c - v)} \\ \alpha_{\varepsilon y}^{*} &= \frac{p - o - (w_1 - w) F\left(\dfrac{q_{Iijy}^{*} + e_{Iijy}^{*} + D}{Q_{Iijy}^{*}}\right)}{p - v - (c_1 - v) F\left(\dfrac{q_{Iijy}^{*} + e_{Iijy}^{*} + D}{Q_{Iijy}^{*}}\right)} \end{aligned}\right\} \tag{F.6}$$

其次，考虑 Pareto 改进问题。令

$$\left.\begin{aligned} \pi_{\varepsilon ijy}^{r}(Q_{Iijy}^{*}, q_{Iijy}^{*}, e_{Iijy}^{*}, k_{ijy}^{*}) &\geqslant \pi_{dijy}^{r}(Q_{dijy}^{*}, q_{dijy}^{*}, e_{dijy}^{*}) \\ H_{\varepsilon ijy}^{r}(Q_{Iijy}^{*}, q_{Iijy}^{*}, e_{Iijy}^{*}, k_{ijy}^{*}) &\geqslant H_{dijy}^{r}(Q_{dijy}^{*}, q_{dijy}^{*}, e_{dijy}^{*}) \end{aligned}\right\} \tag{F.7}$$

从而有 $o \in [o_{\min,ijy}, o_{\max,ijy}]$，其中

$$o_{\min,ijy} = w + \frac{H_{dijy}^{s}(Q_{dijy}^{*}, q_{dijy}^{*}, e_{dijy}^{*}) - H_{dijy}^{s}(Q_{Iijy}^{*}, q_{Iijy}^{*}, e_{Iijy}^{*}) - (1 - \theta_{\varepsilon jy}^{*})(q_{Iijy}^{*})^2 - (1 - \alpha_{\varepsilon y}^{*})(e_{Iijy}^{*})^2 - \mu k_{ijy}^{*} Q_{Iijy}^{*}}{q_{Iijy}^{*} + e_{Iijy}^{*} + D - \dfrac{\int_0^{\frac{q_{Iijy}^{*} + e_{Iijy}^{*} + D}{Q_{Iijy}^{*}}} (q_{Iijy}^{*} + e_{Iijy}^{*} + D - xQ_{Iijy}^{*}) f(x) \mathrm{d}x}{\eta}}$$

$$o_{\max,ijy} = w + \frac{\pi_{dijy}^{r}(Q_{Iijy}^{*}, q_{Iijy}^{*}, e_{Iijy}^{*}) - \pi_{dijy}^{r}(Q_{dijy}^{*}, q_{dijy}^{*}, e_{dijy}^{*}) - (1 - \theta_{\varepsilon jy}^{*})(q_{Iijy}^{*})^2 - (1 - \alpha_{\varepsilon y}^{*})(e_{Iijy}^{*})^2 - \mu k_{ijy}^{*} Q_{Iijy}^{*}}{S(Q_{Iijy}^{*})}$$

因此，改进期权契约在式（F.6）和 $o \in [o_{\min,ijy}, o_{\max,ijy}]$ 条件下是可行的。

F.10 改进补贴契约下供应商 CVaR 效用函数的存在性证明

令

$$\sigma_{86} = (\mu v + \mu b - c)Q + (w_1 - c_1)(q + e + D) - \theta q^2 - (1 - \alpha)e^2$$

$$\sigma_{88} = (\mu v + \mu b - c)Q + (w_z - v - b)(q + e + D) - \theta q^2 - (1 - \alpha)e^2$$

那么改进补贴契约下供应商的 CVaR 效用函数满足

$$H_{zijy}^{s}=\sigma-\frac{1}{\eta}\int_{0}^{\frac{q+e+D}{Q}}\left[\sigma-\sigma_{87}-(w_{z}-v-b-w_{1}+c_{1})xQ\right]^{+}\mathrm{d}F(x)-\frac{1}{\eta}\int_{\frac{q+e+D}{Q}}^{+\infty}(\sigma-\sigma_{88})^{+}\mathrm{d}F(x) \tag{F.8}$$

余下证明类似于附录 A.7，当 $\sigma_{zijy}^{*}=\sigma_{88}$ 时，供应商的 CVaR 效用函数取极大，且满足

$$H_{zijy}^{s}=(w_{z}-v-b)(q+e+D)+(\mu v+\mu b-c)Q-\theta q^{2}-(1-\alpha)e^{2}-(w_{z}-v-w_{1}+c_{1})\frac{\int_{0}^{\frac{q+e+D}{Q}}(q+e+D-xQ)f(x)\mathrm{d}x}{\eta}$$

F.11 改进补贴契约下最优策略的存在性证明

由于 H_{zijy}^{s} 关于 Q 和 q 的二阶导数满足

$$\frac{\partial^{2}H_{zijy}^{s}}{\partial Q^{2}}=-\frac{(w_{z}-v-b-w_{1}+c_{1})(q+e+D)^{2}}{\eta Q^{3}}f\left(\frac{q+e+D}{Q}\right)<0$$

$$\frac{\partial^{2}H_{zijy}^{s}}{\partial q^{2}}=-2\theta-\frac{w_{z}-v-b-w_{1}+c_{1}}{\eta Q}f\left(\frac{q+e+D}{Q}\right)$$

$$\frac{\partial^{2}H_{zijy}^{s}}{\partial Q\partial q}=\frac{(w_{z}-v-b-w_{1}+c_{1})(q+e+D)}{\eta Q^{2}}f\left(\frac{q+e+D}{Q}\right)$$

$$\begin{vmatrix}\dfrac{\partial^{2}H_{zijy}^{s}}{\partial Q^{2}} & \dfrac{\partial^{2}H_{zijy}^{s}}{\partial Q\partial q}\\ \dfrac{\partial^{2}H_{zijy}^{s}}{\partial Q\partial q} & \dfrac{\partial^{2}H_{zijy}^{s}}{\partial q^{2}}\end{vmatrix}=\frac{2\theta(w_{z}-v-b-w_{1}+c_{1})(q+e+D)^{2}}{\eta Q^{3}}f\left(\frac{q+e+D}{Q}\right)>0$$

因而，H_{zijy}^{s} 关于 Q 和 q 的 Hessian 矩阵是负定的。于是，改进补贴契约下供应商最优策略满足一阶导条件，即

$$\begin{cases}\displaystyle\int_{0}^{\frac{q_{zijy}^{*}+e+D}{Q_{zijy}^{*}}}xf(x)\mathrm{d}x=\frac{\eta(c-\mu v-\mu b)}{w_{z}-v-b-w_{1}+c_{1}}\\ 2\theta q_{zijy}^{*}=w_{z}-v-b-\dfrac{w_{z}-v-b-w_{1}+c_{1}}{\eta}F\left(\dfrac{q_{zijy}^{*}+e+D}{Q_{zijy}^{*}}\right)\end{cases}$$

进而，在给定 Q_{zijy}^{*} 和 q_{zijy}^{*} 的情况下，改进补贴契约下零售商的最优策略满足一阶导条件，即

$$2\alpha e_{zijy}^{*} = p - w_z + b - (w_1 - w_z + b)F\left(\frac{q_{zijy}^{*} + e_{zijy}^{*} + D}{Q_{zijy}^{*}}\right)$$

F.12 定理 8.3 的证明

首先，考虑供应链协调问题。令

$$\begin{cases} Q_{zijy}^{*} = Q_{Iijy}^{*} \\ q_{zijy}^{*} = q_{Iijy}^{*} \\ e_{zijy}^{*} = e_{Iijy}^{*} \end{cases}$$

从而有

$$\left.\begin{aligned} \theta_{zjy}^{*} &= \frac{w_z - v - b_{ijy}^{*} - \dfrac{w_z - v - b_{ijy}^{*} - w_1 + c_1}{\eta}F\left(\dfrac{q_{Iijy}^{*} + e_{Iijy}^{*} + D}{Q_{Iijy}^{*}}\right)}{p - v - (c_1 - v)F\left(\dfrac{q_{Iijy}^{*} + e_{Iijy}^{*} + D}{Q_{Iijy}^{*}}\right)} \\ b_{ijy}^{*} &= \frac{\eta(c - v)(c - \mu v) - (w_z - v - w_1 + c_1)(c_1 - \mu v)}{\eta\mu(c - v) - (c_1 - \mu v)} \\ \alpha_{zy}^{*} &= \frac{p - w_z + b_{ijy}^{*} - (w_1 - w_z + b_{ijy}^{*})F\left(\dfrac{q_{zijy}^{*} + e_{zijy}^{*} + D}{Q_{zijy}^{*}}\right)}{p - v - (c_1 - v)F\left(\dfrac{q_{Iijy}^{*} + e_{Iijy}^{*} + D}{Q_{Iijy}^{*}}\right)} \end{aligned}\right\} \quad (\text{F.9})$$

其次，考虑 Pareto 改进问题。令

$$\left.\begin{aligned} \pi_{zijy}^{r}(Q_{Iijy}^{*},\ q_{Iijy}^{*},\ e_{Iijy}^{*},\ b_{ijy}^{*}) \geqslant \pi_{dijy}^{r}(Q_{dijy}^{*},\ q_{dijy}^{*},\ e_{dijy}^{*}) \\ H_{zijy}^{r}(Q_{Iijy}^{*},\ q_{Iijy}^{*},\ e_{Iijy}^{*},\ b_{ijy}^{*}) \geqslant H_{dijy}^{r}(Q_{dijy}^{*},\ q_{dijy}^{*},\ e_{dijy}^{*}) \end{aligned}\right\} \quad (\text{F.10})$$

从而有 $w_z \in [w_{z,\max,ijy},\ w_{z,\min,ijy}]$，其中

$$w_{z,\min,ijy} = w - b_{ijy}^{*} + \frac{H_{dijy}^{s}(Q_{dijy}^{*}, q_{dijy}^{*}, e_{dijy}^{*}) - H_{dijy}^{s}(Q_{Iijy}^{*}, q_{Iijy}^{*}, e_{Iijy}^{*}) - (1-\theta_{zjy}^{*})(q_{Iijy}^{*})^2 - (1-\alpha_{zy}^{*})(e_{Iijy}^{*})^2 - \mu b_{ijy}^{*}Q_{Iijy}^{*}}{q_{Iijy}^{*} + e_{Iijy}^{*} + D - \dfrac{\int_0^{\frac{q_{Iijy}^{*}+e_{Iijy}^{*}+D}{Q_{Iijy}^{*}}}(q_{Iijy}^{*} + e_{Iijy}^{*} + D - xQ_{Iijy}^{*})f(x)\mathrm{d}x}{\eta}}$$

$$w_{z,\max,ijy} = w - b_{ijy}^{*} + \frac{\pi_{dijy}^{r}(Q_{Iijy}^{*}, q_{Iijy}^{*}, e_{Iijy}^{*}) - \pi_{dijy}^{r}(Q_{dijy}^{*}, q_{dijy}^{*}, e_{dijy}^{*}) - (1-\theta_{zjy}^{*})(q_{Iijy}^{*})^2 - (1-\alpha_{zy}^{*})(e_{Iijy}^{*})^2 - \mu b_{ijy}^{*}Q_{Iijy}^{*}}{S(Q_{Iijy}^{*}, q_{Iijy}^{*}, e_{Iijy}^{*})}$$

因此，改进补贴契约在式（F.10）和 $w_z \in [w_{z,\max,ijy},\ w_{z,\min,ijy}]$ 条件下是可行的。

F.13　改进收入共享契约下供应商 CVaR 效用函数的存在性证明

令

$$\sigma_{89} = (\mu v - c)Q + (w_1 - c_1)(q + e + D) - \theta q^2 - (1 - \alpha)e^2$$

$$\sigma_{810} = (\phi p + w_\psi - v)(q + e + D) + (\mu v - c)Q - \theta q^2 - (1 - \alpha)e^2$$

那么改进收入共享契约下供应商的 CVaR 效用函数满足

$$H^s_{\psi ijy} = \sigma - \frac{1}{\eta}\int_0^{\frac{q+e+D}{Q}} [\sigma - \sigma_{89} - (\phi p + w_\psi - v - w_1 + c_1)xQ]^+ \mathrm{d}F(x) - \frac{1}{\eta}\int_{\frac{q+e+D}{Q}}^{+\infty} (\sigma - \sigma_{810})^+ \mathrm{d}F(x) \tag{F.11}$$

余下证明类似于附录 A.9，当 $\sigma^*_{\psi ijy} = \sigma_{810}$ 时，供应商的 CVaR 效用函数取极大，且满足

$$H^s_{\psi ijy} = (\phi p + w_\psi - v)(q + e + D) + (\mu v - c)Q - \theta q^2 - (1 - \alpha)e^2 - (\phi p + w_\psi - v - w_1 + c_1)\frac{\int_0^{\frac{q+e+D}{Q}} (q + e + D - xQ)f(x)\mathrm{d}x}{\eta}$$

F.14　改进收入共享契约下最优策略的存在性证明

由于 $H^s_{\psi ijy}$ 关于 Q 和 q 的二阶导数满足

$$\frac{\partial^2 H^s_{\psi ijy}}{\partial Q^2} = -\frac{(\phi p + w_\psi - v - w_1 + c_1)(q + e + D)^2}{\eta Q^3} f\left(\frac{q + e + D}{Q}\right) < 0$$

$$\frac{\partial^2 H^s_{\psi ijy}}{\partial q^2} = -2\theta - \frac{\phi p + w_\psi - v - w_1 + c_1}{\eta Q} f\left(\frac{q + e + D}{Q}\right)$$

$$\frac{\partial^2 H^s_{\psi ijy}}{\partial Q \partial q} = \frac{(\phi p + w_\psi - v - w_1 + c_1)(q + e + D)}{\eta Q^2} f\left(\frac{q + e + D}{Q}\right)$$

$$\begin{vmatrix} \dfrac{\partial^2 H^s_{\psi ijy}}{\partial Q^2} & \dfrac{\partial^2 H^s_{\psi ijy}}{\partial Q \partial q} \\ \dfrac{\partial^2 H^s_{\psi ijy}}{\partial Q \partial q} & \dfrac{\partial^2 H^s_{\psi ijy}}{\partial q^2} \end{vmatrix} = \frac{2\theta(\phi p + w_\psi - v - w_1 + c_1)(q + e + D)^2}{\eta Q^3} f\left(\frac{q + e + D}{Q}\right) > 0$$

因而，$H^s_{\psi ijy}$ 关于 Q 和 q 的 Hessian 矩阵是负定的。于是，改进收入共享契约下供应商最优策略满足一阶导条件，即

$$\begin{cases}\int_0^{\frac{q^*_{\psi ijy}+e+D}{Q^*_{\psi ijy}}} xf(x)\mathrm{d}x = \dfrac{\eta(c-\mu v)}{\phi p + w_\psi - v - w_1 + c_1} \\ 2\theta q^*_{\psi ijy} = \phi p + w_\psi - v - \dfrac{\phi p + w_\psi - v - w_1 + c_1}{\eta} F\left(\dfrac{q^*_{\psi ijy} + e + D}{Q^*_{\psi ijy}}\right)\end{cases}$$

进而，给定 $Q^*_{\psi ijy}$ 和 $q^*_{\psi ijy}$，改进收入共享契约下零售商的最优策略满足一阶导条件，即

$$2\alpha e^*_{\psi ijy} = (1-\phi)p - w_\psi - (w_1 - \phi p - w_\psi)F\left(\frac{q^*_{\psi ijy} + e^*_{\psi ijy} + D}{Q^*_{\psi ijy}}\right)$$

F.15　定理 8.4 的证明

考虑供应链协调问题。令

$$\begin{cases} Q^*_{\psi ijy} = Q^*_{Iijy} \\ q^*_{\psi ijy} = q^*_{Iijy} \\ e^*_{\psi ijy} = e^*_{Iijy} \end{cases}$$

从而有

$$\left.\begin{aligned} \theta^*_{\psi jy} &= \frac{\phi^*_{ijy}p + w_\psi - v - \dfrac{\phi^*_{iy}p + w_\psi - v - w_1 + c_1}{\eta}F\left(\dfrac{q^*_{Iijy} + e^*_{Iijy} + D}{Q^*_{Iijy}}\right)}{p - v - (c_1 - v)F\left(\dfrac{q^*_{Iijy} + e^*_{Iijy} + D}{Q^*_{Iijy}}\right)} \\ \phi^*_{ijy} &= \frac{\eta(c-\mu v)(c-v) - (w_\psi - v - w_1 + c_1)(c_1 - \mu v)}{p(c_1 - \mu v)} \\ \alpha^*_{\psi y} &= \frac{(1-\phi^*_{ijy})p - w_\psi - (w_1 - \phi^*_{ijy}p - w_\psi)F\left(\dfrac{q^*_{\psi ijy} + e^*_{\psi ijy} + D}{Q^*_{\psi ijy}}\right)}{p - v - (c_1 - v)F\left(\dfrac{q^*_{Iijy} + e^*_{Iijy} + D}{Q^*_{Iijy}}\right)} \end{aligned}\right\} \tag{F.12}$$

由于 $\phi > 0$，从而 $\eta > \dfrac{(c_1 - \mu v)(w_\psi - v - w_1 + c_1)}{(c - \mu v)(c - v)}$。

值得注意的是，

$$\frac{(c_1-\mu v)(w_\psi-v-w_1+c_1)}{(c-\mu v)(c-v)}-1=$$

$$\frac{(c_1-\mu v)(w_\psi-v-w_1+c_1)-(c-\mu v)(c-v)}{(c-\mu v)(c-v)}>$$

$$\frac{(c-\mu v)(w_\psi-c-w_1+c_1)}{(c-\mu v)(c-v)}>0$$

因而 $\eta>1$，也就是说，在补货情况下，改进收入共享契约无法协调供应链。

F.16　$T_{\max,ijy}\geqslant T_{81}>T_{82}\geqslant T_{\min,ijy}$ 的证明

假设

$$\begin{aligned}T_{81}=&(1-\lambda_{ijy}^*)[(w\mu-c)Q_{Iijy}^*-H_{dijy}^s(Q_{Iijy}^*,\ q_{Iijy}^*,\ e_{Iijy}^*)]+\\&(\theta_{\varepsilon jy}^*-\theta_{ajy}^*)(q_{Iijy}^*)^2-\mu k_{ijy}^*Q_{Iijy}^*+(\alpha_{\varepsilon y}^*-\alpha_{ay}^*)(e_{Iijy}^*)^2-\\&(o-w)\left[q_{Iijy}^*+e_{Iijy}^*+D-\frac{\int_0^{\frac{q_{Iijy}^*+e_{Iijy}^*+D}{Q_{Iijy}^*}}(q_{Iijy}^*+e_{Iijy}^*+D-xQ_{Iijy}^*)f(x)\mathrm{d}x}{\eta}\right]\end{aligned}$$

$$\begin{aligned}T_{82}=&(1-\lambda_{ijy}^*)L_{80}(Q_{Iijy}^*,q_{Iijy}^*,\ e_{Iijy}^*)+(\theta_{\varepsilon jy}^*-\theta_{ajy}^*)(q_{Iijy}^*)^2+\\&(\alpha_{\varepsilon y}^*-\alpha_{ay}^*)(e_{Iijy}^*)^2-\mu k_{ijy}^*Q_{Iijy}^*-(o-w)S(Q_{Iijy}^*,\ q_{Iijy}^*,\ e_{Iijy}^*)\end{aligned}$$

因而有

$$\begin{aligned}T_{\max,ijy}-T_{81}=&H_{dijy}^s(Q_{Iijy}^*,\ q_{Iijy}^*,\ e_{Iijy}^*)-H_{dijy}^s(Q_{dijy}^*,\ q_{dijy}^*,\ e_{dijy}^*)+\\&(1-\theta_{\varepsilon jy}^*)(q_{Iijy}^*)^2+(1-\alpha_{\varepsilon y}^*)(e_{Iijy}^*)^2+\mu k_{ijy}^*Q_{Iijy}^*+\\&(o-w)\left[q_{Iijy}^*+e_{Iijy}^*+D-\frac{\int_0^{\frac{q_{Iijy}^*+e_{Iijy}^*+D}{Q_{Iijy}^*}}(q_{Iijy}^*+e_{Iijy}^*+D-xQ_{Iijy}^*)f(x)\mathrm{d}x}{\eta}\right]\end{aligned}$$

$$\begin{aligned}T_{82}-T_{\min,ijy}=&\pi_{dijy}^r(Q_{Iijy}^*,\ q_{Iijy}^*,\ e_{Iijy}^*)-\pi_{dijy}^r(Q_{dijy}^*,\ q_{dijy}^*,\ e_{dijy}^*)-\mu k_{ijy}^*Q_{Iijy}^*+\\&(1-\theta_{\varepsilon jy}^*)(q_{Iijy}^*)^2+(1-\alpha_{\varepsilon y}^*)(e_{Iijy}^*)^2-\\&(o-w)S(Q_{Iijy}^*,\ q_{Iijy}^*,\ e_{Iijy}^*)\end{aligned}$$

$$T_{81}-T_{82}>(1-\lambda_{ijy}^*)[\pi_{dijy}^s(Q_{Iijy}^*,\ q_{Iijy}^*,\ e_{Iijy}^*)-H_{dijy}^s(Q_{Iijy}^*,\ q_{Iijy}^*,\ e_{Iijy}^*)]>0$$

根据不等式 $o\geqslant o_{\min,ijy}$，从而有 $T_{\max,ijy}\geqslant T_{81}$。根据不等式 $o\leqslant o_{\max,ijy}$，从而有 $T_{82}\geqslant T_{\min,ijy}$。

F.17　$T_{\max,ijy}\geqslant T_{83}>T_{84}\geqslant T_{\min,ijy}$ 的证明

假设

$$T_{83} = (1 - \lambda_{ijy}^*)[(w\mu - c)Q_{Iijy}^* - H_{dijy}^s(Q_{Iijy}^*,\ q_{Iijy}^*,\ e_{Iijy}^*)] + (\theta_{zjy}^* - \theta_{ajy}^*)(q_{Iijy}^*)^2 - \mu b_{ijy}^* Q_{Iijy}^* + (\alpha_{zy}^* - \alpha_{ay}^*)(e_{Iijy}^*)^2 - (w_z - w - b_{ijy}^*)\left[q_{Iijy}^* + e_{Iijy}^* + D - \frac{\int_0^{\frac{q_{Iijy}^* + e_{Iijy}^* + D}{Q_{Iijy}^*}} (q_{Iijy}^* + e_{Iijy}^* + D - xQ_{Iijy}^*) f(x)\,\mathrm{d}x}{\eta}\right]$$

$$T_{84} = (1 - \lambda_{ijy}^*)L_{80}(Q_{Iiy}^*,\ q_{Iiy}^*,\ e_{Iijy}^*) + (\theta_{zjy}^* - \theta_{ajy}^*)(q_{Iijy}^*)^2 - \mu b_{ijy}^* Q_{Iijy}^* + (\alpha_{zy}^* - \alpha_{ay}^*)(e_{Iijy}^*)^2 - (w_z - w - b_{ijy}^*)S(Q_{Iijy}^*,\ q_{Iijy}^*,\ e_{Iijy}^*)$$

因而有

$$T_{\max,ijy} - T_{83} = H_{dijy}^s(Q_{Iijy}^*,\ q_{Iijy}^*,\ e_{Iijy}^*) - H_{dijy}^s(Q_{dijy}^*,\ q_{dijy}^*,\ e_{dijy}^*) + (1 - \theta_{zy}^*)(q_{Iijy}^*)^2 + \mu b_{ijy}^* Q_{Iijy}^* + (1 - \alpha_{zy}^*)(e_{Iijy}^*)^2 + (w_z - w - b_{ijy}^*)\left[q_{Iijy}^* + e_{Iijy}^* + D - \frac{\int_0^{\frac{q_{Iijy}^* + e_{Iijy}^* + D}{Q_{Iijy}^*}} (q_{Iijy}^* + e_{Iijy}^* + D - xQ_{Iijy}^*) f(x)\,\mathrm{d}x}{\eta}\right]$$

$$T_{84} - T_{\min,ijy} = \pi_{dijy}^r(Q_{Iijy}^*,\ q_{Iijy}^*,\ e_{Iijy}^*) - \pi_{dijy}^r(Q_{dijy}^*,\ q_{dijy}^*,\ e_{dijy}^*) - \mu b_{ijy}^* Q_{Iijy}^* + (1 - \theta_{zjy}^*)(q_{Iijy}^*)^2 + (1 - \alpha_{zy}^*)(e_{Iijy}^*)^2 - (w_z - w - b_{ijy}^*)S(Q_{Iijy}^*,\ q_{Iijy}^*,\ e_{Iijy}^*)$$

$$T_{83} - T_{84} > (1 - \lambda_{ijy}^*)[\pi_{dijy}^s(Q_{Iijy}^*,\ q_{Iijy}^*,\ e_{Iijy}^*) - H_{dijy}^s(Q_{Iijy}^*,\ q_{Iijy}^*,\ e_{Iijy}^*)] > 0$$

根据不等式 $b \geqslant b_{\min,ijy}$，从而有 $T_{\max,ijy} \geqslant T_{83}$。根据不等式 $b \leqslant b_{\max,ijy}$，从而有 $T_{84} \geqslant T_{\min,ijy}$。